Christian Rusch

Integrierte, planare Leckwellenantennen für 3D-Millimeterwellen-Radarsysteme basierend auf dem holografischen Prinzip

Integrierte, planare Leckwellenantennen für 3D-Millimeterwellen-Radarsysteme basierend auf dem holografischen Prinzip

Karlsruher Forschungsberichte
aus dem Institut für Hochfrequenztechnik und Elektronik

Herausgeber: Prof. Dr.-Ing. Thomas Zwick

Band 74

Integrierte, planare Leckwellenantennen für 3D-Millimeterwellen-Radarsysteme basierend auf dem holografischen Prinzip

von
Christian Rusch

Dissertation, Karlsruher Institut für Technologie (KIT)
Fakultät für Elektrotechnik und Informationstechnik, 2014

Impressum

Scientific
Publishing

Karlsruher Institut für Technologie (KIT)
KIT Scientific Publishing
Straße am Forum 2
D-76131 Karlsruhe

KIT Scientific Publishing is a registered trademark of Karlsruhe
Institute of Technology. Reprint using the book cover is not allowed.

www.ksp.kit.edu

Print on Demand 2014

ISSN 1868-4696
ISBN 978-3-7315-0234-0
DOI 10.5445/KSP/1000041807

Vorwort des Herausgebers

Die Einsatzmöglichkeiten von Sensorsystemen werden von Messgenauigkeit und Messauflösung aber auch von Zuverlässigkeit, Robustheit, Größe und Preis bestimmt. Radarsysteme haben den Vorteil, dass sie auch unter widrigen Bedingungen (z.B. Rauch) gute Messergebnisse liefern. Radarsysteme mit zweidimensionaler Winkelauflösung sind bisher allerdings meist groß und teuer. Abgesehen von mechanischem Scannen mit einer stark fokussierenden Antenne kann die Winkelauflösung bei Radarsystemen mit einem Antennenarray prinzipiell durch zwei Methoden erreicht werden: elektrisches Scannen durch Veränderung der Phasenansteuerung der Einzelelemente oder elektronisches Auswerten aller Richtungen gleichzeitig über Digital Beamforming. Im ersten Fall reduziert sich das verfügbare Signal-zu-Rausch-Verhältnis (SNR) bei limitierter Messzeit, da die unterschiedlichen Richtungen nacheinander abgetastet werden müssen. Für Digital Beamforming dagegen werden speziell im zweidimensionalen Fall neben des hohen Hardwareaufwands sehr große Rechenleistungen benötigt, was zu höheren Kosten und deutlich größerem Leistungsbedarf führt. An dieser Stelle setzt die Arbeit von Herrn Rusch an.

Einen attraktiven Kompromiss für die genannte Problematik stellt die Kombination eines frequenzschwenkenden Antennenarrays mit einem FMCW (engl.: Frequency Modulated Continuous Wave) Radar dar. Durch ein neuartiges Konzept eines hybriden 2D-Antennensystems aus frequenzschwenkender Antenne und Phased-Array kann der Radarstrahl in einer Ebene über die Frequenz und in der anderen Ebene über ein Phasenschaltnetzwerk oder digital geschwenkt werden. Mit der holografischen Antenne nutzt Herr Rusch in seiner Arbeit die Ausbreitung von Oberflächenwellen zur Anregung der abstrahlenden Apertur. Wie sich gezeigt hat, kann diese Antennenart, anders als beispielsweise geschlitzte Hohlleiterantennen, auch für den einstelligen Millimeterwellenbereich mit derzeit verfügbaren Technologien vergleichsweise kostengünstig hergestellt werden und eignet sich hervorragend zur Integration in Systeme mit

Trägerfrequenzen > 100 GHz. Die Komplexität des Antennensystems wird durch diese Art der Speisung im Vergleich zu herkömmlichen phasengesteuerten 2D-Antennengruppen deutlich reduziert, wohingegen die Funktion der Winkelpositionsbestimmung erhalten bleibt. Gerade bei hohen Frequenzen sind Radare mit integrierten und zweidimensional schwenkenden, holografischen Antennen interessant, da sie aufgrund der kleinen Wellenlänge (z.B. 1,25 mm bei 240 GHz) in kompakten Modulen Platz finden. In seiner Arbeit gelang es Herrn Rusch, die Machbarkeitsgrenzen hinsichtlich der wichtigsten Systemparameter zu ermitteln und Methoden zur Optimierung zu finden.

Die Ergebnisse dieser Dissertation bilden eine wesentliche Grundlage zur Realisierung miniaturisierter 3D-Radarsysteme, wie sie z.B. in dem aktuellen Technologiefeld Industrie 4.0 als Sensoren für mobile Einheiten in der industriellen Fertigung benötigt werden. Herrn Christian Rusch wünsche ich, dass seine Kreativität und sein großes Organisationstalent ihn auch weiterhin zu wissenschaftlichen und wirtschaftlichen Erfolgen führen wird.

Prof. Dr.-Ing. Thomas Zwick
– Institutsleiter –

Forschungsberichte aus dem
Institut für Höchstfrequenztechnik und Elektronik (IHE)
der Universität Karlsruhe (TH) (ISSN 0942-2935)

Herausgeber: Prof. Dr.-Ing. Dr. h.c. Dr.-Ing. E.h. mult. Werner Wiesbeck

Band 1   Daniel Kähny
Modellierung und meßtechnische Verifikation polarimetrischer,
mono- und bistatischer Radarsignaturen und deren Klassifizierung
(1992)

Band 2   Eberhardt Heidrich
Theoretische und experimentelle Charakterisierung der
polarimetrischen Strahlungs- und Streueigenschaften von Antennen
(1992)

Band 3   Thomas Kürner
Charakterisierung digitaler Funksysteme mit einem breitbandigen
Wellenausbreitungsmodell (1993)

Band 4   Jürgen Kehrbeck
Mikrowellen-Doppler-Sensor zur Geschwindigkeits- und
Wegmessung - System-Modellierung und Verifikation (1993)

Band 5   Christian Bornkessel
Analyse und Optimierung der elektrodynamischen Eigenschaften
von EMV-Absorberkammern durch numerische Feldberechnung (1994)

Band 6   Rainer Speck
Hochempfindliche Impedanzmessungen an
Supraleiter / Festelektrolyt-Kontakten (1994)

Band 7   Edward Pillai
Derivation of Equivalent Circuits for Multilayer PCB and
Chip Package Discontinuities Using Full Wave Models (1995)

Band 8   Dieter J. Cichon
Strahlenoptische Modellierung der Wellenausbreitung in
urbanen Mikro- und Pikofunkzellen (1994)

Band 9   Gerd Gottwald
Numerische Analyse konformer Streifenleitungsantennen in
mehrlagigen Zylindern mittels der Spektralbereichsmethode (1995)

Band 10   Norbert Geng
Modellierung der Ausbreitung elektromagnetischer Wellen in
Funksystemen durch Lösung der parabolischen Approximation
der Helmholtz-Gleichung (1996)

Band 11   Torsten C. Becker
Verfahren und Kriterien zur Planung von Gleichwellennetzen für
den Digitalen Hörrundfunk DAB (Digital Audio Broadcasting) (1996)

Forschungsberichte aus dem
Institut für Höchstfrequenztechnik und Elektronik (IHE)
der Universität Karlsruhe (TH) (ISSN 0942-2935)

Forschungsberichte aus dem
Institut für Höchstfrequenztechnik und Elektronik (IHE)
der Universität Karlsruhe (TH) (ISSN 0942-2935)

Forschungsberichte aus dem
Institut für Höchstfrequenztechnik und Elektronik (IHE)
der Universität Karlsruhe (TH) (ISSN 0942-2935)

Forschungsberichte aus dem
Institut für Höchstfrequenztechnik und Elektronik (IHE)
der Universität Karlsruhe (TH) (ISSN 0942-2935)

Fortführung als
"Karlsruher Forschungsberichte aus dem Institut für Hochfrequenztechnik
und Elektronik" bei KIT Scientific Publishing
(ISSN 1868-4696)

Karlsruher Forschungsberichte aus dem
Institut für Hochfrequenztechnik und Elektronik
(ISSN 1868-4696)

Herausgeber: Prof. Dr.-Ing. Thomas Zwick

Die Bände sind unter www.ksp.kit.edu als PDF frei verfügbar
oder als Druckausgabe bestellbar.

Karlsruher Forschungsberichte aus dem
Institut für Hochfrequenztechnik und Elektronik
(ISSN 1868-4696)

Band 63   Małgorzata Janson
          Hybride Funkkanalmodellierung für ultrabreitbandige
          MIMO-Systeme (2011)
          ISBN 978-3-86644-639-7

Band 64   Mario Pauli
          Dekontaminierung verseuchter Böden durch
          Mikrowellenheizung (2011)
          ISBN 978-3-86644-696-0

Band 65   Thorsten Kayser
          Feldtheoretische Modellierung der Materialprozessierung
          mit Mikrowellen im Durchlaufbetrieb (2011)
          ISBN 978-3-86644-719-6

Band 66   Christian Andreas Sturm
          Gemeinsame Realisierung von Radar-Sensorik und
          Funkkommunikation mit OFDM-Signalen (2012)
          ISBN 978-3-86644-879-7

Band 67   Huaming Wu
          Motion Compensation for Near-Range Synthetic Aperture
          Radar Applications (2012)
          ISBN 978-3-86644-906-0

Band 68   Friederike Brendel
          Millimeter-Wave Radio-over-Fiber Links based on
          Mode-Locked Laser Diodes (2013)
          ISBN 978-3-86644-986-2

Band 69   Lars Reichardt
          Methodik für den Entwurf von kapazitätsoptimierten
          Mehrantennensystemen am Fahrzeug (2013)
          ISBN 978-3-7315-0047-6

Band 70   Stefan Beer
          Methoden und Techniken zur Integration von 122 GHz
          Antennen in miniaturisierte Radarsensoren (2013)
          ISBN 978-3-7315-0051-3

Band 71   Łukasz Zwirełło
          Realization Limits of Impulse-Radio UWB Indoor
          Localization Systems (2013)
          ISBN 978-3-7315-0114-5

Band 72   Xuyang Li
          Body Matched Antennas for Microwave Medical Applications (2014)
          ISBN 978-3-7315-0147-3

Karlsruher Forschungsberichte aus dem
Institut für Hochfrequenztechnik und Elektronik
(ISSN 1868-4696)

Integrierte, planare Leckwellenantennen für 3D-Millimeterwellen-Radarsysteme basierend auf dem holografischen Prinzip

Zur Erlangung des akademischen Grades eines

DOKTOR-INGENIEURS

von der Fakultät für

Elektrotechnik und Informationstechnik
am Karlsruher Institut für Technologie (KIT)

genehmigte

DISSERTATION

von

M. Sc. Christian Rusch

aus Saarlouis

Tag der mündlichen Prüfung: 18.06.2014

Hauptreferent: Prof. Dr.-Ing. Thomas Zwick
Korreferent: Prof. Dr.-Ing. Lorenz-Peter Schmidt

Zusammenfassung

Die vorliegende Arbeit stellt Leckwellenantennen vor, deren Funktionsweise über das holografische Prinzip beschrieben werden können. Die Antennen haben die Eigenschaft, dass sich die Hauptstrahlrichtung über die Systemfrequenz steuern lässt. Somit können frequenzmodulierte Radare entwickelt werden, die gleichzeitig Distanz- und Winkelinformationen aus den Echosignalen der Ziele erhalten. Dabei wird die zur Verfügung stehende Systembandbreite auf das Auflösungsvermögen der jeweiligen Messung aufgeteilt, sodass ein Kompromiss zwischen einer maximalen Distanz- und einer maximalen Winkelauflösung entsteht. Bei hohen Trägerfrequenzen im Millimeterwellenbereich können in vielen Fällen Bandbreiten erreicht werden, die Distanzauflösungen ermöglichen, welche für die jeweilige Anwendung nicht erforderlich sind. Stattdessen wird in Kombination mit der frequenzschwenkenden Antenne ein Teil der Bandbreite genutzt, um die Winkelposition des Ziels zu messen.

Dieses Systemkonzept bildet, neben der reduzierten Systemkomplexität von frequenzschwenkenden Radaren, die Motivation der Arbeit und wird in Kapitel 1 erläutert. Außerdem wird auf die Entwicklung im Bereich der Leckwellenantennen mit besonderem Interesse auf die Ausführung der holografischen Antennen eingegangen, bevor die Ziele der Arbeit definiert werden.

Kapitel 2 befasst sich mit der Beschreibung der Funktionsweise holografischer Antennen. Neben dem Zusammenhang zwischen der Holografie aus der Optik und der Antennentheorie werden weitere Beschreibungsformen auf die Antennenart angewendet, welche im weiteren Verlauf der Arbeit genutzt werden, um unterschiedliche Aspekte der Antenne mit Hinblick auf die Radaranwendung zu optimieren. Da holografische Antennen die Ausbreitung von Oberflächenwellen nutzen, wird auf die Eigenschaften der verwendeten Moden eingegangen und es werden Modendiagramme für unterschiedliche Substratmaterialien erstellt.

Die unterschiedlichen Beschreibungsformen des Funktionsprinzips werden in Kapitel 3 genutzt, um die Eigenschaften der Antenne für die Verwendung in integrierten Millimeterwellenradaren mit eindimensionaler Schwenkrichtung zu optimieren. Im Fokus liegen bei der Optimierung das Schwenkbereich-Bandbreiten-Verhältnis, der Antennengewinn, die Apertureffizienz und die Rückstrahlung der Antenne. Zusätzlich werden Möglichkeiten erarbeitet, die gewünschte Oberflächenmode effektiv zu erzeugen und das Hologramm optimal auszuleuchten.

Um den Schwenkbereich der Antenne um eine zweite Dimension zu erweitern, werden die Oberflächenwellenerzeuger als Antennengruppe verwendet, welche eine ebene Phasenfront innerhalb des Substrats erzeugt und die Hologrammform auf lineare, parallele Streifen senkrecht zur Ausbreitungsrichtung reduziert. Unterschiedliche Möglichkeiten zum zweidimensionalen Schwenken werden in Kapitel 4 vorgestellt. Eine Verkippung des Hologramms zur ebenen Phasenfront in Kombination mit der frequenzschwenkenden Eigenschaft ermöglicht die zweidimensionale Änderung der Hauptstrahlrichtung. Es werden zwei Konzepte erarbeitet, dieses Prinzip mit mechanischen oder elektronischen Mitteln umzusetzen. Zum rein elektronischen Schwenken wird die Gruppe der Oberflächenwellenanreger als Phased-Array betrieben, wobei die Rotman-Linse als phasensteuerndes Speisenetzwerk gewählt wurde.

Eine weitere Untersuchung zeigt, dass sich das Phasenzentrum der Antenne aufgrund der Längsausdehnung um mehrere Millimeter über der Frequenz bewegt. Dieses Ergebnis wird bei der Radarauswertung in Kapitel 5 genutzt, welches ein Demonstratorsystem mit einem Radar-Front-End mit integrierter holografischer Antenne in LTCC bei 60 GHz beinhaltet. Das Messprinzip des frequenzschwenkenden Radars wird durch Messungen in statischen Ein- und Zweizielszenarien verifiziert und es wird auf die Kurzzeitfouriertransformation als Zeit-Frequenz-Analyse zur Signalauswertung eingegangen.

Abschließend werden die wichtigsten Erkenntnisse der Arbeit und die Weiterentwicklung ausgehend vom Stand der Technik in der Schlussfolgerung zusammengetragen.

Vorwort

Diese Arbeit ist während meiner Zeit als wissenschaftlicher Mitarbeiter am Institut für Hochfrequenztechnik und Elektronik (IHE) des Karlsruher Instituts für Technologie (KIT) entstanden. Meine Zeit am IHE habe ich sehr genossen und besonders die schöne und angenehme Arbeitsatmosphäre durch das komplette IHE-Team werden mir stets in bester Erinnerung bleiben. Daher geht an dieser Stelle ein herzliches Dankeschön an alle Kollegen und Mitarbeiter des IHE, die mich ohne Ausnahme in gewisser Weise auf meinem Weg zum Doktortitel unterstützt und ermuntert haben.

Ein spezieller Dank geht an den Institutsleiter und meinen Hauptreferenten Prof. Dr.-Ing. Thomas Zwick. Ich möchte mich dafür bedanken, dass er mir die Anfertigung dieser Arbeit durch meine Anstellung als Doktorand am Institut ermöglicht hat und wenn nötig immer mit Rat und Tat zur Seite stand. Weiterhin möchte ich besonders Prof. Dr.-Ing. Lorenz-Peter Schmidt dafür danken, dass er das Korreferat zu meiner Arbeit übernommen und mir in besonderem Maße positive Anregungen zur Erstellung der Arbeit gegeben hat.

Ein großes Dankeschön geht an alle Kollegen, von denen viele in den Jahren am Institut zu Freunden geworden sind. Neben fachlichen Diskussionen und der Forschung war auch immer etwas Zeit, um Freundschaften aufzubauen und sich auch privat besser kennen zu lernen. Sicherlich werde ich mich noch sehr lange an die ein oder andere Dienstreise erinnern, auf welchen nach getaner Arbeit am Tage häufig sehr gesellige Abende folgten. Besonderer Dank geht in diesem Zusammenhang an meine beiden Zimmerkollegen Dr.-Ing. Stefan Beer und M.Sc. Jochen Schäfer, die mich in meiner Zeit am IHE immer gerne unterstützt haben und in dieser Zeit zu guten Freunden geworden sind. Ebenso möchte ich gerne Dr.-Ing. Lars Reichardt, Dipl.-Ing. Heiko Gulan, Dr.-Ing. Xuyang Li, M.Sc. Tom Schipper und Dipl.-Ing. Philipp Pahl speziell erwähnen, da sie für mich besonders an der sehr positiven Arbeitsatmosphäre am IHE mitgewirkt haben. Für die Durchsicht meines Manuskripts möchte ich mich bei Jochen Schäfer, Stefan Beer und Katharina Herbst noch einmal besonders bedanken, da sie damit einen großen Beitrag zum Gelingen dieser Arbeit geleistet haben.

Karlsruhe im Juli 2014

Christian Rusch

Inhaltsverzeichnis

6. Schlussfolgerung   157

A. Verwendung von Waveguide-Ports in CST Microwave Studio 163

B. Grundlagen zu „Artificial Magnetic Conductors"   167

C. Taylor-Verteilungen zur Nebenkeulenunterdrückung   169

D. Designgrundlagen einer Rotman-Linse   175

E. Der messspitzen-basierte Antennenmessplatz   179

Literaturverzeichnis   185

Abkürzungen und Symbole

Abkürzungen

2D, 3D	Zwei-, dreidimensional
AMC	Künstlich erzeugter magnetischer Leiter/Reflektor (engl. Artificial Magnetic Conductor)
AUT	Zu vermessende Antenne (engl. Antenna Under Test)
CMOS	Metall-Oxid-Halbleiter (engl. Complementary Metal Oxide Semiconductor)
CPW	Koplanare Dreidrahtleitung (engl. Coplanar Waveguide)
CST	verwendeter Feldsimulator (engl. Computer Simulation Technology)
DC	Gleichstrom (engl. Direct Current)
DFT	Diskrete Fourier Transformation
DEMUX	Demultiplexer
DDS	Verfahren zur Signalerzeugung (engl. Direct Digital Synthesis)
DSS	Waveform-Generator (engl. Digital Signal Synthesis)
FMCW	Frequenzmoduliertes Radarverfahren (engl. Frequency-Modulated-Continuous-Wave)
FPGA	engl. Field Programmable Gate Array
GaAs	Gallium-Arsenid
HEMT	Transistor mit hoher Elektronenbeweglichkeit (engl. High-electron-mobility transistor)
HF	Hochfrequenz
IC	Integrierter Schaltkreis (engl. Integrated Circuit)
IHE	Institut für Hochfrequenztechnik und Elektronik
IQ	Inphase-Quadratur
KIT	Karlsruher Institut für Technologie
LCP	Flüssigkristallpolymer (engl. Liquid Crystal Polymer)
LNA	Rauscharmer Verstärker (engl. Low Noise Amplifier)
LO	Lokaloszillator
LTCC	Technologie für keramische Mehrlagenschaltungen (engl. Low Temperature Cofired Ceramic)

MEMS	Bauelement, bestehend aus elektrischen und mikromechanischen Strukturen (engl. **M**icro-**E**lectro-**M**echanical **S**ystem)
MMIC	Monolithisch integrierter Mikrowellenschaltkreis (engl. **M**onolithic **M**icrowave **I**ntegrated **C**ircuit)
mmW	Millimeterwelle
MS	Mikrostreifen
MUX	Multiplexer
PC	Personal Computer
PEC	Idealer metallischer Leiter (engl. **P**erfect **E**lectric **C**onductor)
PMC	Idealer magnetischer Leiter (engl. **P**erfect **M**agnetic **C**onductor)
pHEMT	Pseudomorphic HEMT
PLL	Phasenregelschleife (engl. **P**hased-**L**ocked **L**oop)
RADAR	Technologie zur Ortung, Abstands- und Geschwindigkeitsmessung mittels elektromagnetischen Wellen (engl. **Ra**dio **D**etection **and R**anging)
RCS	Radarquerschnitt (engl. **R**adar-**C**ross-**S**ection)
RF	Hochfrequenz (engl. **R**adio **F**requency)
Rx	Empfangssignal (engl. Receiver)
S-Parameter	Streuparameter
Si	Silizium
SiGe	Siliziumgermanium
SiP	integriertes System in einem Gehäuse (engl. **S**ystem-**i**n-**P**ackage)
SMD	Bauelemente zur Oberflächenmontage (engl. **S**urface **M**ounted **D**evice)
SNR	Signal-Rausch-Verhältnis (engl. **S**ignal-to-**N**oise-**R**atio)
STFT	Kurzzeit-Fourier-Transformation (engl. **S**hort-**T**ime-**F**ourier-**T**ransform)
TE	Transversal elektrisch
TEM	Transversal elektromagnetisch
TM	Transversal magnetisch
Tx	Sendesignal (engl. Transmitter)
V-Band	Frequenzband zwischen 50 GHz und 75 GHz
VCO	Spannungsgesteuerter Oszillator (engl. **V**oltage-**C**ontrolled-**O**scillator)
W-Band	Frequenzband zwischen 75 GHz und 110 GHz
ZF	Zwischenfrequenz

Mathematische und physikalische Konstanten

$$
\begin{aligned}
c_0 &= 299\,792\,458\,\text{m/s} && \text{Lichtgeschwindigkeit im Vakuum} \\
e &= 2{,}71828\ldots && \text{Eulersche Zahl} \\
\varepsilon_0 &= 8{,}85418\ldots\cdot 10^{-12}\,\text{As/Vm} && \text{Elektrische Feldkonstante} \\
j &= \sqrt{-1} && \text{Imaginäre Einheit} \\
\mu_0 &= 1{,}25663\ldots\cdot 10^{-6}\,\text{Vs/Am} && \text{Magnetische Feldkonstante} \\
\pi &= 3{,}14159\ldots && \text{Kreiszahl}
\end{aligned}
$$

Lateinische Buchstaben

AF	Gruppenfaktor einer Antennengruppe (Array-Faktor)
A_n	Amplitudenbelegung des n-ten Elements der Antennengruppe
$\underline{a}$	allgemeine Feldkomponente (elektrisch oder magnetisch)
a	Kantenlänge des Antennensubstrats
a_0	Amplitude der allgemeinen Feldkomponente
a_S	Kantenlänge eines Aperturstrahlers (idealer Oberflächenwellenanreger)
$\overline{AB}$	Strecke zwischen angenommener und tatsächlicher Position des Phasenzentrums der Antenne
B	Signalbandbreite der kompletten FMCW-Rampe
B'	Signalbandbreite des FMCW-Signals nach der Antennenmodulation
C	Richtcharakteristik der Gruppe aus Oberflächenwellenanregern innerhalb der Substratebene
c	Allgemeine Ausbreitungsgeschwindigkeit einer Welle
c_{ref}	Ausbreitungsgeschwindigkeit der Referenzwelle innerhalb des Substrats
d	Substratdicke
d_n	Lagendicke bei Mehrlagensubstraten ($n = 1, 2, 3, \ldots$)
e	Numerische Exzentrität der Rotman-Linse
f	Frequenz
f_c	Mittenfrequenz
f_{ZF}	Frequenz des Zwischenfrequenzsignals
G	Brennweite der Rotman-Linse
g	Brennverhältnis der Rotman-Linse
g_P	Höhe des Luftspalts zwischen Antennensubstrat und Polyimidfolie

I	Intensität bei Aufzeichnung des Interferenzmusters (Hologramm)
k_0	Wellenzahl einer TEM-Welle im Freiraum
L	Länge des abstrahlenden Elements für eine Leckwellenantenne mit kontinuierlicher Abstrahlung
N	Elementanzahl (innerhalb Antennengruppen, allgemein)
N_{Gr}	Anzahl der Oberflächenwellenanreger
N_F	Sample-Anzahl der Fensterung
N_S	Sample-Anzahl
n_{bar}	Parameter des Taylor-Fensters, der festlegt wie viele Nebenkeulen auf einem konstanten Niveau gehalten werden
P_{left}	Nicht abgestrahlte, transmittierte Leistung einer Leckwellenantenne
$\mathrm{d}\,p$	Abstand der Einzelelemente des Hologramms zueinander (Periodizität)
p^*	Effektive Periodizität des Hologramms durch Rotation
p_{Gr}	Abstand der Oberflächenwellenerzeuger zueinander
p_{korr}	An Wellenzahlen angepasste Periodizität des Hologramms
p_n	Amplitude der jeweiligen Floque-Mode $n = \pm1, \pm2, \pm3, \ldots$
r	Theoretischer Abstand zum Ziel
R	gemessene Zielentfernung
R_{max}	maximal messbare Zielentfernung
S_{jj}	Reflexionsfaktor
S_{ij}	Transmissionsfaktor
S_{ZF}	Signalamplitude des Zwischenfrequenzsignals
s	Halber Abstand zwischen den einzelnen Patch-Elementen des AMC
s_1	Strecke zwischen angenommener Position des Phasenzentrums und Winkelreflektor
s_2	Strecke zwischen tatsächlicher Position des Phasenzentrums und Winkelreflektor
T	Messzeit
t	Zeitparameter
t_n	Zeitpunkt ($n = 1,2,3,\ldots$)
t_{mod}	Zeitdauer der Frequenzrampe des FMCW-Signals (Modulationsdauer)
t_{Rxn}	Zeitpunkt zu welchem ein Signal mit Nummer n empfangen wurde, $n = 1,2,3,\ldots$
t_{Txn}	Zeitpunkt zu welchem ein Signal mit Nummer n ausgesendet wurde, $n = 1,2,3,\ldots$

t_{Zn}	Zeitpunkt der Zielerfassung mit Zielnummer n, $n = 1, 2, 3, ...$
w_{Patch}	Breite und Länge des quadratischen Patch-Elements des magnetischen Reflektors
$\overline{XA}$	Zurückgelegte Strecke der Referenzwelle zwischen Feed und angenommener Position des Phasenzentrum der Antenne
$\overline{XB}$	Zurückgelegte Strecke der Referenzwelle zwischen Feed und tatsächlicher Position des Phasenzentrum der Antenne
Z_0	Leitungsimpedanz
Z_n	Ziel Nr. n mit $n = 1, 2, 3, ...$
Z_S	Frequenzabhängige Impedanz des magnetischen Reflektors

Griechische Buchstaben

α	Dämpfungskonstante im Wellenleiter
α_ψ	Hilfswinkel zur Berechnung der effektiven Periodizität bei Verkippung des Hologramms
α_{PZ}	Winkel zwischen angenommener Position des Phasenzentrums der Antenne und Winkelreflektor
β_{PZ}	Winkel zwischen tatsächlicher Position des Phasenzentrums der Antenne und Winkelreflektor
β_0	Wellenzahl der Referenzwelle im Dielektrikum bei ungestörter Ausbreitung
β_{ref}	Wellenzahl der Referenzwelle im Dielektrikum beeinflusst durch das Hologramm
β_n	Wellenzahl der Floquet-Mode mit Wellennummer n
Δf	Frequenzdifferenz zweier Signale
$\Delta\phi_0$	Abweichung des Abstrahlwinkels in Elevation
$\Delta\phi_{CST}$	Simulierte Phasendifferenz zwischen den Antennenports der Rotman-Linse
$\Delta\phi_{soll}$	Berechnete Phasendifferenz zwischen den Antennenports der Rotman-Linse
$\Delta\phi_{TE0}$	Phasendifferenz der Anregung der Oberflächenwellenerzeuger zueinander
ΔR	Entfernungsauflösung
ΔR_{max}	maximale Entfernungsauflösung
Δt	zeitliche Verschiebung eines Signals aufgrund der Signallaufzeit
$\Delta\theta$	Winkelauflösung in Elevation
$\Delta\theta_0$	Abweichung des Abstrahlwinkels in Elevation
ε_r	Permittivität eines Mediums

Γ	Reflexionsfaktor
γ	Ausdehnungsfaktor der Rotman-Linse
λ	Wellenlänge (allgemein)
λ_0	Wellenlänge im Freiraum
λ_{ref0}	Wellenlänge der sich im Substrat ungestört ausbreitenden Referenzwelle
λ_{ref}	Wellenlänge der sich im Substrat ausbreitenden Referenzwelle beeinflusst durch das Hologramm
ω	Kreisfrequenz
ϕ	Azimutwinkel (xy-Ebene)
ϕ_0	Azimutwinkel der Hauptstrahlrichtung
ϕ_S	Schwenkbereich der Antenne in Azimut
ϕ_{3dB}	3 dB Keulenbreite der frequenzschwenkenden Antenne in Azimut
ϕ_Z	Winkelposition eines Ziels in Azimut
ϕ_{max}	Maximaler Schwenkwinkel innerhalb der xy-Ebene
ψ	Umlaufwinkel innerhalb der Substratebene
ψ_{rot}	Rotationswinkel des Hologramms oder der Referenzwelle
ρ	Phase der Objektwelle bei Beschreibung des holografischen Prinzips
ς	Phase der Referenzwelle bei Beschreibung des holografischen Prinzips
θ	Elevationswinkel (xz-Ebene)
θ_0	Elevationswinkel der Hauptstrahlrichtung
θ_S	Schwenkbereich der Antenne in Elevation
θ_{3dB}	3 dB Keulenbreite der frequenzschwenkenden Antenne in Elevation
θ_Z	Winkelposition eines Ziels in Elevation
θ_{max}	Maximaler Schwenkwinkel innerhalb der xz-Ebene

1. Einleitung

1.1. Motivation und Umfeld der Arbeit

Systeme, welche mittels elektromagnetischer Wellen Ziele detektieren und deren Position und Geschwindigkeit messen, sind als Radare (engl. **Ra**dio **D**etection **a**nd **R**anging) bekannt. Die Voraussetzung zur Entwicklung solcher Systeme erbrachte Heinrich Hertz bereits 1886 in Karlsruhe durch den experimentellen Nachweis der Existenz elektromagnetischer Wellen und deren Ausbreitung im Freiraum. Als Erfinder des Radars gilt jedoch Christian Hülsmeyer, der auf Grundlage von Hertz's Experimenten bereits 1904 die Reflexion der elektromagnetischen Welle an metallischen Gegenständen nutzte, um vorbeifahrende Schiffe auf dem Rhein zu detektieren. Großes Interesse an diesem ersten Radarsystem blieb jedoch vorerst aus. Erst der militärische Einsatz während des Zweiten Weltkrieges führte zu einer starken Weiterentwicklung solcher Systeme, welche hauptsächlich zur Luft- und Seeüberwachung genutzt wurden.

Heute werden Radare auch immer häufiger in zivilen Anwendungsgebieten verwendet. Die bekannteste Anwendung dient sicherlich dazu, Geschwindigkeitsüberschreitungen im Straßenverkehr zu erfassen. Die Entwicklung im Automobilbereich zeigt jedoch, dass inzwischen auch auf engstem Bauraum mehrere Radarsysteme eingesetzt werden können, um die Umgebung zu analysieren. Die Vorstellung von Radarsystemen als große Systeme mit Antennendurchmessern von mehreren Metern, wie sie aus bekannten Bildern aus Luft- und Weltraumüberwachung häufig noch vorherrscht, muss heute um kompakte Sensormodule erweitert werden. Erst die Entwicklung der letzten Jahre hin zu immer höheren Frequenzen und damit immer kompakteren Systemen, bis hin zu hochintegrierten **S**ystems-**i**n-**P**ackages (SiP), ermöglichen den Einsatz von Radarsystemen in verkehrstechnischen und industriellen Umgebungen und erschließen weitere neue Anwendungsbereiche der Sensorik. Somit bieten Radare heute die Möglichkeit, neben der herkömmlichen Anwendung zur Luft- und Verkehrsüberwachung, als hoch genaue Distanz- und Winkelmesser eingesetzt zu werden. Kompaktheit und hohe Messgenauigkeit bilden die Voraussetzungen für diese neuen Anwendungsbereiche. Beide Eigenschaften werden maßgeblich über die Systemfrequenz und die verwendete Bandbreite bestimmt.

Der Weg hin zu immer kleineren Modulen über die Nutzung immer höherer Frequenzen erschwert jedoch die Herstellung und die Verwendung der Radarsysteme, da die kleine Wellenlänge zwangsläufig immer höhere Anforderungen an die Herstellungsgenauigkeiten voraussetzt und gewöhnlich verwendete Aufbau- und Verbindungstechniken einen immer größeren Einfluss auf die Funktionalität der Schaltung ausüben. Außerdem zeigen die Entwicklungen der letzten Jahre auch, dass die Effizienz von Millimeterwellenkomponenten ebenfalls mit zunehmender Frequenz stark abnimmt und ein Großteil der Eingangsleistung aufgrund starker Wärmeentwicklung und erhöhter Materialverluste verloren geht. Für die Antennenentwicklung in Radarsystemen bedeutet dies, dass die Antenne eine hohe Effizienz aufweisen sollte, um nicht zusätzliche Verluste zu produzieren. Dies kann nur erreicht werden, wenn das Signal zur Antenne möglichst kurze und weitestgehend gerade Leitungslängen zurücklegen muss, um dielektrische Verluste bzw. Leitungsabstrahlung so gering wie möglich zu halten. Auch die Verbindungstechnik zwischen den ICs (engl. **I**ntegrated **C**ircuit) und dem Antennensubstrat kann die Performanz des Systems bei hohen Frequenzen stark beeinträchtigen. Daher werden Antennenkonzepte mit guter Integrierbarkeit und möglichst wenigen hochfrequenten Signalübergängen mittels Bonddrähten oder Flip-Chip-Verbindungen angestrebt. Bisherige Radarsysteme, welche die Funktionalität einer schwenkbaren Hauptkeule in einer oder mehreren Dimensionen aufweisen, widersprechen häufig dem Grundsatz der kurzen und gleichmäßigen Signalverbindung.

Abgesehen von mechanischem Scannen mit einer stark fokussierenden Antenne kann die Winkelauflösung bei Radarsystemen mit einem Antennenarray prinzipiell durch zwei Methoden erreicht werden: elektronisches Scannen durch Veränderung der Phasenansteuerung der Einzelelemente oder elektronisches Auswerten aller Richtungen gleichzeitig über Digital Beamforming. Im ersten Fall reduziert sich das verfügbare Signal-zu-Rausch-Verhältnis (engl. **S**ignal-**t**o-**N**oise-**R**atio, SNR) bei limitierter Messzeit, da die unterschiedlichen Richtungen nacheinander abgetastet werden müssen. Für Digital Beamforming dagegen werden speziell im zweidimensionalen Fall, neben dem hohen Hardwareaufwand, sehr große Rechenleistungen benötigt, was zu höheren Kosten und deutlich größerem Leistungsbedarf führt. Außerdem ist eine hohe Anzahl leitungsgebundener Verbindungen zu den einzelnen Antennenelementen notwendig, welche die Designkomplexität erhöhen und bei hohen Frequenzen stark verlustbehaftet sein können.

In der vorliegenden Arbeit sollen neuartige frequenzschwenkende, integrierbare, planare Millimeterwellenantennen für hybride 2D-Antennensysteme untersucht und optimiert werden. Durch die Änderung der Hauptstrahlrichtung über der Frequenz kann die Signalmodulation eingesetzt werden, um Winkelmessungen innerhalb einer Ebene durchführen zu können. Eine komplexe Ansteuerung zur Änderung der Winkelrichtung entfällt aus diesem Grund und verringert die Anzahl benötigter Komponenten und Signalleitungen. Die Kombination dieser Antennenart mit phasensteuernden Speisenetzwerken erlaubt zusätzlich die Veränderung der Hauptstrahlrichtung des Radars in einer zweiten Dimension, indem die Antennenhauptkeule in einer Ebene über die Frequenz und in der anderen Ebene über das Phasenschaltnetzwerk geschwenkt wird. Zusammen mit darauf abgestimmten Transceiver-Architekturen wird die Entwicklung von 3D-Radarsensoren zur Umgebungsüberwachung (Indoor-Tracking oder Kollisionsschutz für autonome Fahrzeuge und Roboter, beispielsweise im industriellen Produktionsbereich) im Millimeterwellenfrequenzbereich möglich, welche eine weitaus geringere Systemkomplexität aufweisen als bisher. Aktuelle medienwirksame Konzepte von Logistikunternehmen, welche neue Postzustellungswege per autonom fliegender Drohnen als Ziel haben, könnten ebenfalls von dieser Art Radarsensor profitieren und einen großen Markt für die in dieser Arbeit behandelten Konzepte schaffen.

Ein Vergleich zwischen einem frequenzmodulierten-Radar (engl. Frequency-Modulated-Continuous-Wave, FMCW) mit Phased-Array-Antenne und einem FMCW-Radar mit frequenzschwenkender Antenne soll im Folgenden die Vorteile des neuen Konzepts hervorheben. Abb. 1.1 bis 1.3 zeigen drei unterschiedliche Antennenkonzepte mit jeweils einfachen RF-Front-Ends für den Radarbetrieb. Im Vergleich zwischen Abb. 1.1 und Abb. 1.2 fällt die höhere Komplexität des Phased-Array-Systems aufgrund der beiden phasensteuernden Speisenetzwerke (hier als Butler-Matrix) auf. Die eingezeichneten Antennen stellen End-Fire-Antennen dar, welche innerhalb der Substratebene abstrahlen. Die Hauptstrahlrichtung der entstehenden Antennengruppe kann je nach verwendetem Eingang innerhalb dieser Ebene verändert werden. Die gezeigte Realisierung mit Butler-

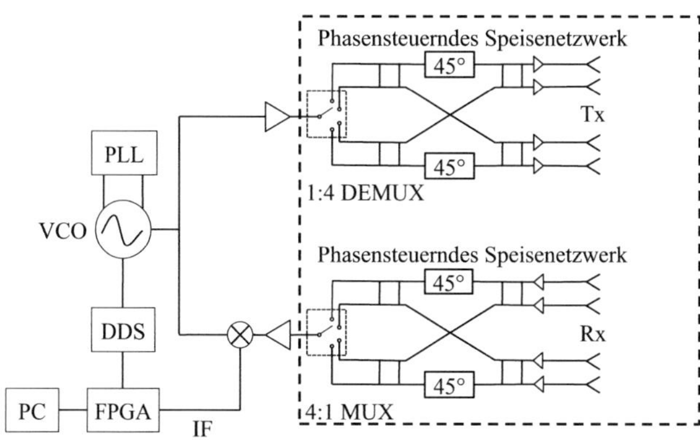

Abbildung 1.1.: Radarsystem mit Phased-Array-Antenne

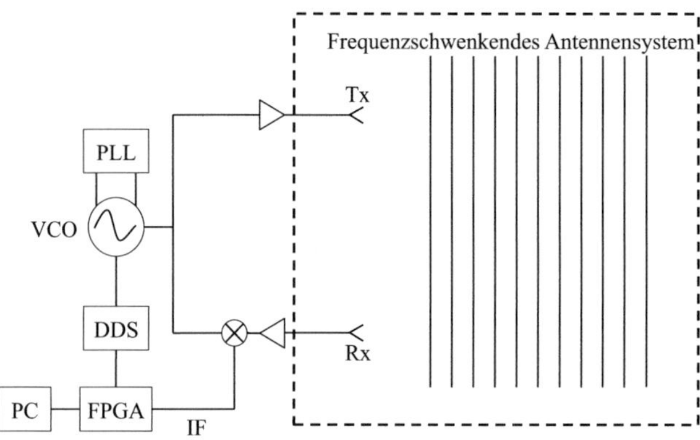

Abbildung 1.2.: Radarsystem mit frequenzschwenkender Leckwellenantenne

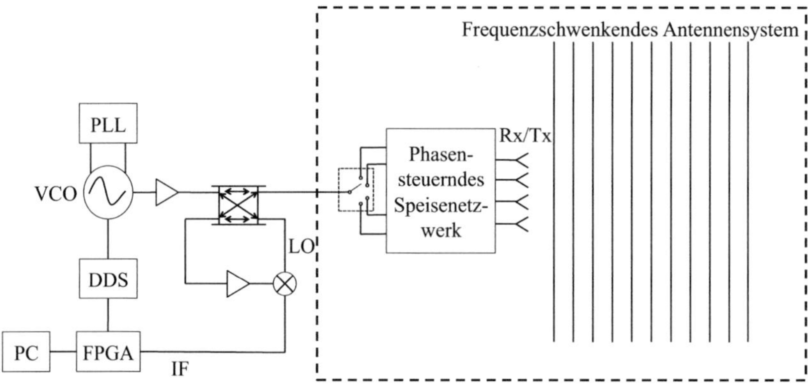

Abbildung 1.3.: Radarsystem mit einer Kombination aus Leckwellenantenne und Phased-
Array, welches die Veränderung der Hauptkeule in zwei Ebenen erlaubt

Matrix erlaubt somit vier unterschiedliche Abstrahlrichtungen. Durch eine weitere Erhöhung der Komplexität, z.B. die Verwendung einer Rotman-Linse oder von jeweils aktiven, verstellbaren Phasenschiebern pro Antennenpfad, kann dieser Abstrahlbereich erweitert werden. Neben dem hohen Designaufwand verringert das Speisenetzwerk die Antenneneffizienz aufgrund der auftretenden Signalverluste in Abhängigkeit des verwendeten Trägermaterials.

Das Konzept nach Abb. 1.2 mit frequenzschwenkender Antenne erscheint bereits in dieser schematischen Darstellung einfacher und weniger komplex. Die eigentliche Antennenstruktur (Typ Leckwellenantenne, hier ausgeführt als holografische Antenne) beinhaltet sowohl die Funktionalität des Speisenetzwerkes als auch die abstrahlenden Elemente. Die Richtung der Hauptkeule wird in diesem Fall nicht direkt über die Phasenlage unterschiedlicher Signalpfade, sondern über die Signalfrequenz gesteuert. Der Hauptkeulenschwenk erfolgt in diesem Beispiel senkrecht zur Substratebene. Es entfällt eine komplexe Verkabelung der einzelnen abstrahlenden Elemente und das mit Hinblick auf die Phasenlage aufwendige Design des Speisenetzwerks. Die Kombination mit einem phasensteuernden Speisenetzwerk nach Abb. 1.3 erlaubt zusätzlich zum Frequenzschwenk die Richtungsänderung der Hauptkeule in einer zweiten Ebene.

Aus den vorgestellten Gründen der geringen Systemkomplexität und der Möglichkeit die Anzahl an leitungsgebundenen Signalwegen drastisch zu reduzieren, wurden in der vorliegende Arbeit Methoden zur Optimierung planarer, integrierbarer, frequenzschwenkender Antennen für die Verwendung in FMCW-Radaren am Beispiel der holografischen Antenne erarbeitet. Am Institut für Hochfrequenztechnik und Elektronik (IHE) realisierte Radarkonzepte werden vorgestellt und eine Auswertung der Messgenauigkeiten anhand eines entwickelten Demonstrationssystems vorgenommen.

Im Folgenden wird das Messprinzip der Kombination von FMCW-Radaren mit frequenzschwenkenden Antennen näher erläutert, welches dem Einsatz der holografischen Antennen zu Grunde liegt und die Motivation der vorliegenden Arbeit bildet.

1.2. Prinzip von Radaren mit frequenzschwenkenden Antennen

Wird ein konventionelles FMCW Radar mit einer Leckwellenantenne kombiniert, so kann über eine Zeit-Frequenz-Analyse neben der Entfernung auch die Winkelrichtung eines Ziels im Messszenario bestimmt werden. Dabei ist keine mechanische Bewegung von Bauteilen oder der gesamten Antenne nötig, was die Komplexität des Aufbaus verringert und die Gefahr von Ausfällen durch Materialermüdung senkt. Fährt das Radar nun eine Frequenzrampe, so schwenkt die Hauptstrahlrichtung der Antenne über den messbaren Winkelbereich. Die zurück reflektierte Welle wird wie bei konventionellen FMCW-Radaren mit dem Sendesignal herunter gemischt, sodass eine zur Entfernung proportionale Zwischenfrequenz erzeugt wird. Da die Antenne je nach Frequenz nur einen kleinen Winkelbereich ausleuchtet, wird die Amplitude des empfangenen Signals entsprechend der im Messbereich vorhandenen Ziele moduliert. Diese Amplitudenmodulation ist nach dem Mischen noch im Zwischenfrequenzsignal enthalten und kann ausgewertet werden, um den Winkel zu bestimmen.

Abb. 1.4 zeigt dies in einer Prinzipskizze. Links oben ist der Verlauf der Sendefrequenz dargestellt, darunter die Leistung der Echosignale der einzelnen Ziele (jeweils dem erzeugenden Ziel entsprechend gestrichelt). Die Überlagerung der einzelnen Echos ergibt die Empfangsleistung am Empfänger (schwarz). Das Beispielszenario mit zwei Zielen ist auf der rechten Seite dargestellt, in welchem ebenfalls die Antennencharakteristiken für verschiedene Zeitpunkte angedeutet werden. Je nach Zeitpunkt der Frequenzrampe ergibt sich eine unterschiedliche Strahlungskeule. Zum ersten Zeitpunkt trifft die Hauptkeule auf ein erstes Ziel (kurz gestrichelt), wodurch ein starkes Echosignal empfangen wird. Zum zweiten Zeitpunkt liegt eine Frequenz an, die in einen leeren Winkelbereich abgestrahlt wird, sodass auch nur ein geringes Empfangssignal anliegt. Erst am Ende der Frequenzmodulation steigt die Empfangsleistung wieder an, da die Antenne nun ein zweites Ziel (lang gestrichelt) anstrahlt.

1.2.1. Entfernungsbestimmung

Die maximale Entfernungsauflösung ΔR_{max} eines FMCW-Radars ergibt sich nach Gleichung 1.1 und ist damit umgekehrt proportional zur Bandbreite B und proportional zur Ausbreitungsgeschwindigkeit c der Welle.

$$\Delta R_{max} = \frac{c}{2B} \tag{1.1}$$

Wird nun eine Leckwellenantenne verwendet, so steht für die Entfernungsmessung nicht mehr die gesamte Bandbreite B zur Verfügung. Da die Antenne das Ziel nur während einer bestimmten Zeitdauer anstrahlt, kann auch nur die in dieser Zeit gesendete Bandbreite B' verwendet werden. Wird näherungsweise von einer konstanten Antennencharakteristik, vor allem in Bezug auf die Keulenbreite θ_{3dB} und dem Schwenkverhältnis $\frac{\delta\theta}{\delta f}$ ausgegangen, so kann die Verringerung der Entfernungsauflösung über einen Faktor, dem Verhältnis aus dem gesamtem Schwenkbereich θ_S zur Keulenbreite θ_{3dB} bestimmt werden [MWM03].

$$\Delta R = \frac{c}{2B'} = \frac{c}{2B}\frac{B}{B'} = \frac{c}{2B}\frac{\theta_S}{\theta_{3dB}} \tag{1.2}$$

Im Allgemeinen bleibt die Entfernungsbestimmung aus der Proportionalität der Zwischenfrequenz und der Zielentfernung nach Gleichung 1.3 wie beim gewöhnlichen FMCW-Radar gültig [Sko90]. Die Höhe der Zwischenfrequenz ist somit auch über die Modulationsdauer t_{mod} kontrollierbar. Die Entfernung R zum Ziel ergibt sich aus der gemessenen Zwischenfrequenz nach Gleichung 1.3.

$$R = \frac{c}{2B} \cdot f_{ZF} \cdot t_{mod} \tag{1.3}$$

Durch die unterschiedlichen ausgestrahlten Winkelbereiche während der Sendedauer t_{mod} ergeben sich, anders als beim FMCW-Radar mit konstanter Hauptstrahlrichtung, winkelabhängige maximale Zielentfernungen R_{max}. Dies ist in Abb. 1.5 schematisch dargestellt. Für ein FMCW-Radar muss der Zeitpunkt t_{Rxn}

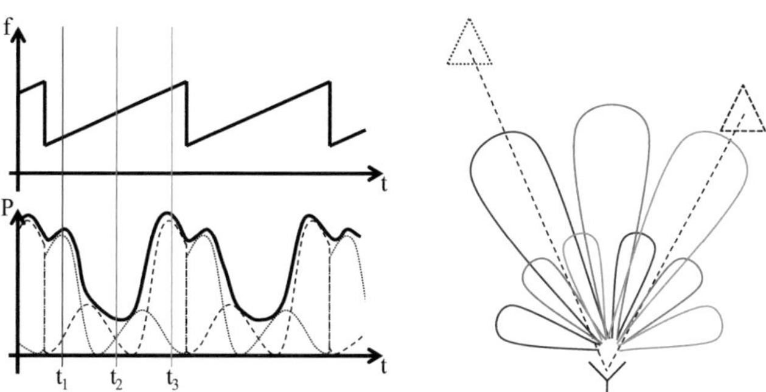

Abbildung 1.4.: Schematische Darstellung des Messprinzips eines FMCW-Radars mit frequenzschwenkender Antenne

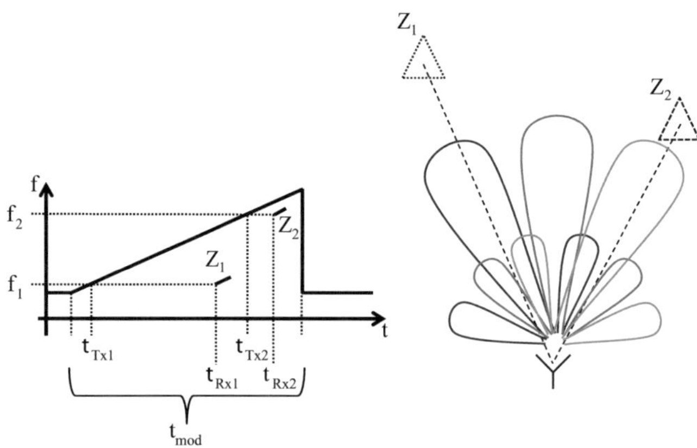

Abbildung 1.5.: Schematische Darstellung des Beispielszenarios zur maximal messbaren Zielentfernung

des Empfangs des letzten Echosignals zumindest innerhalb der Zeitdauer t_{mod} erfolgen, damit eine zeitliche Überlappung von Sende- und Empfangssignal entsteht, wobei in einem realen Radar eher $t_{Rxn} << t_{mod}$ gilt, um eine ausreichend genaue Bestimmung der entstehenden Zwischenfrequenz zu ermöglichen. Für dieses Beispiel soll jedoch zur Vereinfachung die Bedingung $t_{Rxn} \leq t_{mod}$ gelten. Liegt ein Ziel Z_1 innerhalb des Winkelbereichs, welcher zu Beginn der Frequenzrampe ausgeleuchtet wird, kann das ausgesendete und reflektierte Signal innerhalb der restlichen Modulationsdauer einen weiteren Weg zurücklegen ohne diese Bedingung zu verletzten, als es für ein Ziel Z_2 möglich ist, welches innerhalb des Winkelbereichs liegt, der gegen Ende der Frequenzrampe ausgeleuchtet wird. Folgendes Beispielszenario soll diese Systemeigenschaft verdeutlichen. Für das frequenzschwenkende Radar wird eine Frequenzmodulation mit einer Bandbreite von 10 GHz und einer Modulationsdauer von $t_{mod} = 10\,\mathrm{ms}$ verwendet. Ziel Z_1 wird mit einem Signal der Frequenz f_1 angestrahlt, welches zum Zeitpunkt $t_{Tx1} = 1\,\mathrm{ms}$ ausgesendet wurde und zum Zeitpunkt t_{Rx1} wieder vom Radar empfangen wird. Ziel Z_2 wird dementsprechend mit einem Signal der Frequenz f_2 angestrahlt, welches wiederum zu einem späteren Zeitpunkt $t_{Tx2} = 9\,\mathrm{ms}$ ausgesendet wurde und nach zeitlicher Verzögerung durch die Laufzeit zum Zeitpunkt t_{Rx2} am Empfänger detektiert wird. Damit das empfangene Signal weiterhin innerhalb dem Zeitbereich der Modulation liegt, ergibt sich die maximale Entfernung näherungsweise zu:

$$R_{max} = \frac{c_0}{2} \cdot \left(t_{mod} - t_{Txn} \right) \tag{1.4}$$

Für das Beispiel ergeben sich demnach die beiden maximalen Entfernungen für die beiden Ziele $R_{max1} = 1350\,km$ und $R_{max2} = 150\,km$. Das Beispiel zeigt, dass dieser Effekt erst bei sehr schnellen Frequenzrampen bzw. sehr großen Zielentfernungen zum Tragen kommt. Für das Anwendungsszenario des autonom fahrenden Roboters innerhalb industrieller Umgebung, welches innerhalb dieser Arbeit der Motivation dient, ist dies unerheblich.

1.2.2. Winkelbestimmung

Für die Winkelauflösung wird die Amplitudenmodulation des Empfangssignals ausgewertet. Diese kommt durch die Antennencharakteristik zustande. Ist in einem Winkelbereich θ_Z ein Punktziel vorhanden, über welches die Antenne schwenkt, so ergibt sich im Echosignal eine Abtastung der Antennencharakteristik in dieser Richtung über der Frequenz. Da durch die Art der Modulation der Zusammenhang zwischen Zeitpunkt und gesendeter Frequenz bekannt ist, kann, bei bestehender zeitlicher Synchronisation zwischen Sender und Empfänger, die Winkelinformation ausgelesen werden (vgl. Abb. 1.4). Die Synchronisation ist notwendig, da durch das Heruntermischen die Sendefrequenz, welche in direktem Zusammenhang mit der Hauptstrahlrichtung der Antenne steht, verloren geht. Damit die Form der Antennencharakteristik ausreichend gut angenähert wird, darf die Zwischenfrequenz nicht zu niedrig sein. Durchläuft die Zwischenfrequenz zu wenige Perioden während das Ziel angestrahlt wird, so kommt es quasi zu einer Verletzung des Abtasttheorems und folglich zu einem Informationsverlust durch Unterabtastung der Hüllkurve, welche die Winkelinformation der Messung enthält. Die Zwischenfrequenz stellt also eine untere Grenze für die Entfernungsmessung mit gleichzeitiger Winkelbestimmung dar [CJ98]. Wo diese liegt, muss im Einzelfall bestimmt werden, je nachdem welche Auflösung angestrebt wird. Um eine niedrigere Grenze des Messbereichs zu ermöglichen, können Verzögerungsglieder in Sende- oder Empfangspfad eingesetzt werden [MWM03], um die Nullebene zu verschieben und damit höhere Zwischenfrequenzen bei gleichbleibenden Zielentfernungen zu erhalten. Bei der Winkelbestimmung gilt es zu beachten, dass durch die Laufzeit des Signals eine zeitliche Verschiebung der Amplitudenmodulation um Δt auftritt. Dadurch ergibt sich bei der Bestimmung der Winkelrichtung des Ziels ein Fehler, da Empfangssignal und Frequenzmodulation nicht synchron sind. Dieser Fehler kann korrigiert werden, wenn die Entfernung zuvor mit Gleichung 1.3 bestimmt wird, wodurch Δt bekannt ist. Die Winkelauflösung $\Delta\theta$ des Radars wird über die 3 dB Breite θ_{3dB} der Antennenkeule definiert [Sko90]. Liegen die Ziele näher zusammen, so können sie in der Signalauswertung nicht voneinander getrennt werden, da die beiden Maxima innerhalb des Spektrums keine klare Trennung mehr aufweisen.

1.2.3. Winkel-Entfernungskompromiss

Aus Abschnitt 1.2.1 geht hervor, dass eine breite Antennenkeule nötig ist, um eine hohe Entfernungsauflösung zu erreichen. Dies steht im Gegensatz zu der Bedingung einer schmalen Antennenkeule für eine hohe Winkelauflösung aus Abschnitt 1.2.2. Dieser Konflikt stellt ein Hauptmerkmal der Kombination aus FMCW Radar und frequenzschwenkender Antenne dar. Aus Gleichung 1.2 lässt sich durch Umstellen die Unschärferelation aufstellen.

$$\Delta R \cdot \Delta \theta = \frac{c}{2B} \theta_S \tag{1.5}$$

Damit lässt sich bei gegebenem theoretischem Auflösungslimit für die eine Größe das Auflösungslimit der anderen Größe berechnen [SS99].

1.3. Stand der Forschung

Innerhalb dieses Kapitels soll ein Überblick über bestehende Systeme gegeben werden, welche mit den in dieser Arbeit präsentierten Konzepten in Zusammenhang stehen. Dazu gehören neben der speziellen Kombination von frequenzschwenkenden Antennen und Radaren, auf welche in Kapitel 1.3.4 eingegangen wird, auch weitere Millimeterwellen-Systeme, bei denen der hochintegrierte und kompakte Aufbau im Vordergrund steht (vgl. Kapitel 1.3.1). Es wird im Allgemeinen auf die Entwicklung der frequenzschwenkenden Antennen eingegangen. Dabei werden neben den holografischen Antennen auch weitere Konzepte, die zur Gruppe der Leckwellenantennen gezählt werden, betrachtet. Die Entwicklung der im Fokus stehenden holografischen Antennen bis zum heutigen Stand der Technik wird in Kapitel 1.3.3 nachvollzogen.

1.3.1. Integrierte Millimeterwellen-Antennengruppen

Antennen mit hohem Gewinn in Millimeterwellen-Systeme zu integrieren, stellt hohe Anforderungen an den Modulaufbau sowie an die verwendete Technologie und kann meist nur über Kompromisse erfolgreich durchgeführt werden. Vom Standpunkt der Kompaktheit des Moduls aus betrachtet, ist die Integration der Antenne direkt auf dem IC der praktikabelste Weg. Nachteilig ist jedoch, neben der großen benötigten Chipfläche und den damit verbundenen Kosten, dass On-Chip-Antennen wegen des verlustreichen Trägermaterials (meist Silizium) und der hohen Permittivität des Substrats nur einen kleinen Gewinn ($< 0\,$dBi) und eine geringe Antenneneffizienz erreichen [ZSG05],[BGK$^+$06]. Die Entstehung von ungewollten Oberflächenwellen erschwert zusätzlich die direktive Abstrahlung und kann zudem die Funktion der Schaltung stören. Im Integrationsgrad sind Systeme mit On-Chip-Antennen nicht zu übertreffen, weshalb sie weiterhin ein stark frequentiertes Forschungsfeld darstellen. Die mit Abstand höchste Anzahl an Veröffentlichungen im Bereich On-Chip Antennen nutzt die CMOS-Technologie (engl. **C**omplementary **M**etal **O**xide **S**emiconductor) bzw. BiCMOS auf Silizium (Si) oder Siliziumgermanium (SiGe) [CWYH12], [UGGR13]. Der Grund für die häufige Verwendung von CMOS für Systeme mit On-Chip Antennen liegt jedoch nicht in der technischen Überlegenheit gegenüber anderen Technologien, sondern in der weiten Verbreitung von CMOS-Herstellern und CMOS-ICs. Dennoch sind in den letzten Jahren auch Millimeterwellen-Systeme mit On-Chip-Antennen auf anderen Prozessen entwickelt und veröffentlicht worden, welche sich eher für Schaltungen bei sehr hohen Frequenzen eignen. Beispielhaft sind hier HEMT-Schaltungen (engl. **H**igh-**e**lectron-**m**obility **t**ransistor) auf Gallium-Arsenid (GaAs) zu nennen ([AGW$^+$11], [GWS$^+$08]). Dem geringen Antennengewinn wird dabei häufig mit dem Einsatz von dielektrischen Linsen entgegen gewirkt. Der Einsatz von unbeweglichen Linsen widerspricht jedoch dem Prinzip der Winkelmessung, da die Hauptstrahlrichtung elektronisch nur sehr eingeschränkt verändert werden kann.

Werden die Antennen auf einem separaten Substrat erstellt, besteht die Möglichkeit das Antennensubstrat frei zu wählen, um die Kriterien für eine hohe Antenneneffizienz und eine hohe Direktivität zu erfüllen. Die Verbindung zum IC erfolgt in diesem Aufbau über Flip-Chip- oder Bonddrahtverbindungen. Es wurde bereits gezeigt, dass auch im D-Band Bonddraht- oder Flip-Chip-Verbindungen eingesetzt werden können, um ICs mit der Antenne auf einem externen Antennensubstrat zu verbinden [BRG$^+$13]. Dennoch sind diese IC-Substrat-Verbindungen bei hohen Frequenzen stark verlustbehaftet und müssen entsprechend kurz gehalten werden. Eine Möglichkeit Bonddrahtverbindungen zu verkürzen, ist die Einbettung der ICs in Kavitäten, welche im Substrat eingelassen werden. Dabei sollte die Chipoberfläche möglichst plan mit der oberen Substratlage abschließen. Eine Mehrlagentechnologie, welche besonders für die Verwendung eingebetteter ICs geeignet ist und für Systeme mit Trägerfrequenzen bis $100\,$GHz eingesetzt wird, ist LTCC (engl. **L**ow-**T**emperature-**C**ofired-**C**eramic) [CGBN13].

Durch die Realisierung der Antennen auf dem Trägersubstrat können beispielsweise Antennengruppen, welche zur Gewinnsteigerung oder zur Veränderung der Hauptstrahlrichtung eingesetzt werden, wegen ihres großen Flächenbedarfs im Vergleich zu On-Chip-Antennen kostengünstiger erstellt werden ([LS08], [LSK$^+$08]). Komplette Systeme, welche ICs und Antennen gemeinsam in einem

Gehäuse unterbringen („System-in-Package") wurden bereits für unterschiedliche Frequenzbänder und Anwendungsbereiche vorgestellt. Zu nennen sind kompakte Radare in V- [SKH$^+$12], W- [FTH$^+$13], und D-Band [BRG$^+$13].

Zur Änderung der Hauptstrahlrichtung ist es bei Antennengruppen notwendig, die Phasenbelegung der einzelnen abstrahlenden Elemente steuern zu können. Dies erhöht die Komplexität des Aufbaus solcher Systeme wegen der großen Anzahl an benötigten Verbindungen zwischen der Phasensteuerung und den Einzelstrahlern. Die Phasensteuerung kann dabei über einzelne Phasenschieber an jedem Antennenelement [SLS13] oder über phasensteuernde Speisenetzwerke [PCK$^+$10] erfolgen. Besonders die RF-Verbindungen zwischen IC und Antenne erzeugen im angestrebten Frequenzbereich hohe Verluste und senken dadurch wiederum die Antenneneffizienz. Leckwellenantennen, welche in dieser Arbeit im Vordergrund stehen, bieten die Möglichkeit, die Anzahl der RF-Verbindungen deutlich zu reduzieren und die Hauptstrahlrichtung über die Frequenz zu schwenken. Daher bieten sie sich als Alternative zu phasengesteuerten Antennengruppen an. Wegen ihres vergleichsweise großen Flächenbedarfs ist die Herstellung von On-Chip-Leckwellenantennen wirtschaftlich nicht sinnvoll. Stattdessen eignen sie sich sehr gut zur Implementierung in integrierte Module oder auf Mehrlagenkeramiken wie LTCC.

1.3.2. Frequenzschwenkende Antennen

Ein bekanntes und häufig verwendetes Beispiel für frequenzschwenkende Antennen sind geschlitzte Hohlleiterantennen, welche zur Gruppe der Leckwellenantennen gehören. Vor allem in der Weltraumtechnologie werden diese Antennen wegen ihrer Robustheit verwendet [CHW08]. Veröffentlichungen zeigen, dass mit diesen Antennen Veränderungen des Abstrahlwinkels der Hauptkeule um 30° bei einer Verwendung von ca. 10% Bandbreite möglich sind ([CHW08], [LXYL10], [CRV$^+$12]). Neben dem großen Herstellungsaufwand und der schwierigen Integration in planare Mikrostreifensysteme ist die Effizienz dieser Antennen problematisch. Ein Großteil der Leistung wird nicht abgestrahlt, sondern gelangt an das Ende des Hohlleiters, welcher mittels absorbierendem Material reflexionsfrei abgeschlossen wird. M. Schühler hat 2010 ein Konzept vorgestellt, um die transmittierte Leistung wieder zurückzuführen und phasengleich mit der speisenden Welle zu überlagern und somit die Effizienz zu verbessern [SWH10]. Zur Vereinfachung der Integration in ein Millimeterwellensystem, zur Kostenreduzierung und zur Reduzierung der Aufbaugröße werden in einigen Arbeiten „Substrate-Integrated-Waveguides" (SIW) verwendet [CHK$^+$09], [DI12]. Das Prinzip der Wellenführung ist sehr ähnlich dem eines mit Dielektrikum gefüllten Rechteckhohlleiters, jedoch werden die seitlichen Metallflächen durch metallische Durchkontaktierungen im Substrat ersetzt. Die Speisung des SIWs kann mittels Mikrostreifenleitung erfolgen [YCH$^+$05]. Damit die durch Vias ersetzten, seitlichen Hohlleiterwände eine hohe Transmission ermöglichen, steigen bei höheren Frequenzen die Anforderungen an den Herstellungsprozess, um ausreichend kleine Abstände zwischen den Durchkontaktierungen zu realisieren und die Welle als Hohlleitermode führen zu können. Dies macht eine Verwendung dieser Antennen im oberen Millimeterwellenbereich bisher nicht möglich.

Für kleinere Frequenzen wurden jedoch bereits Antennenarrays vorgestellt, welche das Prinzip der frequenzschwenkenden Antenne mit dem einer phasenschwenkenden Antennengruppe kombinieren und somit eine zweidimensionale Veränderung der Hauptstrahlrichtung ermöglichen [Oli90] (Abb. 1.6(a)). Zur Vereinfachung der Integration in Millimeterwellensysteme kann dieses Konzept beispielsweise mit holografischen Antennen umgesetzt werden.

1.3.3. Holografische Antennen

Ein weiteres Konzept zur Änderung des Richtungswinkels der Hauptkeule über der speisenden Frequenz sind planare holografische Antennen ([PFA09], [PFA11]), welche aufgrund der sehr guten Integrierbarkeit für den in dieser Arbeit verwendeten Frequenzbereich, aber auch darüber hinaus, äußerst vielversprechend sind. Holografische Antennen nutzen das bereits 1948 von D. Gábor erfundene Prinzip der Holografie [Gab48]. Die Holografie in der Millimeterwel-

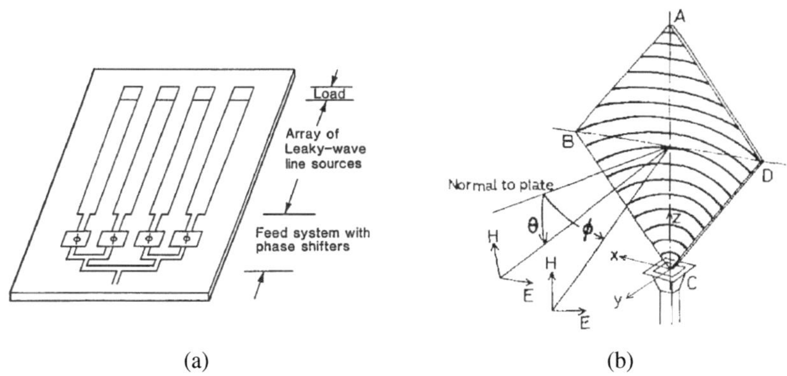

Abbildung 1.6.: (a) Antennengruppe aus frequenzschwenkenden Leckwellenantennen für 2D-Hauptkeulenschwenk [Oli90]; (b) Erste holografische Antenne mit Oberflächenwellenerzeuger und Hologramm in gleicher Ebene [IMUU75]

lentechnik zu nutzen, um somit die Richtcharakteristik einer Antenne zu verändern, wurde von P. Checcacci et. al. zum ersten Mal publiziert [CRS70]. Dazu erzeugt Checcacci ein Interferenzmuster durch die Überlagerung zweier kohärenter Wellen unterschiedlicher Antennen (Hornstrahler und Parabolspiegel). Das dadurch erzeugte Hologramm wird im nächsten Schritt weiterhin mit dem Hornstrahler bestrahlt und erzeugt in Transmission die rekonstruierte Richtcharakteristik des Parabolspiegels. Checcacci beschreibt in seiner Arbeit, dass die Verwendung metallischer Streifen zur Erzeugung der Nullstellen des Interferenzmusters ausreicht, um die gewünschte Richtwirkung der Antenne zu erzielen. Die von ihm entwickelten Antennen zielten jedoch auf Kommunikationsanwendungen ab [CPR71].

Eine Erweiterung dieser Arbeit, welche zum praktischen Nutzen in der heutigen Millimeterwellentechnik führte, bildet die Arbeit von K. Iizuka [IMUU75]. Das vormals beschriebene Prinzip wird von Iizuka so verändert, dass die Referenzwelle und das Interferenzmuster in die gleiche Ebene verlagert werden (Abb. 1.6(b)). Die Abstrahlung, senkrecht zu dieser Ebene, bildet somit das rekonstruierte Abbild. In seiner Arbeit verwendet Iizuka ein Substrat ohne rückseitige Metallisierung und nutzt die Ausbreitung von TE_0-Oberflächenwellen. Die Speisung erfolgt über einen parallel zum Substrat strahlenden Hohlleiter. Werden Substrate mit Metallisierung verwendet, auf welchen ausbreitungsfähige TM_0-Moden zur Anregung genutzt werden, können statt metallener Streifen auch dünne Schlitze in der Massefläche als abstrahlende Elemente verwendet werden [Ber07].

Das Prinzip mit anregendem Hornstrahler wird auch in aktuelleren Veröffentlichungen weiter verfolgt [SMPI07], ist wegen der Speisung mittels Hornantenne für die Systemintegration jedoch ungeeignet. Interessanterweise wurde die Verwendung einer planaren Antenne auf dem Antennensubstrat als Anreger der Oberflächenwelle erst lange nach der ersten Beschreibung der holografischen Antenne veröffentlicht [PTLI04]. Mit solchen Oberflächenwellenerzeugern, welche für unterschiedliche Arten von Oberflächenmoden entwickelt wurden ([PFA09], [PFA11]), konnte das Problem der schlechten Integrierbarkeit bis in den hohen GHz-Bereich gelöst werden. Neben End-Fire Antennen wie Yagi-Uda Strahlern oder aufgeweiteten Schlitzantennen [TISP03] werden auch Dipole [LZM11] oder Patch-Antennen [SOJ10] zur Anregung verwendet.

Damit bieten holografische Antennen gegenüber den geschlitzten Hohlleiterantennen den Vorteil, dass eine Realisierung ohne Durchkontaktierungen und somit auf dünnen, ein- oder mehrlagigen, keramischen Substraten mit hoher Permittivität möglich ist, wie es in der Dünnschichttechnologie bevorzugt verwendet wird. Die Nutzung ist damit auch bei sehr hohen Frequenzen ($> 100\,$GHz) möglich. Die holografische Antenne mit phasengesteuerten Antennengruppen zu kombinieren, wird in [PFA08b] mit einer 2:1 Gruppe zur Erzeugung der Oberflächenwelle demonstriert. Je nach verwendetem Hologramm kann damit ein Schwenk der Hauptstrahlrichtung in Azimuth um $7°$ bzw. $\pm20°$ erzielt werden. Auf die Kombination mit der frequenzschwenkenden Eigenschaft wird in dieser Arbeit jedoch nicht im Detail eingegangen. Eine Optimierung des zweidimensionalen Beamschwenks und die Beeinflussung der Hologrammform durch die ebene Phasenfront der erzeugenden Antennengruppe wurde in [BPZK11] vom IHE publiziert. Darauf aufbauend wurden weitere Konzepte zur optimalen Nutzung dieser neuartigen Antenne auf verschiedenen Konferenzen und in Journals präsentiert [RSG$^+$14], [RBP$^+$13], [RBPZ13]. Das Interesse der Antennengemeinschaft an diesem Thema hat sich unter anderem an der Auszeichnung mit dem „ESoA 2nd Best Student Award" bei der European Conference of Antenna and Propagation (EuCAP 2013) gezeigt.

1.3.4. Radare mit frequenzschwenkenden Antennen

Ein interessantes Einsatzgebiet für diese Antennenart sind hochintegrierte Millimeterwellen–Radarsysteme im Einsatz zur unterstützenden Steuerung unbemannter Fahr- oder Flugzeuge. Viele dieser Radare scannen die Umgebung nur eindimensional ab und können somit neben der Distanz die Position der Objekte in einer Ebene bestimmen. Um den Überwachungsbereich um eine Ebene zu erweitern, werden bisher entweder komplexe Antennenarrays mit ebenso komplexen Speisenetzwerken benötigt [RT63] oder die Antennenposition wird mechanisch verändert [MCS05]. Radarsysteme, welche verschiedene Frequenzen nutzen, um die Richtung der Antennenabstrahlung zu ändern, sind zwar ebenfalls bekannt ([MWM03], [RG98], [YL12]), unterscheiden sich jedoch vom in dieser Arbeit behandelten Konzept, da die Richtwirkung entweder nur in einer Ebene oder nicht kontinuierlich über der Frequenz verändert wird. Die besonders interessante Kombination frequenzschwenkender Antennen mit FMCW-Radaren zur gleichzeitigen Messung von Distanz und Winkelposition der Ziele wird signaltheoretisch in [MWM03] und [ALGGVA$^+$12] behandelt. Eine Optimierung der Antenne zur Verwendung in kompakten, integrierten Millimeterwellen-Radaren, beruhend auf diesem Prinzip, ist bisher nicht bekannt.

1.4. Aufbau und Ziele der Arbeit

Ziel der Arbeit ist die Vorstellung eines methodischen Vorgehens, um holografische Antennen für Millimeterwellen-Radare optimal auszulegen. Dazu ist es von Vorteil, diesen Antennentyp mit unterschiedlichen Theorien zu beschreiben, welche in Kapitel 2 vorgestellt werden. Die verschiedenen Betrachtungsweisen des Funktionsprinzips der Antenne dienen dazu, einzelne Charakteristika bezüglich der Abstrahlung (z.B. Hauptstrahlrichtung, Nebenkeulenniveau, Keulenbreite) über einfache Berechnungen zu bestimmen und die benötigte Simulationszeit mit Feldsimulatoren zu reduzieren.

Die unterschiedlichen Betrachtungsweisen werden in Kapitel 3 verwendet, um die vorgestellten Antennenkonzepte bezüglich der Radaranwendung anzupassen. Die zu optimierenden Antenneneigenschaften für ein schwenkendes Radarsystem zur Raumüberwachung und gleichzeitigen Messung von Distanz und Winkel können wie folgt zusammengefasst werden:

- Unidirektionale Antenne mit stark fokussierender Hauptkeule

- Hohe Nebenkeulenunterdrückung

- Großer und möglichst stufenloser Schwenkbereich der Hauptkeule

- Einfache Schaltungsintegration, auch für unterschiedliche Leitungsarten

- Hohe Antenneneffizienz und geringe Reflexionsverluste

Bereits die Wahl des vorgestellten Antennentyps, der holografischen Antenne auf einem dielektrischen Wellenleiter, erlaubt eine gute Integrationsmöglichkeit in Millimeterwellensysteme. Die Standardkonfiguration der holografischen Antenne hingegen zeigt für die Anwendung ungünstige Eigenschaften wie ein erhöhtes Nebenkeulenniveau, eine geringe Apertureffizienz und einen Gewinneinbruch bei zum Substrat senkrechter Abstrahlung („Broadside"). Diese Parameter werden über die Entwicklung neuartiger Konzepte für das Antennendesign innerhalb der Kapitel 3 und 4 optimiert und anhand von Feldsimulationen und Messungen verifiziert. Eine Übersicht der zu optimierenden Antenneneigenschaften und die Aufteilung der Optimierungsverfahren auf die einzelnen Unterkapitel gibt Abb. 1.7. Zur Erarbeitung dieser neuen Konzepte dienen unterschiedliche Betrachtungsweisen und Theorien zur Funktionsweise der Antennen, auf welche detailliert in Kapitel 2 eingegangen wird. Besonders das Ausloten eines maximal zu erreichenden Schwenkbereichs und die Erarbeitung von Grenzen der Antennenperformanz stehen im Fokus der Untersuchung.

Durch eine Kombination der frequenzschwenkenden Einzelantenne mit einem Phased-Array-Feed kann der Schwenkbereich der Antenne um eine Dimension erweitert werden. Dieses Verfahren, welches ebenfalls auf die Grundlagen der Holografie zurückgeführt werden kann, wird in Kapitel 4 vorgestellt. Ein System, welches die Machbarkeit dieser Idee durch die Kombination der holografischen Antenne mit einer Rotman-Linse demonstriert, wurde am Institut aufgebaut und messtechnisch verifiziert. Auch hier wird neben der Demonstration der Funktionalität auf Konzepte eingegangen, welche den maximal erreichbaren Antennen-schwenkbereich ausnutzen.

Zum Ende der Arbeit wird ein komplettes Radarsystem mit holografischer Antenne bei 60 GHz vorgestellt. Da der wissenschaftliche Anspruch der Signalprozessierung auf der frequenzschwenkenden Antenne liegt, wurde hier auf die Kombination mit einem Phased-Array, wie in Kapitel 4 beschrieben, verzichtet. Das in LTCC hergestellte System wurde aufgebaut und Radarmessungen in statischen Szenarien wurden durchgeführt. Es werden Möglichkeiten der Signalprozessierung präsentiert und die gleichzeitige Distanz- und Winkelmessung demonstriert. Dabei werden Erkenntnisse zur frequenzabhängigen Position des Phasenzentrums der holografischen Antenne genutzt, um die Messgenauigkeit weiter zu steigern. Die in dieser Arbeit neu entstandenen Erkenntnisse sowie die wichtigsten Schlussfolgerungen werden anschließend im letzten Kapitel zusammengefasst.

Apertur- effizienz	Antennen- gewinn	Nebenkeulen- niveau	Schwenkbereich	„Broadside"- Abstrahlung	
Kapitel 3				Kapitel 4	
Kapitel 3.3, 3.4	Kapitel 3.3, 3.4	Kapitel 3.5	Kapitel 3.1	Kapitel 4.2	Kapitel 4.4

Abbildung 1.7.: Gliederung der Antennenoptimierung innerhalb der Arbeit

2. Theoretische Betrachtung holografischer Millimeterwellenantennen

2.1. Grundlagen des holografischen Prinzips

2.1.1. Prinzip

Bei der im Jahr 1948 vom ungarischen Ingenieur Dénes Gábor erstmals beschriebenen Holografie handelt es sich um ein Verfahren, um das räumliche Bild eines Gegenstandes auf einer ebenen Fotoplatte zu speichern und daraus das Bild wiederum dreidimensional reproduzieren zu können [Gab48],[LS06]. Der Begriff Holografie besteht dabei aus den griechischen Bezeichnungen „holos", was soviel wie gesamt/komplett und „graphein", was soviel wie zeichnen/abbilden bedeutet [AE08]. Die Übersetzung „gesamte Abbildung" ist daher sehr zutreffend, da neben den zweidimensionalen Intensitätsinformationen auch die Höheninformationen aufgezeichnet bzw. abgebildet werden. Verdeutlicht wird dies im folgenden Vergleich zwischen Fotografie und Holografie.
Bei der Fotografie wird über ein Objektiv ein Abbild des Objektes auf einem Film erzeugt. Hierzu muss das Objekt belichtet werden. Die Intensitätswerte der vom Objekt reflektierten Lichtwellen werden dabei auf dem Film gespeichert. Die Phaseninformationen der reflektierten Lichtwellen gehen bei diesem Verfahren verloren und für den Betrachter ergibt sich nur ein zweidimensionales Abbild des aufgezeichneten Objekts.
Das Verfahren der Holografie besteht hingegen aus zwei Prozessschritten: der Aufzeichnung und der Rekonstruktion. Während der Aufzeichnung (Abb. 2.1(a)) werden Objekt und Film mit kohärentem (Laser-)licht belichtet. Die von unterschiedlichen Objektpunkten reflektierten Lichtwellen (Objektwellen) haben, je nach Höhe des Punktes, unterschiedliche Phasenbeziehungen zueinander und interferieren auf dem holografischen Film mit den vom Laser direkt eingestrahlten Lichtwellen (Referenzwellen). Das auf dem Film entstehende Interferenzmuster wird auch als „Hologramm" bezeichnet, da es sowohl die Intensitätsinformationen in Form modulierter Helligkeit (wie bei der Fotografie) als auch die Höhen-

bzw. Phaseninformationen in Form der Abstände zwischen den Interferenzlinien enthält.

Die Rekonstruktion (Abb. 2.1(b)) des Abbildes erfolgt nun durch die Belichtung des Hologramms mit der kohärenten Referenz-Lichtwelle, welche bereits zur Erstellung des Abbilds genutzt wurde. Die Überlagerung der Referenz-Lichtwelle mit dem Interferenzmuster (Hologramm) ergibt nun in der Umkehrung für den Betrachter wiederum das dreidimensionale Abbild des Objektes durch Erzeugung der Objektwelle aus der im Hologramm gespeicherten Information. Diese einfache Beschreibung des Funktionsprinzips der Holografie reicht aus, um die Funktionsweise bestimmter Leckwellenantennen zu beschreiben und den Designprozess zu unterstützen.

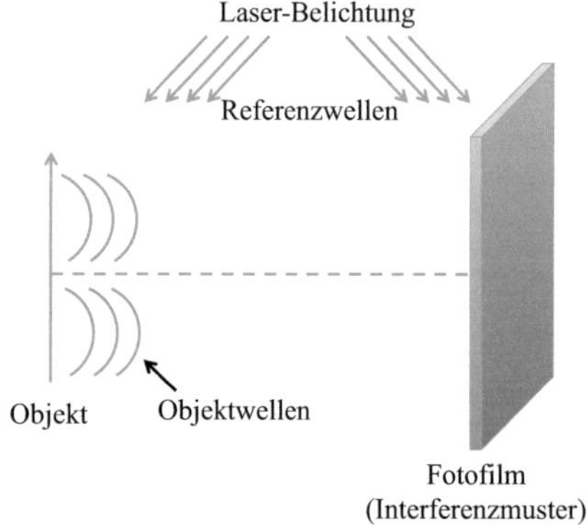

(a) Prozessschritt I: Aufzeichnung

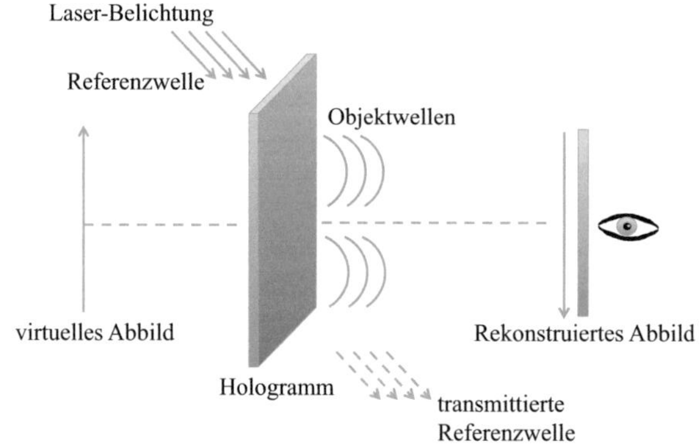

(b) Prozessschritt II: Rekonstruktion

Abbildung 2.1.: Prozessbeschreibung des holografischen Prinzips

2.1.2. Mathematische Beschreibung

Eine mathematische Beschreibung nach [AE08] soll im Folgenden das beschriebene Prinzip verdeutlichen. Dazu werden Referenz- und Objektwelle als komplexe Schwingungen dargestellt:

$$\text{Referenzwelle:} \quad \underline{r} = r \cdot e^{-j\varsigma} \qquad \text{Objektwelle:} \quad \underline{o} = o \cdot e^{-j\rho} \qquad (2.1)$$

Die Interferenz der beiden Wellen wird über die Summe der komplexen Terme gebildet. Da bei der Aufzeichnung die Intensität der Wellen gespeichert wird, wird die Interferenz als Betragsquadrat der Summe gebildet:

$$I = |\,\underline{r} + \underline{o}\,|^2 \qquad (2.2)$$

Zur Veranschaulichung wird in [AE08] die konjugiert komplexe Darstellung gewählt. Auf diese wird auch an dieser Stelle zurückgegriffen:

$$I = |\,\underline{r} + \underline{o}\,|^2 = (\underline{r} + \underline{o}) \cdot (\underline{r} + \underline{o})^* \qquad (2.3)$$

$$I = \underline{r} \cdot \underline{r}^* + \underline{o} \cdot \underline{o}^* + \underline{r} \cdot \underline{o}^* + \underline{o} \cdot \underline{r}^* \qquad (2.4)$$

$$I = |\,\underline{r}\,|^2 + |\,\underline{o}\,|^2 + r \cdot o \cdot (e^{-j\varsigma} \cdot e^{j\rho} + e^{-j\rho} \cdot e^{j\varsigma}) \qquad (2.5)$$

$$I = |\,\underline{r}\,|^2 + |\,\underline{o}\,|^2 + r \cdot o \cdot 2 \cdot cos(\rho - \varsigma) \qquad (2.6)$$

Der Term $r \cdot o \cdot 2 \cdot cos(\rho - \varsigma)$ wird in der Literatur als Interferenzterm bezeichnet und beschreibt die Abhängigkeit der auftretenden Minima und Maxima von der Phasendifferenz der beiden interferierenden Wellen.
Um nun die Rekonstruktion durchzuführen, wird das erstellte Hologramm mit der identischen Referenzwelle bestrahlt. Mathematisch kann dies durch die Multiplikation aus Intensität I und Referenzwelle $\underline{r}$ beschrieben werden:

$$\underline{r} \cdot I = \underline{r} \cdot (\underline{r} \cdot \underline{r}^* + \underline{o} \cdot \underline{o}^* + \underline{r} \cdot \underline{o}^* + \underline{o} \cdot \underline{r}^*) \qquad (2.7)$$

$$\underline{r} \cdot I = \underline{r} \cdot (|\,\underline{r}\,|^2 + |\,\underline{o}\,|^2) + \underline{r} \cdot \underline{r} \cdot \underline{o}^* + |\,\underline{r}\,|^2 \cdot \underline{o} \qquad (2.8)$$

Die für den Betrachter sichtbare und für die angestrebte Anwendung der holografischen Antenne entscheidende rekonstruierte Objektwelle ist vollständig im Term $|\underline{r}|^2 \cdot \underline{o}$ enthalten. Es ergeben sich weitere nicht erwünschte Terme, wobei $\underline{r}$ weiterhin vorhandene Anteile der Referenzwelle beschreibt und $\underline{o}^*$ das virtuelle Abbild des Objekts darstellt.

2.2. Verwendung der holografischen Theorie in der Antennentechnik

Das beschriebene Prinzip kann in der Antennentheorie verwendet werden, um ein Interferenzmuster mit einer beliebigen Abstrahlrichtung erstellen zu können. Die Aufzeichnung wird jedoch nicht im eigentlichen Sinne durchgeführt, da kein Fotofilm zum Speichern des Interferenzmusters verwendet werden kann. Jedoch wird die dem Prozessschritt zugrunde liegende Theorie verwendet, um die Form des Hologramms zu berechnen. Schematisch sind beide Prozessschritte, angewendet auf die Antennentheorie, in Abb. 2.2 dargestellt. Holografische Antennen bestehen aus einem Wellenleiter, in welchem sich eine elektromagnetische Welle mit der Wellenzahl β_0 bewegt. In diesem Beispiel dient ein dielektrisches Substrat mit Permittivität ε_r und Substrathöhe d als Wellenleiter. In Bezug auf die Holografie bildet diese laufende Welle die Referenzwelle. Eine Erzeugung der Referenzwelle kann durch die Einkopplung an einer Substratkante mittels Hornantenne [IMUU75], [SMPI07], [EFR$^+$04] oder durch die Verwendung planarer Speiseantennen [PFA08a], [HAFM03] erfolgen. In geringem Abstand zum Oberflächenwellenerzeuger entsteht dadurch eine Wanderwelle mit zirkularer Wellenfront. Bei Anregung mit einem Punktstrahler innerhalb des Substrats kann das elektrische Feld der sich ausbreitenden Oberflächenwelle in einem verlustlosen

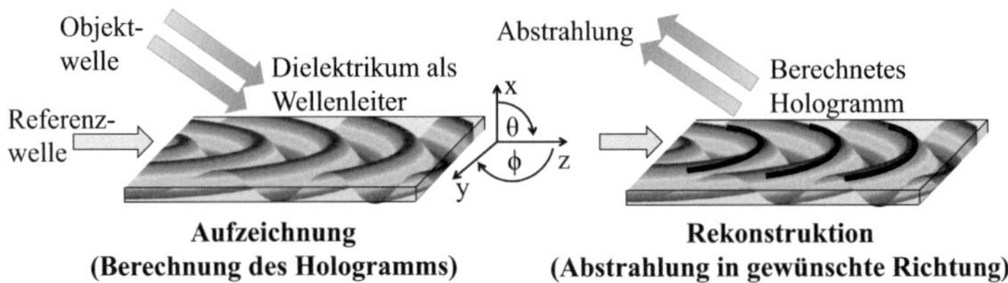

Abbildung 2.2.: Übertragung des holografischen Prinzips nach Gabor [Gab48] auf die Antennentechnik

Medium innerhalb eines kartesischen Koordinatensystems wie folgt beschrieben werden.

$$\vec{E}_{ref_{z,y}} = E_{ref_r} \cdot e^{-j\beta_0 \cdot r} \qquad (2.9)$$

mit

$$z = r \cdot cos(\phi)$$

$$y = r \cdot sin(\phi)$$

Die Oberflächenwelle breitet sich in diesem Fall von der Quelle zirkular und gleichmäßig in der Substratebene aus (Abb. 2.3(a)). Der laufende Parameter r beschreibt den radialen Abstand der Welle zur Quelle. $\vec{E}_{ref_z}$ und $\vec{E}_{ref_y}$ bilden die elektrischen Feldkomponenten. Bei idealer zirkularer Ausbreitung sind Amplitude und Phase des elektrischen Feldes im radialen Abstand zur Quelle konstant. Die Amplitude im Abstand r zum Oberflächenwellenerzeuger beträgt E_{ref_r}.

Zur Berechnung des Hologramms wird die abgestrahlte ebene Welle als Objektwelle eingeführt. Es wird also angenommen, dass eine Überlagerung der beiden Wellen auf der Substratoberfläche stattfindet. Die Richtung der ankommenden Objektwelle, welche die spätere Hauptstrahlrichtung der Antenne vorgibt, ist über die Winkel θ_0 und ϕ_0 nach Abb. 2.2 festgelegt. Die Komponenten des elektrischen Feldes beim Auftreffen auf das Antennensubstrat ($x = 0$) können in Abhängigkeit der Strahlrichtung wie folgt berechnet werden:

$$\vec{E}_{obj_{z,y}} = E_{obj_{z,y}} \cdot e^{jk_0 \cdot sin(\theta_0) \cdot cos(\phi_0) \cdot z} \cdot e^{jk_0 \cdot sin(\phi_0) \cdot y} \qquad (2.10)$$

Die berechnete Phasenfront einer Objektwelle mit $\theta_0 = -45°$ und $\phi_0 = 0°$ an der Substratoberfläche ist beispielhaft in Abb. 2.3(b) dargestellt. Für die Berechnung der Interferenz wird nun angenommen, dass die Welle nicht abgestrahlt wird, sondern auf das Substrat trifft und sich dort mit der Referenzwelle, deren zirkulare Phasenfront in Abb. 2.3(a) dargestellt ist, überlagert. Ein Interferenzmuster wie in Abb. 2.3(c) entsteht. Die zylindrische Form ergibt sich somit aufgrund der zylindrischen Phasenfront der Referenzwelle im Substrat nahe der Quelle. Ein großer Teil der Phaseninformation geht verloren, da das Interferenzmuster nur in reduzierter Form auf das Substrat aufgebracht werden kann. Für sich ausbreitende TE-Moden beispielsweise, deren elektrische Feldkomponente senkrecht zur Ausbreitungsrichtung der Oberflächenwelle stehen (vgl. Kapitel 2.3.3), bilden metallische Streifen in Form der Phasenfront einen Kurzschluss des elektrischen Feldes und erzeugen somit Nullstellen. Wird das Interferenzmuster in Abb. 2.3(c) nun auf die Nullstellen reduziert, ergibt sich Abb. 2.3(d). Solch ein Nullstellen-

Hologramm kann über unterschiedliche Technologien auf dem wellenleitenden Substrat in Form metallischer Linien aufgebracht werden und erzeugt über die Anregung durch die Referenzwelle die Abstrahlung mit der zuvor berechneten Hauptstrahlrichtung. Die Möglichkeiten der Hologrammrealisierung und der Einfluss auf die Antennenperformanz standen bereits bei mehreren Veröffentlichungen im Fokus. In [CRS70] wurde die Auswirkung der Reduktion des Hologramms auf die Nullstellen in Bezug auf die Abstrahlcharakteristik untersucht. Es hat sich ergeben, dass die Objektwelle mit dieser Technik zuverlässig rekonstruiert werden kann. Weiterhin wurden unterschiedliche Formen der Streifen untersucht. So können durchgehende metallene Leiter durch aneinandergereihte Dipole ersetzt werden, um die Direktivität und Effizienz zu steigern und die Kreuzpolarisation zu reduzieren [LIP+01]. Jedoch schränkt dies die Bandbreite und den Schwenkbereich der Antenne ein und macht dieses Konzept für die angestrebte Anwendung untauglich. Dass auch eine periodische Impedanzänderung des Wellenleiters ausreicht um die Phaseninformation des Interferenzmusters nachzubilden und die Objektwelle zu rekonstruieren zeigen sogenannte „Grating"-Antennen [MCCM11], [CNM08]. Diese sind dem holografischen Konzept sehr ähnlich und mit den gleichen Formeln beschreibbar. Statt der periodischen Anordnung von Nullstellen durch Einfügen metallener Streifen auf dem Substrat, wird in diesem Fall die Substratform direkt moduliert, d.h. es werden Materialveränderungen durch das Einfügen von Schlitzen oder durch Vergrößerung der Substratdicke an den entsprechenden Positionen vorgenommen. Die nahe Verwandtschaft beider Konzepte wird in [NCM07] thematisiert.

2.3. Betrachtung als periodische Leckwellenantennen

Jede in dieser Arbeit untersuchte Antenne gehört zur Gruppe der periodisch modulierten Leckwellenantennen, welche bereits mehrfach in der Antennenliteratur beschrieben wurden [CZ69], [Oli93]. Die folgende Beschreibung der Funktionsweise ist sowohl für planare Leckwellenantennen [PFA11], [LJL12] sowie Hohlleiter-Leckwellenantennen [WB89], aber auch für „Grating"-Antennen gültig.

Nach dem IEEE Standard 145-1993 [IEE93] ist eine Leckwellenantenne eine Antenne, welche Leistung in kleinen Mengen pro Längeneinheit entweder fortlaufend oder diskret von einer Leckwellenstruktur zum Freiraum abgibt [Cha]. Somit unterscheidet sich diese Antennenart von resonanten Antennen (z.B. Patch-Antenne) insoweit, dass eine geführte Welle in einem Wellenleiter unterschiedli-

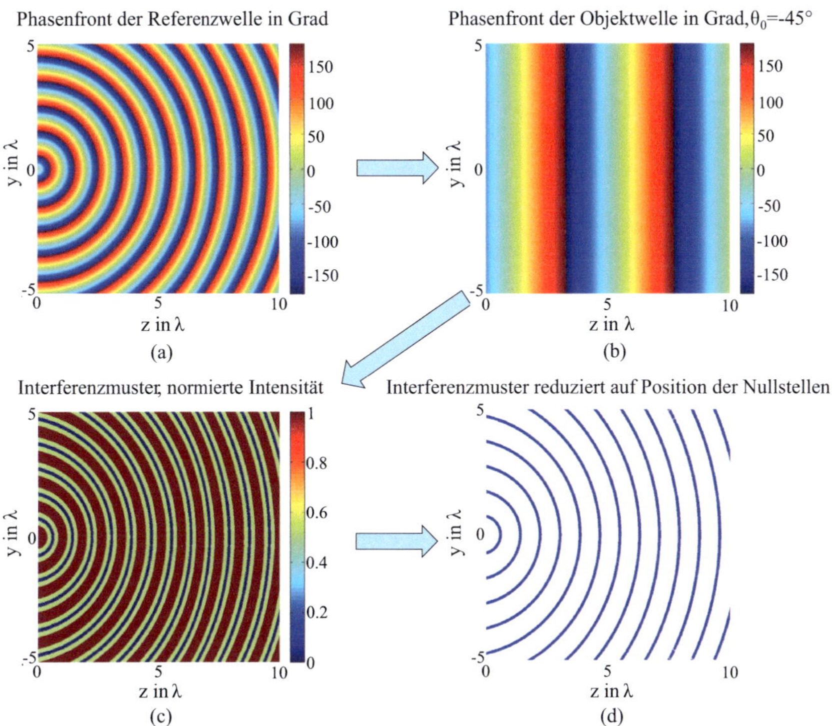

Abbildung 2.3.: Erzeugung des Hologramms aus Superposition der sich im Substrat ausbreitenden Referenzwelle mit der im Freiraum abgestrahlten Objektwelle, Wellenüberlagerung bei $x = 0$

cher Art die Energie nach und nach in den Freiraum abstrahlt und die restliche Energie am Ende des Wellenleiters absorbiert oder ebenfalls abgestrahlt werden muss. Entscheidend ist der Abschluss des Wellenleiters, der so entworfen werden muss, dass die Entstehung einer stehenden Welle im Wellenleiter verhindert wird. Nach [Cha] sind Leckwellenantennen wegen der folgenden Eigenschaften besonders interessant:

– zahlreiche Möglichkeiten zur applikationsorientierten Optimierung der Apertureigenschaften

– Verwendung zum Schwenk der Hauptstrahlrichtung mittels Frequenz anstatt der Verwendung von elektronischen oder mechanischen Phasenschiebern

- Hauptkeulen mit schmalen Halbwertsbreiten und oftmals hoher Polarisationsreinheit

- Verringerung der Komplexität der Verdrahtung und Speisung zur Richtungsänderung der Hauptkeule in zwei Ebenen gegenüber der Verwendung von großen zweidimensionalen Antennenarrays

- einfache Integration planarer Leckwellenantennen mit MMICs (engl. **Monolithic Microwave Integrated Circuit**)

- gute Voraussetzungen zur breitbandigen, reflektionsarmen Anpassung

2.3.1. Floquet-Moden und deren Eigenschaften

Eine in der Literatur häufig vorkommende Betrachtung von Leckwellenantennen basiert, aufgrund der periodischen Strukturen, auf dem Theorem von Floquet. Im Folgenden wird auf diese Beschreibung eingegangen und die in dieser Arbeit zu optimierenden Eigenschaften der Leckwellenantennen werden mathematisch beschrieben. Die Entstehung von Floquet-Moden setzt eine sich periodisch wiederholende Feldverteilung voraus. Allen Antennen aus der in dieser Arbeit betrachteten Gruppe der Leckwellenantennen ist gemeinsam, dass der Wellenleiter über periodisch angeordnete Störstellen verfügt, welche die Ausbreitung der Welle beeinflussen. Es wird gezeigt, dass die Periodizität des Hologramms zu weiteren Lösungen der Helmholzschen Wellengleichung führt und damit neue Moden ausbreitungsfähig werden. Diese sogenannten Floquet-Moden können unter bestimmten Voraussetzungen Leistung direktiv in den Freiraum abgeben und sind somit verantwortlich für die Antenneneigenschaft der Struktur.

Ein Querschnitt durch ein Substrat mit aufgebrachtem Hologramm auf der Oberfläche ist in Abb. 2.4 dargestellt. Für die folgenden Betrachtungen soll das Hologramm in $+z$-Richtung unendlich ausgedehnt sein ($N \rightarrow \infty$). Außerdem wird eine

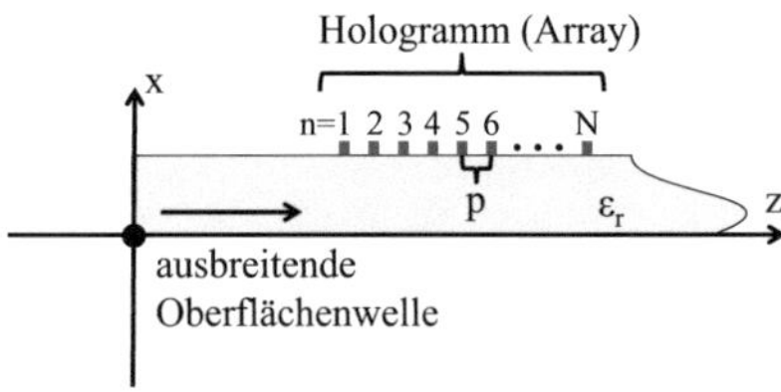

Abbildung 2.4.: Holografische Antenne mit anregender Oberflächenwelle, Seitendarstellung

von y unabhängige Feldverteilung angenommen. In der Darstellung läuft die angeregte Welle zunächst ungestört in $+z$-Richtung bis sie durch die periodischen Kurzschlüsse des elektrischen Feldes in einen sich wiederholenden Verlauf gezwungen wird. Wird eine Oberflächenmode angenommen, deren einzig existierende elektrische Feldkomponente parallel zu den einzelnen Streifen des Hologramms verläuft, so wird das elektrische Feld an diesen Stellen kurzgeschlossen und es entsteht eine periodische Feldverteilung des elektro-magnetischen Feldes. Die folgende mathematische Beschreibung ist an die Herleitung aus [CZ69] angelehnt. Für eine beliebige Feldkomponente $a(z)$ gilt somit:

$$\underline{a}(z+p) = \underline{a}(z) \cdot e^{j\beta_0 p} \tag{2.11}$$

$$\underline{a}(z+2p) = \underline{a}(z+p) \cdot e^{j\beta_0 p} \tag{2.12}$$

$$\underline{a}(z+np) = \underline{a}(z+(n-1)p) \cdot e^{j\beta_0 p} \tag{2.13}$$

Die Gleichungen 2.11 bis 2.13 sind notwendig, um das Feld in periodisch angeordnete Einzelzellen einteilen zu können. Ein Betrachter, welcher sich mit einer Schrittweite p von Zelle zu Zelle bewegt, soll eine sich nicht verändernde Feldverteilung sehen. Durch Abstrahlung und Verluste ergibt sich jedoch eine Abschwächung der Amplitude, welche in dieser Betrachtung vernachlässigt wird. Durch die Verwendung einer komplexen Ausbreitungskonstanten für die Floquet-Moden mit Einbeziehung der Dämpfungskonstanten α_n könnte dieser Einfluss ebenfalls berücksichtigt werden.
Der Feldverlauf der sich in $+z$-Richtung ausbreitenden Welle innerhalb einer Zelle des Hologramms lässt sich über eine harmonische Schwingung darstellen:

$$\underline{a}(z) = e^{j\beta_0 z} \cdot \underline{P}(z) \tag{2.14}$$

$$\underline{P}(z) = e^{-j\beta_0 z} \cdot \underline{a}(z) \tag{2.15}$$

$\underline{P}(z)$ beschreibt somit die lokale Feldverteilung innerhalb einer Einzelzelle, welche sich wegen der Kurzschlüsse periodisch wiederholt.

$$\underline{P}(z+p) = e^{-j\beta_0(z+p)} \cdot \underline{a}(z+p) = e^{-j\beta_0 z} \cdot e^{-j\beta_0 p} \cdot \underline{a}(z) \cdot e^{j\beta_0 p}$$
$$= e^{-j\beta_0 z} \cdot \underline{a}(z) = P(z) \tag{2.16}$$

Diese sich periodisch wiederholende harmonische Funktion lässt sich in Einheitszellen mit der jeweiligen Amplitude p_n darstellen und daher als Fourier-Reihe ausdrücken.

$$\underline{P}(z) = \sum_{n=-\infty}^{\infty} p_n e^{j\frac{2\pi}{p}nz} \tag{2.17}$$

Nach dem Einsetzen in Gleichung 2.14 ergibt sich

$$\underline{a}(z) = \sum_{n=-\infty}^{\infty} p_n e^{j\beta_0 z} e^{j\frac{2\pi n}{p}z} \tag{2.18}$$

und damit

$$\underline{a}(z) = \sum_{n=-\infty}^{\infty} p_n e^{j\beta_n z} \tag{2.19}$$

mit

$$\beta_n = \beta_0 + \frac{2\pi}{p}n \tag{2.20}$$

Um das komplette Feld innerhalb der periodischen Struktur beschreiben zu können, müssen neben der angeregten, laufenden Welle mit Wellenzahl β_0 somit weitere Moden berücksichtigt werden, welche durch das Floquet-Theorem mathematisch beschrieben werden können [Inc56]. Die jeweilige Floquet-Mode besitzt die Wellenzahl β_n, welche von der Modenzahl n, der Wellenzahl der angeregten Oberflächenwellen-Mode β_0 und der Periodizität p des Hologramms abhängt. Die jeweilige Amplitude wird in Gleichung 2.19 durch p_n beschrieben.
Nach [Oli93] und [Cap09] sind nur sogenannte „Fast-Waves" abstrahlfähig. Dies bedeutet, dass die Phasengeschwindigkeit der Mode schneller als die Lichtgeschwindigkeit c_0 sein muss, damit Leistung in den Freiraum abgegeben werden kann. Diese Voraussetzung kann mit Gleichung (2.21) beschrieben werden.

$$-k_0 < \beta_n < k_0 \tag{2.21}$$

Ist diese Voraussetzung für eine ausbreitungsfähige Floquet-Mode erfüllt, führt diese Mode aufgrund des beispielhaften Aufbaus nach Abb. 2.4 ohne Rückseitenmetallisierung zu einer bidirektionalen Abstrahlung. In den meisten Fällen wird angestrebt, dass die Voraussetzung (2.21) nur für die Mode mit $n = -1$ erfüllt ist. Liegen Moden mit höherer Wellenzahl ebenfalls im Bereich $\pm k_0$, führt dies zu mehreren Hauptkeulen („Grating Lobes") der Abstrahlung. Sehr hilfreich für die Entwicklung der Antenne ist die grafische Darstellung der Ausbreitungskonstanten im Brillouin-Diagramm wie in Abb. 2.5 dargestellt [CZ69]. Das Brillouin-Diagramm, oder k-β-Diagramm, kann für alle periodischen Strukturen, in welchen sich Wellen unterschiedlicher Moden ausbreiten, erstellt werden. Daher wird es beispielsweise auch häufig in der Filtertheorie verwendet. Zur Untersuchung des Abstrahlverhaltens holografischer Antennen ist das Diagramm interessant, da sehr schnell ersichtlich wird, zu welcher Frequenz die Voraussetzung (2.21) für die einzelnen Floquet-Moden erfüllt ist und diese damit eine gerichtete Abstrahlung erzeugen. Dieser Frequenzbereich ist im Diagramm mit einer Schattierung hinterlegt. Es zeigt sich, dass die Referenzwelle diesen Bereich niemals durchläuft („Slow-Wave"), weswegen nur die Floquet-Moden zur Abstrahlcharakteristik der Antenne beitragen.

Dies ist nicht bei allen Leckwellenantennen zwangsläufig der Fall. Für Leckwellenantennen, die auf Hohlleitern basieren, kann bereits die vom Hohlleiter geführte Mode innerhalb des schattierten Bereichs liegen und direkt die Antennenabstrahlung erzeugen. Treten Moden in den schattierten Bereich ein, bedeutet dies, dass ihre Phasengeschwindigkeit innerhalb dieses Frequenzbereichs größer c_0 ist und sie somit von einer „Slow-Wave" zu einer „Fast-Wave" werden [Cap09]. Da solche Phasengeschwindigkeiten im dielektrischen Wellenleiter nie auftreten können, ist die Nutzung von periodischen Strukturen und damit die Erzeugung der Floquet-Moden notwendig, um Abstrahlung in den Freiraum erzeugen zu können. Tritt eine Mode in den abstrahlfähigen Bereich ein, beginnt die Ausbildung der Hauptkeule bei $\theta_0 = -90°$ („Backward-Endfire") und schwenkt um maximal $180°$ zu $\theta_0 = +90°$ („Forward-Endfire"). Das Verhältnis zwischen der Ausbreitungskonstanten der jeweiligen Mode zur Freiraumwellenzahl ist innerhalb dieses Bereichs reell und bestimmt den Winkel der Hauptstrahlrichtung der Antenne:

$$\sin(\theta_0) \approx \frac{\beta_n}{k_0} \tag{2.22}$$

Gleichung (2.22) ist für den ersten Designschritt von Leckwellenantennen sehr hilfreich. Wie jedoch im Verlauf dieser Arbeit gezeigt wird, können die periodisch angeordneten Einzelelemente die Ausbreitungsgeschwindigkeit der Oberflächenwelle je nach Art und Geometrie beeinflussen. Dieser Einfluss wird in (2.22) nicht berücksichtigt. Für einfache Geometrien und homogene Substrate können analytische Lösungen gefunden werden, die komplexe Ausbreitungskonstante zu bestimmen und damit sowohl die Hauptstrahlrichtung der Antenne sowie die Form des Antennenpattern zu berechnen [MK81]. Es wird im Laufe dieser Arbeit auf Feldsimulationen zurückgegriffen, um den Einfluss der Einzelelemente auf die

Ausbreitungskonstante der Oberflächenwelle zu bestimmen. Als Simulationsprogramm wird CST Microwave Studio verwendet.

Der theoretisch mögliche ausleuchtbare Winkelbereich von $\pm 90°$ ist aufgrund der maximal erreichbaren Systembandbreite meist nicht komplett nutzbar. Außerdem variiert der Gewinn der Hauptkeule ebenfalls über der Frequenz. Ein Nachteil vieler dieser Antennentypen ergibt sich beim Abstrahlwinkel von $\theta_0 = 0°$ („Broadside"). Nach (2.20) ergibt sich für $n = -1$ und diesen Abstrahlwinkel eine Periodizität von $p = \lambda_{ref}$. Dabei bildet λ_{ref} die Wellenlänge der sich im Substrat ausbreitenden Referenzwelle. Da die abstrahlenden Elemente eine Änderung der Wellenimpedanz erzeugen, bildet sich, wegen phasengleicher Überlagerung der an den Einzelelementen reflektierten Wellen, eine stehenden Welle bei dieser Frequenz. Die Konsequenz ist ein drastischer Einbruch des Antennengewinns und eine starke Erhöhung des Reflexionsfaktors S_{11}. Der Effekt kann je nach Art der verwendeten Einzelstrahler, und damit je nach Einfluss auf die Wellenimpedanz, mehr oder weniger stark ausgeprägt sein.

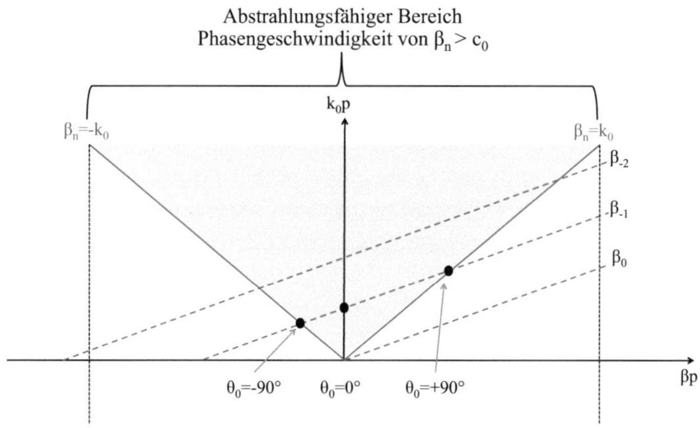

Abbildung 2.5.: Brillouin-Diagramm mit im Wellenleiter geführtem Mode β_0 und zwei Floquet-Moden β_{-1}, β_{-2}

2.3.2. Arten planarer periodischer Leckwellenantennen

Die theoretische Betrachtung nach Kapitel 2.3.1 lässt sich auf unterschiedliche spezifische Strukturen anwenden. Eine geführte Welle, welche periodisch in ihrem Verlauf gestört wird, bildet die Gemeinsamkeit dieser Antennenart. Sowohl die geführte Mode als auch die Art der Störstellen können sich jedoch unterscheiden. Im Folgenden sollen unterschiedliche Konzepte basierend auf dieser Theorie vorgestellt werden.

Die bekannteste Leckwellenantenne, der geschlitzte Hohlleiter, zählt nur in Form des SIWs zu den planaren Antennen. Jedoch liegt der Unterschied nicht nur im Aufbau, sondern auch in der Funktionsweise. Wird die Hohlleiterschlitzantenne ohne Dielektrikum verwendet, kann die Phasengeschwindigkeit der Hohlleitermode schneller c_0 sein und bereits die Voraussetzung als abstrahlende Mode erfüllen. Daher erzeugen Hohlleiter mit längs-geschlitzten Seitenwänden auch ohne periodische Anordnung von Einzelstrahlern bereits hochdirektive Richtcharakteristiken. SIWs hingegen benötigen zur Herstellung ein Substrat ($\varepsilon_r > 1$), wodurch sich immer die Ausbreitung einer „langsamen" Welle im Hohlleiter ergibt. Erst die Erzeugung der vormals beschriebenen Floquet-Moden, durch die periodische Anordnung von Einzelstrahlern, können in diesem Fall die Voraussetzung nach Gleichung (2.21) erfüllen. Da planare Antennen die Verwendung eines Substratmaterials voraussetzen, sollen im Folgenden nur Leckwellenantennen vorgestellt werden, bei denen einzelne Floquet-Moden die Abstrahlung erzeugen.

Im Falle des SIWs ist eine Speisung beispielsweise mittels Mikrostreifenleitung [MRGTG12] oder koaxialen Adaptern [GEC$^+$12] möglich und erlaubt daher eine gute Integrierbarkeit in bestehende RF-Front-Ends. Zur Verwendung als Leckwellenantenne muss die Voraussetzung erfüllt sein, dass der Hohlleiter zum Ende hin reflexionsfrei abgeschlossen ist und damit keine stehende Welle entsteht. Die Position der periodisch angeordneten Schlitze, welche die abstrahlenden Elemente der Antenne bilden, kann je nach Ausführung variieren. Um eine hohe Antenneneffizienz zu erhalten, ist es wichtig, die Schlitze an Positionen anzubringen, an denen die Wandströme maximal sind.

Wird der integrierte Hohlleiter in der Grundmode TE_{10} betrieben, so ist eine Abstrahlung mit transversal angeordneten Schlitzen [LJL12] oder mit parallel zur Ausbreitungsrichtung, jedoch seitlich angeordneten Schlitzen auf der oberen Metallfläche möglich [GEC$^+$12]. Beides funktioniert nach dem selben Prinzip und kann über die Ausbreitung von Floquet-Moden beschrieben werden. Im transversalen Fall werden die abstrahlenden Schlitze über die Ströme angeregt, welche mittig innerhalb der Hohlleiteroberfläche verlaufen (siehe Abb. 2.6(a)). Über die Periodizität bzw. die Frequenz ergibt sich die Richtung der Hauptkeule θ_0 nach Gleichung (2.22). Die Schlitze mit Ausdehnung parallel zur Ausbreitung der Hohlleitermode stören die seitlich am Rand verlaufenden Ströme. Die wechselseitig periodische Anordnung ist notwendig, damit eine phasengleiche Überlagerung der Abstrahlung aller Einzelelemente erfolgt. Gegenüber der transversalen Ausführung hat diese Antenne den Vorteil, dass bei einer Periodizität von λ_{ref}, welche zu einer Abstrahlung mit $\theta_0 = 0°$ führt, der Einfluss der stehenden Welle auf den Reflexionsfaktor und damit auf den effektiven Antennengewinn geringer ausfällt [GJ93]. Für die transversal geschlitzte Ausführung wurden ebenfalls verschiedene Konzepte entwickelt, um diesen Effekt zu minimieren [GW12], [DI12]. Der Nachteil von SIWs ist die hohe Anzahl von Durchkontaktierungen, deren Abstand zueinander mit steigender Frequenz immer geringer werden muss, um eine hohe Transmission der Hohlleitermode zu garantieren. Aus diesem Grund ist die Verwendung von SIWs für Frequenzen $> 100\,\mathrm{GHz}$ mit kommerziellen Herstellungstechnologien heute noch nicht möglich.

Leckwellenantennen basierend auf Leitungstechnologien, wie beispielsweise der Mikrostreifenleitung, benötigen keine Durchkontaktierungen und können auch für sehr hohe Frequenzen verwendet werden [Men78]. Oft werden Moden höherer Ordnung oder periodisch angeordnete Stubs unterschiedlicher Form zur Abstrahlung verwendet [LXYL10], [PBFJ09] (siehe Abb. 2.6(b)). Die in den Freiraum abgegebene Leistung pro Einzelzelle ist in diesem Fall sehr gering, weshalb die benötigte Anzahl an Einzelzellen, um die Antenneneffizienz der vormals beschriebenen SIW-Antennen zu erreichen, deutlich höher ist. Dennoch kann auch die Abstrahlung dieser Leckwellenantenne über die Theorie nach Kapitel 2.3.1 beschrieben werden. Auch für diese Antennenart wurden bereits Methoden veröffentlicht, um den Stopband-Effekt bei senkrechter Abstrahlung zu minimieren [PBFJ09].

Der Fokus dieser Arbeit liegt auf den holografischen Antennen, da diese einerseits keine Durchkontaktierungen benötigen, somit auch für sehr hohe Frequenzen hergestellt werden können und andererseits eine höhere Effizienz der Einzelstrahler aufweisen. Damit erfüllt die Antenne, zusätzlich zur guten Integrierbarkeit und zur geringen Komplexität im Aufbau, günstige Eigenschaften für Radarsysteme mit Trägerfrequenzen im hohen Millimeterwellenbereich.

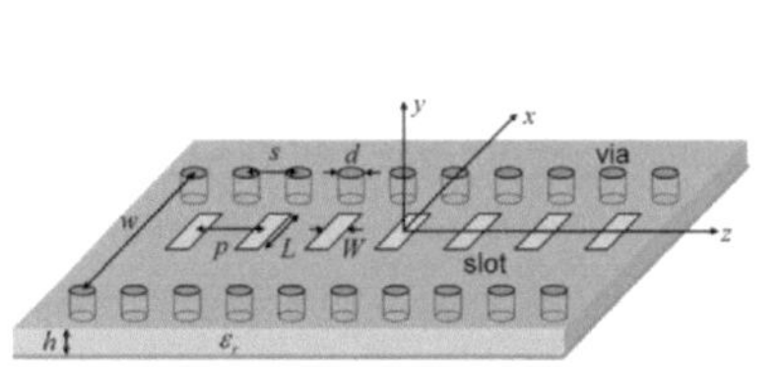

(a) SIW-Antenne mit periodisch angeordneten transversalen Schlitzen [LJL12]

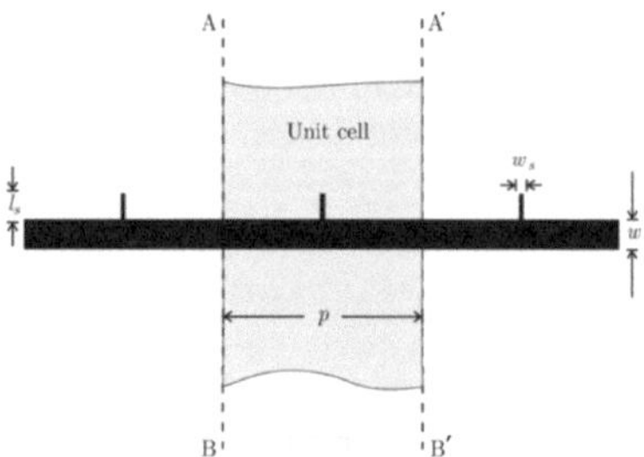

(b) Mikrostreifenleitung mit periodisch angeordneten Stubs [PBFJ09]

Abbildung 2.6.: Beispiele für periodische Leckwellenantennen

2.3.3. Verwendung von Oberflächenwellen als anregende Wanderwelle

Modendiagramme für Substrate ohne Metallisierung

Die einfache Integrierbarkeit der holografischen Antenne in Millimeterwellensysteme wird durch die direktive Anregung von Oberflächenwellen, welche zur Anregung des Hologramms genutzt werden, ermöglicht. Zur Berechnung der Hologrammform und damit der Abstrahlcharakteristik der Antenne ist es wichtig, die Wellenzahl β_0 der angeregten Mode im verwendeten Substrat zu kennen. Zur Berechnung des Modendiagramms für ein Substrat nach Abb. 2.7 werden folgende Annahmen gemacht:

- Das Substrat ist in y- und z-Richtung unendlich ausgedehnt

- Das Substrat ist verlustlos

- Ausbreitung der Oberflächenwelle erfolgt in $+z$-Richtung $\rightarrow e^{-j\beta_0 z}$

- alle Felder sind in y-Richtung konstant $\rightarrow \frac{\partial}{\partial y} = 0$

- Kontinuität der tangentialen Feldkomponenten am Übergang zwischen Luft und Dielektrikum $\longrightarrow$ keine Unstetigkeit des Feldes an den Grenzflächen

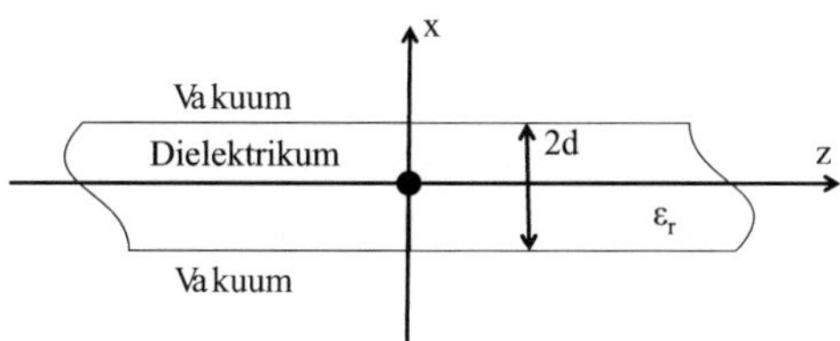

Abbildung 2.7.: Ausbreitung von Oberflächenwellen in Substraten ohne Metallisierung

Die Herleitung der Modengleichung wurde bereits in [Bee13] detailliert beschrieben. Danach ergeben sich für den symmetrischen Fall nach Abb. 2.7 aus den vier Maxwell-Gleichungen die folgenden vier transversalen Feldkomponenten in Abhängigkeit der longitudinalen Komponenten:

$$E_x \left(\frac{\omega^2}{c^2} - \beta_0^2 \right) = -j\beta_0 \frac{\partial E_z}{\partial x} \tag{2.23}$$

$$E_y \left(\frac{\omega^2}{c^2} - \beta_0^2 \right) = j\omega\mu_0\mu_r \frac{\partial H_z}{\partial x} \tag{2.24}$$

$$H_x \left(\frac{\omega^2}{c^2} - \beta_0^2 \right) = -j\beta_0 \frac{\partial H_z}{\partial x} \tag{2.25}$$

$$H_y \left(\frac{\omega^2}{c^2} - \beta_0^2 \right) = -j\omega\varepsilon_0\varepsilon_r \frac{\partial E_z}{\partial x} \tag{2.26}$$

Da das Medium senkrecht zur Ausbreitungsrichtung nicht homogen ist, ist eine Ausbreitung von transversal-elektromagnetischen Wellen (TEM-Wellen) nicht möglich. Somit lassen sich die allgemeinen Feldkomponenten (2.23) bis (2.26) verwenden, um die ausbreitungsfähigen transversal-magnetischen (TM) bzw. transversal-elektrischen (TE) Wellen zu beschreiben.

Es ergeben sich die in Tabelle 2.1 zusammengestellten charakteristischen Gleichungen zur numerischen Lösung nach $\frac{k_c}{k_0}$ für vorgegebene Materialeigenschaften $\frac{d}{\lambda_0}$.

Dabei bilden k_c und h die Cut-Off-Wellenzahlen für die Regionen innerhalb des Dielektrikums bzw. im Vakuum.

$$k_c^2 = \varepsilon_r k_0^2 - \beta_0^2 \qquad \text{für } 0 \leq |x| \leq d \tag{2.27}$$

$$h^2 = \beta_0^2 - k_0^2 \qquad \text{für } d \leq |x| \leq \infty \tag{2.28}$$

	Modengleichung	Cut-Off-Frequenz
gerade TM $n=0,2,4,\ldots$	$\frac{k_c}{k_0} tan\left(\frac{k_c}{k_0} 2\pi \frac{d}{\lambda_0} \right) = \varepsilon_r \sqrt{(\varepsilon_r - 1) - \frac{k_c^2}{k_0^2}}$	$f_c = \frac{nc_0}{4d\sqrt{\varepsilon_r - 1}}$
ungerade TM $n=1,3,5,\ldots$	$-\frac{k_c}{k_0} cot\left(\frac{k_c}{k_0} 2\pi \frac{d}{\lambda_0} \right) = \varepsilon_r \sqrt{(\varepsilon_r - 1) - \frac{k_c^2}{k_0^2}}$	$f_c = \frac{nc_0}{4d\sqrt{\varepsilon_r - 1}}$
gerade TE $n=0,2,4,\ldots$	$\frac{k_c}{k_0} tan\left(\frac{k_c}{k_0} 2\pi \frac{d}{\lambda_0} \right) = \sqrt{(\varepsilon_r - 1) - \frac{k_c^2}{k_0^2}}$	$f_c = \frac{nc_0}{4d\sqrt{\varepsilon_r - 1}}$
ungerade TE $n=1,3,5,\ldots$	$-\frac{k_c}{k_0} cot\left(\frac{k_c}{k_0} 2\pi \frac{d}{\lambda_0} \right) = \sqrt{(\varepsilon_r - 1) - \frac{k_c^2}{k_0^2}}$	$f_c = \frac{nc_0}{4d\sqrt{\varepsilon_r - 1}}$

Tabelle 2.1.: Modengleichungen der TE- und TM-Oberflächenwellen zur numerischen Lösung

Über numerische Lösungen der Modengleichungen aus Tabelle 2.1 können die Modendiagramme gezeichnet (Abb. 2.8) und die entsprechende Wellenzahl β_0 für das verwendete Substrat bestimmt werden. Es zeigt sich, dass die beiden Moden TE_0 und TM_0 bereits auf sehr dünnen Substraten ausbreitungsfähig sind, da sie keine Cut-Off Frequenz besitzen. Die Veränderung der Substratdicke hat bei beiden Moden eine Steigerung der Wellenzahl zur Folge, wobei die Wellenzahl der TE_0-Welle höher liegt und auch mit steigender Substratdicke stärker ansteigt. Durch Betrachtung des Brillouin-Diagramms folgt daraus, dass der Einfluss der Substratdicke auf den Abstrahlwinkel und den Schwenkbereich der Antenne für diese Mode am größten ist. Auch über die Permittivität kann die Wellenzahl der Referenzwelle gesteigert und Einfluss auf den Schwenkbereich der Antenne genommen werden.

Für die in dieser Arbeit behandelten holografischen Antennen auf Substraten ohne Metallisierungsfläche wird bevorzugt die TE_0-Mode verwendet. Vorteil dieser Mode ist neben der nicht vorhandene Cut-Off Frequenz, die Möglichkeit eine hohe Modenreinheit in dünnen dielektrischen Wellenleitern zu erzeugen. Der Feldverlauf mit rotierendem Magnetfeld in Ausbreitungsrichtung und dem zur Ausbreitungsrichtung senkrecht verlaufenden elektrischen Feld mit einzig existierender E_y-Komponente ähnelt stark der Mode einer Schlitzleitung (vgl. Abb 2.9). Aufgeweitete, planare Schlitzantennen auf der Substratoberfläche, welche später vorgestellt werden, eignen sich somit besonders zur Erzeugung dieser Referenzwelle.

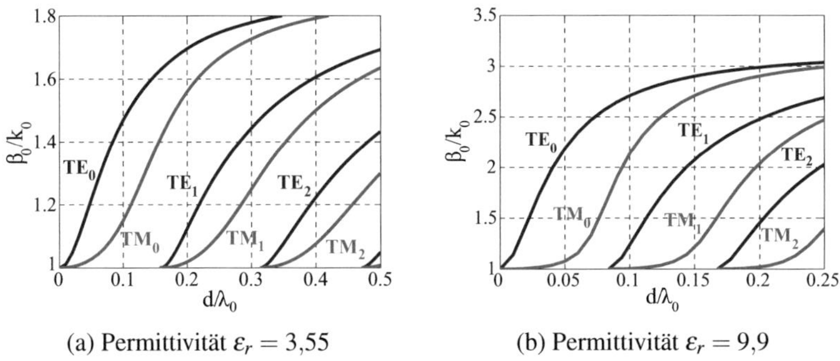

(a) Permittivität $\varepsilon_r = 3{,}55$ (b) Permittivität $\varepsilon_r = 9{,}9$

Abbildung 2.8.: Modendiagramme für Substrate ohne einseitige Metallisierungsfläche nach numerischer Lösung der Gleichungen aus Tabelle 2.1

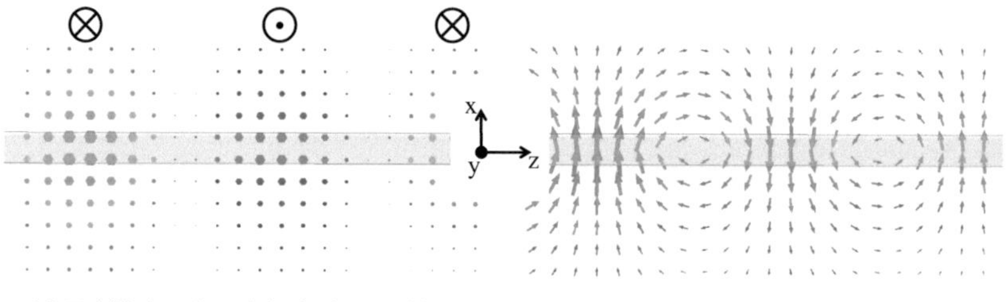

(a) Feldlinien des elektrischen Feldes   (b) Feldlinien des magnetischen Feldes

Abbildung 2.9.: Feldlinien einer TE_0-Oberflächenwelle auf einem Substrat ohne Massefläche; Längsschnitt entlang der Ausbreitungsrichtung

Oberflächenwellen auf unterseitig metallisierten Substraten

Durch eine Metallisierung an der Unterseite des Substrats werden die elektrischen Feldlinien in y-Richtung, welche parallel zum Metall verlaufen, unterdrückt. Somit sind ungerade TM-Moden und gerade TE-Moden nicht weiter ausbreitungsfähig. Eine Nutzung der TE_0-Mode, welche sich für holografische Antennen auf Substraten ohne Massefläche als sehr geeignet erwiesen hat, ist nicht weiter möglich.

Wird die Metallisierung in die Symmetrieebene des Substrats in Abb. 2.10 gelegt, haben alle Formeln aus Tabelle 2.1 weiterhin Gültigkeit. Es ist jedoch die unterschiedliche Definition der Substratdicke zu beachten (vgl. Abb. 2.7). Die daraus berechneten Modendiagramme sind in Abb. 2.11 dargestellt. Der Verlauf der Kurven der noch existierenden Moden ist identisch mit dem Verlauf in Abb. 2.8. Jedoch ergeben sich die berechneten Wellenzahlen für jeweils halbe Substratdicken, sobald eine durchgehende Metallisierung auf der Rückseite verwendet wird.

Oberflächenwellen mit TM_0-Mode sind auf einseitig metallisierten Substraten weiterhin ausbreitungsfähig und weisen keine Cut-Off-Frequenz auf. Für den Einsatz mit einseitig metallisierten Substraten wird daher im Laufe dieser Arbeit der

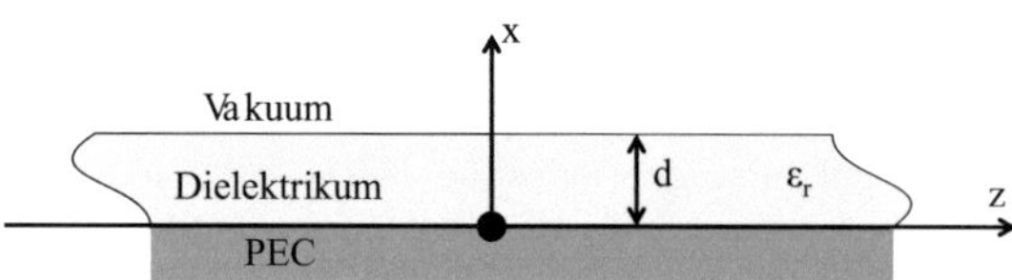

Abbildung 2.10.: Ausbreitung von Oberflächenwellen in Substraten mit Metallisierung der Substratunterseite

Fokus auf TM_0-Moden zur Anregung der Hologramme gelegt, da auch diese die Voraussetzung einer hohen Modenreinheit in dünnen dielektrischen Wellenleitern erfüllen. Ein simulierter Verlauf der magnetischen und elektrischen Feldlinien der beiden ausgewählten Moden ist in Abb. 2.12 dargestellt. Wie zu erwarten, ergibt sich aufgrund des Dualitätsprinzips ein Vertauschen der elektrischen und magnetischen Feldkomponenten verglichen mit der TE_0-Mode. Wie Kapitel 3.4 zeigen wird, ermöglicht das Dualitätsprinzip damit auch die Verwendung planarer Schlitzantennen innerhalb der Metallisierung für die einfache Anregung dieser Mode. Duale Dipole eignen sich beispielsweise zur Verwendung und werden im Verlauf dieser Arbeit als Feed genutzt. Eine duale Form der Vivaldi-Antenne kann nicht verwendet werden, da diese aufgrund der sehr hohen Eingangsimpedanz auf gewöhnliche Leitungsimpedanzen nicht angepasst werden kann. Durch die Verwendung planarer Schlitzdipole ist eine einfache Implementierung in Millimeterwellensysteme somit weiterhin gegeben.

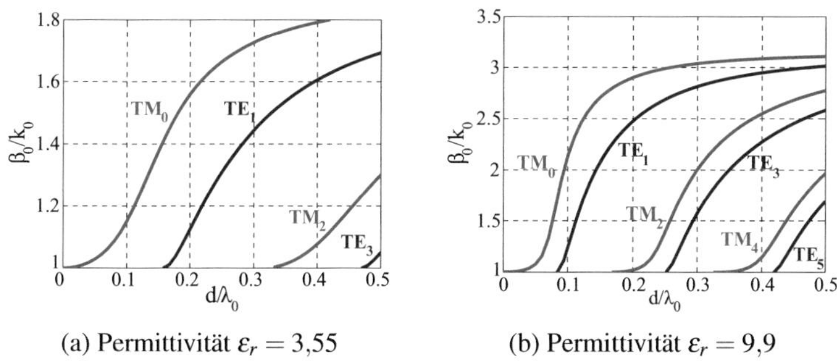

(a) Permittivität $\varepsilon_r = 3{,}55$ (b) Permittivität $\varepsilon_r = 9{,}9$

Abbildung 2.11.: Modendiagramme für Substrate mit einseitiger Metallisierungsfläche nach numerischer Lösung der Gleichungen aus Tabelle 2.1

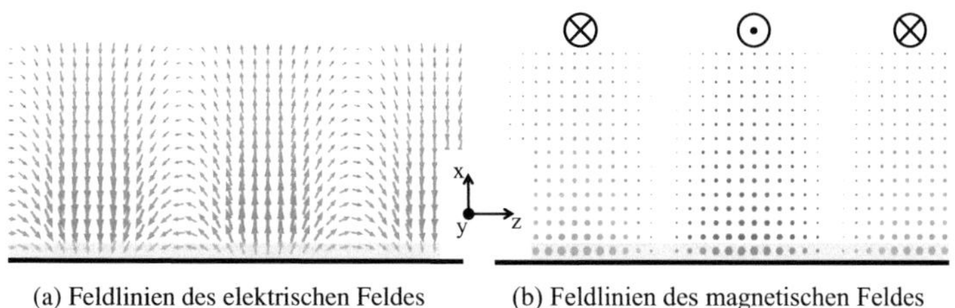

(a) Feldlinien des elektrischen Feldes   (b) Feldlinien des magnetischen Feldes

Abbildung 2.12.: Feldlinien einer TM_0-Oberflächenwelle auf einem Substrat mit Massefläche auf der Unterseite; Längsschnitt entlang der Ausbreitungsrichtung

2.4. Betrachtung als äquidistante phasengesteuerte Antennengruppe

Zur Optimierung der Abstrahlcharakteristik, insbesondere des Nebenkeulenniveaus und zur Untersuchung der Gewinnminderung bei großen Schwenkwinkeln, ist die Darstellung der holografischen Antenne als phasengesteuerte Antennengruppe äußerst hilfreich [CI04], [LWL11]. Wie Abbildung 2.4 zeigt, bildet das Hologramm in ursprünglicher Form, welches nur die Nullstellen des Interferenzmusters abbildet, ein äquidistantes Array von Einzelstrahlern im Abstand p zueinander, welche von der Oberflächenwelle (ausbreitend in $+z$-Richtung) gespeist werden. Durch die Laufzeitverzögerung ergibt sich eine frequenzabhängige Phasenbelegung der Einzelelemente, womit die frequenzschwenkende Eigenschaft der Antenne zu erklären ist. Die dielektrischen Verluste und die serielle Speisung der Einzelelemente führen außerdem zu einer inhomogenen Amplitudenbelegung der Einzelelemente.
Nach [Bha06], [Han09] ergibt sich der Gruppenfaktor für ein eindimensionales Antennenarray zu:

$$AF(\theta) = \sum_{n=1}^{N} A_n e^{jk_0 \cdot p \cdot (n-1) \cdot (sin\theta - sin\theta_0)} \tag{2.29}$$

Die Definition der Antennengruppe ergibt sich weiterhin nach Abb. 2.4, wobei N der Anzahl der Einzelzellen, p der Periodizität und θ_0 der Hauptstrahlrichtung innerhalb der xz-Ebene entspricht. Der Anregungskoeffizient A_n variiert aufgrund der seriellen Speisung von Element zu Element und fällt in Ausbreitungsrichtung aufgrund der dielektrischen Verluste und der abgestrahlten Leistung vorangehender Elemente exponentiell ab. Damit beeinflusst der Verlauf von A_n die Keulenbreite und das Nebenkeulenniveau der Antenne. Die Frequenzabhängigkeit der Hauptstrahlrichtung θ_0 ergibt sich nach Gleichung 2.22 durch die von c_0 abweichende Ausbreitungsgeschwindigkeit der abstrahlenden Mode mit Wellenzahl β_n. Das Einzelelement kann als in y-Richtung ausgedehnter Stabstrahler angenommmen werden. Da sich die Form der Einzelstrahler nach der Form der Phasenfront der Oberflächenwelle richtet, können die magnetischen Feldkomponenten der TE_0-Mode entlang des Stabstrahlers mit Länge l konstant angenommen werden. Als Elementfaktor ergibt sich somit eine ähnliche Richtcharakteristik in der xz-Ebene wie die des Hertz'schen Dipols mit Beeinflussung durch das Substrat innerhalb der yz-Ebene. In Richtung des Frequenzschwenks ist der Gewinn des Einzelstrahlers somit bis zu großen Werten für $|\,\theta_0\,|$ konstant, so dass der Gesamtgewinn der Antennengruppe vom Gruppenfaktor bestimmt wird:

$$G_{ges} = \underbrace{G_E}_{\text{Gewinn des Einzelelemts in dBi}} + \underbrace{G_{Gr}}_{\text{Gewinn des Gruppenfaktors in dBi}} \tag{2.30}$$

Der Einfluss des dünnen Dielektrikums unterhalb der Einzelstrahler kann dabei vernachlässigt werden.

2.4.1. Gewinnminderung für schwenkende Abstrahlung

Nach [Han09] zeigen phasengesteuerte Antennengruppen eine Verbreiterung der Hauptkeule für zunehmende Winkel $|\theta_0|$ und damit eine Reduzierung des Antennengewinns für schräg strahlende Gruppen. Für Antennengruppen mit homogener Amplitudenbelegung kann Gleichung (2.29) für den Gruppenfaktor wie folgt geschrieben werden:

$$AF(\theta) = \frac{e^{j\frac{1}{2}k_0 pN \cdot (sin\theta - sin\theta_0)}}{e^{j\frac{1}{2}k_0 p \cdot (sin\theta - sin\theta_0)}} \cdot \frac{sin(\frac{1}{2}k_0 pN \cdot (sin\theta - sin\theta_0))}{sin\left(\frac{1}{2}k_0 p \cdot (sin\theta - sin\theta_0)\right)} \tag{2.31}$$

Diese Umformung ist möglich, da für endliche geometrische Reihen allgemein gilt [BM08]:

$$\sum_{n=0}^{N-1} q^n = \frac{1-q^N}{1-q} \tag{2.32}$$

Daraus folgt der Absolutwert:

$$|AF(\theta)| = \frac{|sin(\frac{1}{2}k_0 pN \cdot (sin\theta - sin\theta_0))|}{|sin\left(\frac{1}{2}k_0 p \cdot (sin\theta - sin\theta_0)\right)|} \tag{2.33}$$

Für omnidirektionale Abstrahlung, wie sie im Falle des Hologramms annähernd innerhalb der xz-Ebene gilt, ergeben sich für eine Elementanzahl $N = 10$ die Richtdiagramme nach Abb. 2.13 bei einem Abstand von $p = \frac{\lambda_0}{2}$ mit Änderung der Hauptkeulenrichtung innerhalb der xz-Ebene. Eine extreme Verbreiterung der Antennenkeule ergibt sich für Schwenkwinkel $> 60°$, da die beiden Hauptkeulen zusammenfallen. Der Bereich $|60°| < \theta_0 < |90°|$ ist aus diesem Grund für die Ver-

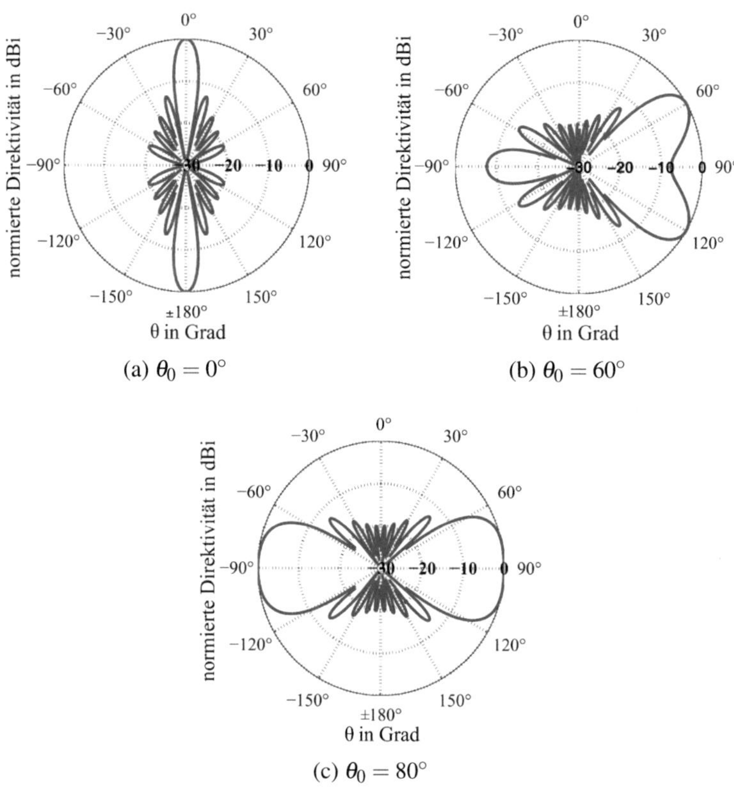

(a) $\theta_0 = 0°$

(b) $\theta_0 = 60°$

(c) $\theta_0 = 80°$

Abbildung 2.13.: Richtdiagramme des Gruppenfaktors für 10 Einzelstrahler ($N = 10$)

wendung als Radarantenne mit guter Winkelauflösung ungeeignet und wird nicht weiter betrachtet. Abstrahlung parallel zur Substratoberfläche wie in Abb. 2.13(c) ist wegen der Anordnung des Hologramms und der entstehenden starken Verkopplung der Einzelelemente ohnehin nicht möglich. Eine weniger starke Verbreiterung der Hauptkeule ist jedoch auch für kleinere Schwenkwinkel bereits zu beobachten und wird im Folgenden mit Hinblick auf die serielle Speisung innerhalb der Leckwellenantenne genauer untersucht.

Aus Gleichung (2.33) wird die Halbwertsbreite θ_{3dB} für unterschiedliche Hauptstrahlrichtungen θ_0 bestimmt. Das Ergebnis der numerischen Lösung für Schwenkwinkel $-60° < \theta_0 < 60°$ und über eine größer werdende Anzahl von Einzelstrahlern ist in Abb. 2.14 dargestellt. Dies gilt für phasengesteuerte Antennengruppen im Allgemeinen bei gleichbleibendem Abstand $p = \frac{\lambda_0}{2}$ der Einzelelemente und idealer phasenverschobender Anregung. Es zeigt sich, dass die

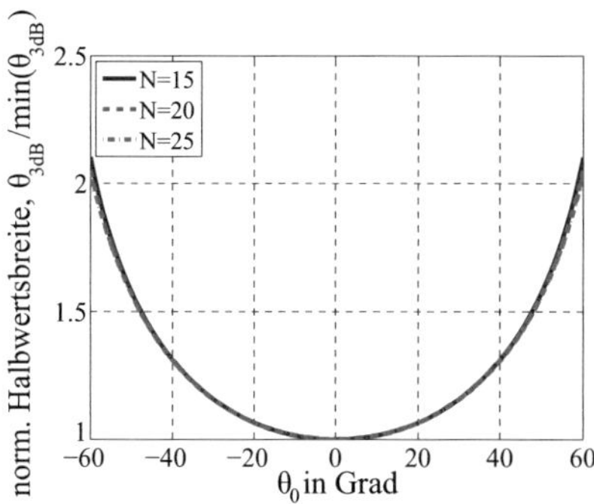

Abbildung 2.14.: Halbwertsbreite in Abhängigkeit der Hauptstrahlrichtung für phasengesteuerte Antennengruppen im Allgemeinen für unterschiedliche Anzah-
len an Einzelelementen

minimale Halbwertsbreite und somit die maximale Direktivität des Gruppenfaktors bei zum Antennensubstrat senkrechter Abstrahlung erreicht wird. Durch die
angewendete Normierung ist der Einfluss der Elementanzahl auf die Direktivität der Antennengruppe in dieser Darstellung nicht mehr ersichtlich. Wegen der
geometrischen Verkleinerung der Antennenwirkfläche mit steigendem Winkel der
Hauptstrahlrichtung ergibt sich der dargestellte $\frac{1}{cos(\theta_0)}$-Verlauf [Sko90].
Anders als bei Antennengruppen mit parallel gespeisten Elementen und einzeln steuerbaren Phasendifferenzen zwischen den Einzelstrahlern, besteht bei den
frequenzschwenkenden Antennen eine Abhängigkeit zwischen dem Winkel der
Hauptkeule θ_0, dem Elementabstand $\frac{p}{\lambda_0}$ und der Wellenlänge der speisenden
Oberflächenwelle λ_{ref}. All diese Größen sind abhängig von der Betriebsfrequenz
und Gleichung (2.33) wird zu:

$$|AF(\theta)| = \frac{|sin(\frac{1}{2}k_0pN\cdot(sin\theta - sin\theta_0(f)))|}{|sin\left(\frac{1}{2}k_0p\cdot(sin\theta - sin\theta_0(f))\right)|} \tag{2.34}$$

mit

$$\theta_0(f) = arcsin\left(\frac{\beta_{-1}}{k_0}\right) = arcsin\left(\lambda_0\frac{p - \lambda_{ref}}{p\lambda_{ref}}\right) \tag{2.35}$$

Wird bei der Mittenfrequenz $f_c = 60\,\text{GHz}$ eine zum Substrat senkrechte Abstrahlung festgelegt, ergibt sich $p = \lambda_{ref}(60\,\text{GHz})$. Es wird (2.35) in (2.34) eingesetzt und für unterschiedliche Hauptstrahlrichtungen θ_0 der Gruppenfaktor be-

rechnet, aus welchem jeweils die Halbwertsbreite ausgelesen werden kann. Für unterschiedliche Antennensubstrate ergeben sich demnach die in Abb. 2.15 geplotteten Änderungen der jeweiligen Halbwertsbreiten bei Annahme einer Speisung des Hologramms, bestehend aus $N = 20$ Einzelelementen, mit einer TE_0-Oberflächenwelle bzw. TM_0-Oberflächenwelle.

Die Ergebnisse zeigen, dass die größte Direktivität nicht mehr im Bereich senkrechter Abstrahlung liegt. Statt dessen haben die Antennen bei etwa $+30°$ die geringste Halbwertsbreite und damit den höchsten Antennengewinn. Weiterhin ist eine starke Zunahme der Halbwertsbreite für negative Abstrahlwinkel θ_0 zu erkennen und es ist somit eine Reduzierung der Direktivität zu erwarten. Simulationen in CST bestätigen, dass der höchste Antennengewinn mit holografischen Antennen bei Abstrahlung im ersten Quadranten zu erreichen ist. Stände daher der komplette positive Schwenkbereich von $0°$ bis $60°$ zur Verfügung, wäre die Abnahme der Direktivität in diesem Schwenkbereich deutlich geringer als für negative Abstrahlwinkel und somit zu favorisieren. Es muss jedoch beachtet werden, dass diese Berechnung den Filtereffekt, welcher den Antennengewinn bei senkrechter Abstrahlung reduziert und durch die periodische Anordnung der Einzelstrahler entsteht, nicht berücksichtigt. Auch die in Kapitel 2.3.1 hergeleitete Entstehung von Grating Lobes fällt in diesen Bereich. Somit ist der Schwenkbereich für θ_0-Werte im ersten Quadranten eingeschränkt, weshalb der Fokus der im weiteren Verlauf der Arbeit folgenden Betrachtungen auf Antennen mit Abstrahlung im Bereich $-60° < \theta_0 < -5°$ liegt und die Verbreiterung der Hauptkeule akzeptiert wird.

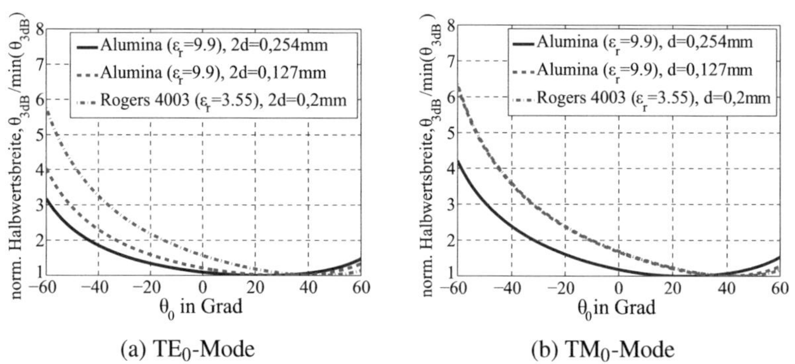

(a) TE_0-Mode (b) TM_0-Mode

Abbildung 2.15.: Änderung der Halbwertsbreite von frequenzschwenkenden Antennengruppen mit $N = 20$ Einzelelementen in Abhängigkeit der Hauptstrahlrichtung

2.4.2. Nebenkeulenniveau der uniformen holografischen Antenne

In der bisherigen Betrachtung der charakteristischen Abstrahlung von holografischen Antennen wurde nur auf die Wellenzahl β_0 und die daraus resultierenden Wellenzahlen der einzelnen Floquet-Moden eingegangen. Diese Wellenzahlen sind verantwortlich für die Hauptstrahlrichtung und gegebenenfalls für die Richtung der entstehenden Grating Lobes, geben jedoch keine vollständige Information über das Nebenkeulenniveau oder die Keulenbreite, da der Einfluss der Amplitudenbelegung des Hologramms, bei Berechnung des Gruppenfaktors, bisher vernachlässigt wurde. Stattdessen hängen diese beiden Antennenmerkmale von der sogenannten Dämpfungskonstanten α ab, welche bei periodischen Leckwellenantennen nicht zwangsläufig konstant sein muss, sondern wie die Wellenzahl β eine Funktion von der Ausbreitungsrichtung z sein kann [JO08], [Wal65]. Die Dämpfung der sich ausbreitenden Referenzwelle setzt sich zusammen aus den dielektrischen Verlusten im Wellenleiter α_D und der Abstrahlung α_{rad}, welche in diesem Fall, anders als bei durchgehend geschlitzten Leckwellenantennen, nicht kontinuierlich stattfindet. α_{rad} wird in der Literatur auch häufig als Leckrate der Antenne bezeichnet.

$$\alpha(z) = \alpha_D + \alpha_{rad}(z) \tag{2.36}$$

Über die Berechnung des Gruppenfaktors kann das Nebenkeulenniveau der Leckwellenantenne abgeschätzt werden. Die Amplitudenbelegung der Einzelstrahler bei äquidistantem Hologramm bestehend aus identischen Einzelstrahlern wird entsprechend einer kontinuierlich abstrahlenden Antenne berechnet [Oli93]. Das Feld nimmt somit in Ausbreitungsrichtung der Referenzwelle exponentiell ab und für jeden Einzelstrahler n ergibt sich eine Amplitudenbelegung nach Gleichung (2.37).

$$A_n = A_0 \cdot e^{-\alpha \cdot (n-1) \cdot p} \tag{2.37}$$

mit $n = 1..N$.

Im Fall der holografischen Antenne können beispielsweise Variationen der Leiterbreiten einzelner Elemente genutzt werden, um die Leckrate in Ausbreitungsrichtung zu modulieren. Durch unterschiedliche Strahlerbreiten innerhalb des Hologramms ist dadurch eine z-Abhängigkeit für α gegeben.
In Abb. 2.16(a) ist der Gruppenfaktor einer Antennengruppe mit einer Amplitudenbelegung nach Gleichung (2.37) dargestellt. α ist in diesem Beispiel konstant, also unabhängig von z. Die Richtcharakteristiken zeigen, dass ein großer Wert für α eine breitere Hauptkeule und ein verbessertes Nebenkeulenniveau ergibt.

Für periodische Leckwellenantennen kommt ein weiterer Effekt hinzu, welcher durch diese Berechnung vernachlässigt wird. Jedes Einzelelement der periodischen Leckwellenantenne führt zu einer Impedanzänderung des Wellenleiters und somit wird ein Teil der Leistung wieder in negative z-Richtung reflektiert. Diese reflektierte Leistung führt wiederum zu einer mit Phasenfehlern belegten Anregung der vorhergehenden Streifen. Daher liegt das praktisch resultierende Nebenkeulenniveau oberhalb der theoretischen Werte nach Abb. 2.16. Die Tendenz, dass mit größerem α die Nebenkeulendämpfung und die Breite der Hauptkeule ansteigen, bleibt weiterhin gültig.

Das Nebenkeulenniveau einer Leckwellenantenne ohne Optimierung kann im Allgemeinen zu etwa -13 dB angenommen werden [GTQPAM05], wobei zu beachten ist, dass auch die Anzahl an Einzelelementen das Nebenkeulenniveau beeinflusst (Abb. 2.16(b)). Diese Feststellung wurde bereits in [SP83] untersucht. Eine Ausdehnung der Antenne zur Optimierung des Nebenkeulenniveaus stellt jedoch keine Alternative dar, da die Apertureffizienz mit steigender Anzahl N abnimmt. Zusätzlich führen die dielektrischen Verluste innerhalb des Substrats zu einer Abnahme der Antenneneffizienz bei ausgedehnten Leckwellenantennen. Ziel einer Optimierung wie sie in dieser Arbeit durchgeführt wurde, ist die gezielte Beeinflussung von $\alpha_{rad}(z)$, um aus der Literatur bekannte Belegungsfunktionen nach Taylor oder Dolph-Chebyshev [Mai94] mit geringem Nebenkeulenniveau qualitativ nachbilden zu können und so den Kompromiss zwischen Aperturgröße und Nebenkeulenniveau weitestgehend zu umgehen. Die Bestimmung der Abstrahlkoeffizienten der Einzelleiter mit unterschiedlichen Breiten und inwieweit das Nebenkeulenniveau über die gezielte Modifikation dieser verbessert werden kann, wird in Kapitel 3.5 untersucht.

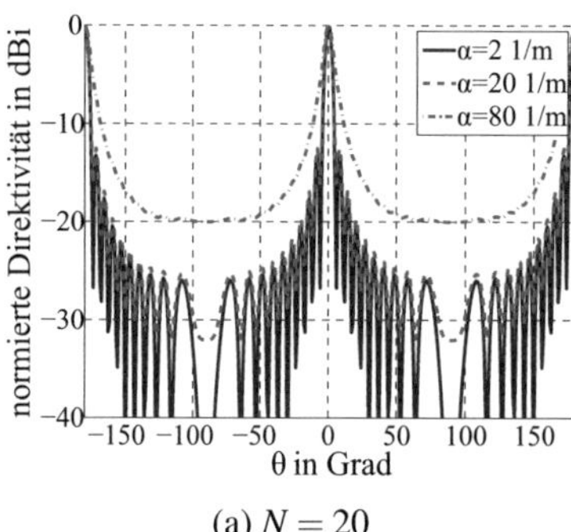

(a) $N = 20$

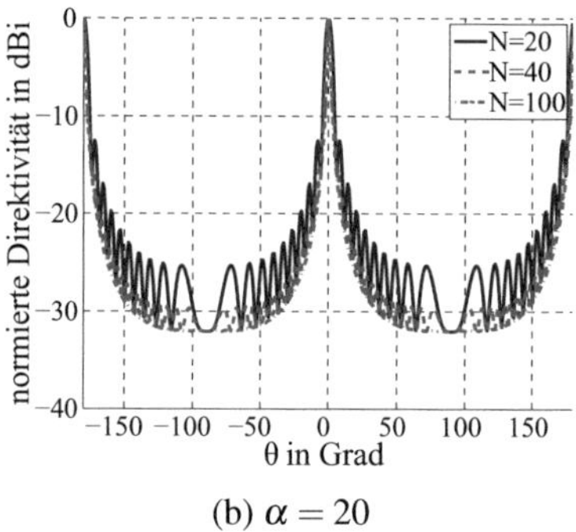

(b) $\alpha = 20$

Abbildung 2.16.: Auswirkung der Abstrahlung pro Einzelelement und der Anzahl der Einzelelemente auf die Abstrahlcharakteristik

2.5. Fazit

Die in diesem Kapitel vorgestellten Möglichkeiten zur Beschreibung der Funktionsweise von holografischen Antennen dienen im Folgenden zur Optimierung der Abstrahleigenschaften. Dabei erweisen sich je nach Optimierungsparameter unterschiedliche Beschreibungen als geeignet. Über die Theorie zum holografischen Prinzip kann die Hologrammform und die Periodizität für unterschiedliche Hauptstrahlrichtungen berechnet werden. Ist die Ausbreitungsform und die Wellenzahl der speisenden Referenzwelle bekannt, kann das Hologramm für die Erzeugung einer beliebigen Hauptstrahlrichtung erzeugt werden. Ein Hologramm mit fester Periodizität p weist durch die veränderliche Wellenlänge der Referenzwelle außerdem einen Schwenk der Hauptstrahlrichtung über der Frequenz auf. Der mögliche Schwenkbereich, welcher sich für die verfügbare Bandbreite ergibt, ist über die Berechnung der abstrahlenden Floquet-Moden zu bestimmen. Dabei ist die genaue Kenntnis der ausbreitbaren Moden und deren Wellenzahl β_0 in Abhängigkeit der Substratpermittivität und Substratdicke vorauszusetzen.

Für homogene Substrate mit und ohne Massefläche auf der Unterseite sind die Modendiagramme in Kapitel 2.3.3 dargestellt worden. Wegen der einfachen Anregung werden die folgenden holografischen Antennen ausschließlich mit TE_0- bzw. TM_0-Moden gespeist, welche außerdem den Vorteil haben, dass sie keine Cut-Off-Frequenz besitzen. Aus der Wellenzahl der Referenzwelle können die resultierenden Wellenzahlen der Floquet-Moden in Abhängigkeit der Hologrammperiodizität berechnet und über der Frequenz als Brillouin-Diagramm aufgetragen werden. Über das Brillouin-Diagramm kann die frequenzabhängige Abstrahlrichtung und die nutzbare Bandbreite ohne Limitierung durch Grating Lobes schnell bestimmt werden.

Wird das Hologramm als serielle Anordnung von Einzelstrahlern betrachtet, welches von der sich ausbreitenden Oberflächenwelle gespeist wird, kann der Verlauf des Antennengewinns in Abhängigkeit von der Frequenz über den Gruppenfaktor berechnet werden. Dies hat den Vorteil, dass neben der Hauptstrahlrichtung auch weitere charakteristische Merkmale der Abstrahlung wie die Halbwertsbreite oder das Nebenkeulenniveau über einfache Rechnungen abgeschätzt werden können. Außerdem kann diese Betrachtungsweise genutzt werden, um eine Optimierung des Nebenkeulenniveaus durch gezielte Beeinflussung der Abstrahlkoeffizienten der Einzelstrahler zu erzielen.

Um diese Optimierung durchführen zu können, muss die komplexe Ausbreitung der Welle im Bereich des Hologramms bestimmt werden. Der Realteil α beeinflusst maßgeblich die Hauptkeulenbreite und das Nebenkeulenniveau. Wie Kapitel 2.4.2 zeigt, ergibt sich ein Kompromiss aus Apertureffizienz und Antennengewinn. Über geometrische Veränderungen der Hologrammform kann α innerhalb einzelner Zellen des Hologramms verändert werden, um Einfluss auf die Richt-charakteristik zu nehmen und diesem Kompromiss des uniformen Hologramms entgegen zu wirken.

3. Konzepte holografischer Millimeterwellenantennen

Zur Optimierung der holografischen Antenne für den Einsatz in kompakten Millimeterwellen-Radaren werden die unterschiedlichen Beschreibungen nach Kapitel 2 verwendet, um allgemeine Aussagen über die zu wählenden Material- und Designparameter zu treffen. Die analytischen Beschreibungen werden in Kapitel 3.1 zur Optimierung der Antennenparameter angewendet und im folgenden Kapitelverlauf mittels CST Simulationen verifiziert. Nachdem geeignete Materialien ausgewählt wurden, folgen in Kapitel 3.3 und Kapitel 3.4 verschiedene Konzepte holografischer Antennen auf Substraten mit und ohne Massefläche. Es werden die Vor- und Nachteile der beiden Antennenarten aufgezeigt und ihre Eignung mit Hinblick auf die spätere Anwendung miteinander verglichen. Neben einer simulativen, optimalen Anregung des Hologramms werden für die jeweiligen Antennen unterschiedliche Möglichkeiten zur Erzeugung der anregenden Oberflächenmoden untersucht. Die Vielfalt der Möglichkeiten ist bei holografischen Antennen ohne Metallisierung größer, jedoch besteht der Nachteil einer bidirektionalen Richtcharakteristik. Um auch bei den Antennen ohne einseitige Metallisierungsfäche ein unidirektionales Richtdiagramm zu erhalten und die Rückstrahlung im Allgemeinen zu reduzieren, werden erstmalig Metamaterialien („Artificial Magnetic Conductors", AMC) als magnetische Reflektoren mit der holografischen Antenne kombiniert. Ebenfalls wird zum ersten Mal eine Optimierung des Nebenkeulenniveaus durch Modifizierung der Abstrahleffizienz der Einzelstrahler innerhalb des Hologramms vorgenommen (siehe Kapitel 3.5).

3.1. Wahl der Designparameter

Für den Einsatz in beam-schwenkenden FMCW-Radarsystemen zur Umgebungsüberwachung liegt der Fokus der Antennenoptimierung auf einem möglichst großen Schwenkbereich-Bandbreiten-Verhältnis und einer kleinen Hauptkeulenbreite θ_{3dB} für eine hohe Winkelauflösung.

Ist die Wellenzahl der anregenden Oberflächenwelle bekannt, kann nach Gleichung (2.20) das Brillouin-Diagramm der holografischen Antenne berechnet werden. Die Periodizität p sollte dabei so gewählt werden, dass ausschließlich die

Mode mit $n = -1$ innerhalb des abstrahlungsfähigen Bereichs liegt, um Grating Lobes und damit verbundene Mehrdeutigkeiten in der Radarauswertung zu vermeiden. Demnach besteht bei ausreichend zur Verfügung stehender Bandbreite die Möglichkeit, den Schwenkbereich von $-90° < \theta_0 < +90°$ zu nutzen. Dies wird jedoch durch die vormals beschriebenen Faktoren, wie dem entstehenden Stopband bei einer Abstrahlung senkrecht zum Substrat [CZ69], [KSE06] und die Entstehung von Grating Lobes bei Abstrahlung in den ersten Quadranten, eingeschränkt.

Wegen der erhöhten Antennenfehlanpassung und dem resultierenden Einbruch des effektiven Antennengewinns im Bereich $-5° < \theta_0 < +5°$ muss dieser Bereich für viele Konfigurationen von Leckwellenantennen gemieden werden.

Der nutzbare Abstrahlbereich wird weiterhin beeinträchtigt, sobald die nächsthöhere Floquet-Mode mit $n = -2$ in den abstrahlungsfähigen Bereich eintritt und die ersten Grating Lobes auftreten (siehe Abb. 3.1 (a)). Durch die Verkürzung der Wellenlänge der im Substrat laufenden Welle kann dies erst geschehen, wenn die Hauptkeule der Mode mit $n = -1$ in den ersten Quadranten abstrahlt ($\beta_{-1} > 0$). Bei Eintritt der Mode mit $n = -2$ strahlt diese in Richtung $\theta = -90°$ innerhalb des zweiten Quadranten und bewegt sich mit steigender Frequenz in Richtung $\theta = +90°$. Die dadurch entstehende Mehrdeutigkeit kann für die angestrebte Radaranwendung problematisch sein.

Die Überlappung der Abstrahlbereiche beider Floquet-Moden mit $n = -1$ und $n = -2$ kann verhindert werden, indem ein Antennensubstrat mit sehr hoher Permittivität verwendet wird (z.B. $\varepsilon_r = 30$ in Abb. 3.1 (b)). Durch die starke Ver-

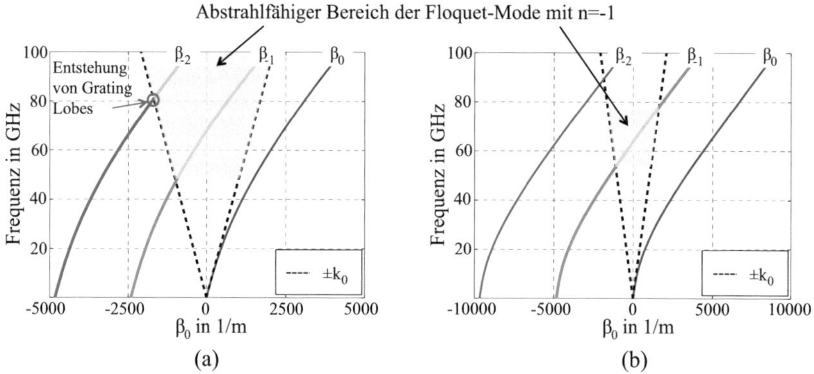

Abbildung 3.1.: Brillouin-Diagramme für holografische Antennen mit TE_0-Oberflächenwelle und (a) $\varepsilon_r = 9{,}9$; $d = 0{,}254\,\text{mm}$; $p = 2{,}6\,\text{mm}$; (b) $\varepsilon_r = 30$; $d = 0{,}254\,\text{mm}$; $p = 1{,}3\,\text{mm}$

kürzung der Wellenlänge der im Substrat laufenden Welle wird die Abstrahlung der Floquet-Mode mit $n = -2$ zu höheren Frequenzen verschoben, sodass die Abstrahlung der Floquet-Mode mit $n = -1$ innerhalb des kompletten Schwenkbereichs $-90° < \theta_0 < +90°$ ohne die Entstehung von Grating Lobes genutzt werden kann. Diese Berechnung beruht auf der Voraussetzung, dass auch bei einem solch hoch-permittiven Substrat nur die erste ausbreitungsfähige Oberflächen-Mode TE_0 angeregt wird. Aufgrund der Vielzahl ausbreitungsfähiger Moden auf einem solchen Substrat (vgl. Kapitel 2.3.3) ist es problematisch, diese gewünschte Modenreinheit in der Praxis zu gewährleisten. Außerdem sind Substrate mit solch hohen Permittivitäten in der Millimeterwellentechnik wegen der damit meist verbundenen hohen Verluste unüblich und werden in dieser Arbeit nicht verwendet. Aus diesen Gründen werden im Folgenden die Antennen so entwickelt, dass eine Abstrahlung im zweiten Quadranten angestrebt wird. Die zur Verfügung stehende Bandbreite wird auf 10 GHz innerhalb des Frequenzbereichs 55 GHz $< f <$ 65 GHz festgelegt und entspricht damit der geplanten Systembandbreite des Anwendungsbeispiels in Kapitel 5.
Die nach Gleichung (2.22) für eine Leckwellenantenne mit anregender TE_0-Mode aufgetragenen Kurven für unterschiedliche Substrate ohne Metallisierungsfläche in Abb. 3.2 zeigen, dass hochpermittive Substrate für einen großen Schwenkbereich der Antenne zu bevorzugen sind. Außerdem kann der Schwenkbereich durch eine größere Substratdicke d weiter ausgeweitet werden. Diese Ergebnisse beziehen sich auf Berechnungen mit anregender TE_0-Mode, sind jedoch qualitativ auf Antennen mit TM_0-Mode und damit auf holografische Antennen auf Substraten mit Metallisierungsfläche übertragbar, da sich in diesem Fall nur die anregende Mode und damit die Ausbreitungskonstante verändert. Die Periodizität wird jeweils so gewählt, dass für die max. Frequenz von 65 GHz die Hauptkeule in Richtung $\theta_0 = -5°$ strahlt, um einen Vergleich der Kurven zu ermöglichen. Der maximale Schwenkwinkel ergibt sich über f_{min} der Systembandbreite. Die Verwendung eines Substrats mit einer hohen Permittivität und einer Dicke von mehreren 100 μm fördert außerdem die Anregung der benötigten Oberflächenwellen TE_0 bzw. TM_0, da die eingespeiste Leistung in die gewünschte Wellenart überführt wird [Poz83]. In der Literatur vorgestellte planare Leckwellenantennen basierend auf dielekrischen Wellenleitern verwenden daher meist Substrate mit Permittivitäten $\varepsilon_r \geq 9$ [GB91].
Es lässt sich somit allgemein zusammenfassen, dass sich über die Designparameter Permittivität und Substratdicke der Schwenkbereich der Antenne beeinflussen lässt. Über die Periodizität wird die Hauptstrahlrichtung bei der maximal zur Verfügung stehenden Systemfrequenz festgelegt, wohingegen die minimale Systemfrequenz den maximalen Abstrahlwinkel definiert.

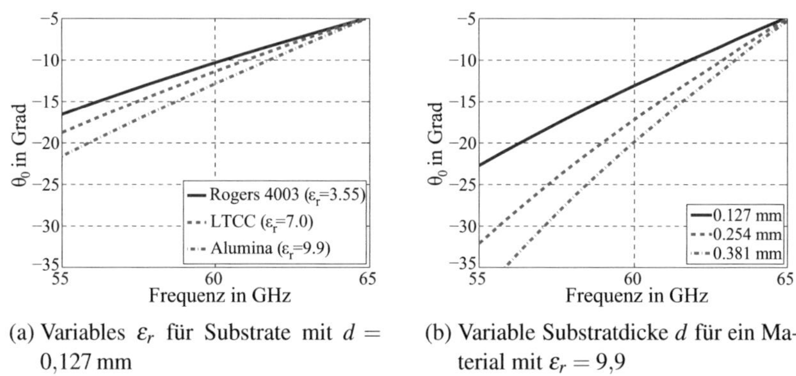

(a) Variables ε_r für Substrate mit $d = 0{,}127\,\text{mm}$

(b) Variable Substratdicke d für ein Material mit $\varepsilon_r = 9{,}9$

Abbildung 3.2.: Frequenzabhängiger Abstrahlwinkel einer holografischen Antenne mit anregender TE_0-Mode für unterschiedliche Materialien und Substratdicken

3.2. Verwendete Aufbautechnik

Die holografischen Antennen mit anregender Oberflächenwelle profitieren somit von einer hohen Permittivität und einer großen Substratdicke. Um eine gute Anbindung der holografischen Antennen an ein leitungsgebundenes Gesamtsystem zu ermöglichen, wird ein Mehrlagensubstrat mit unterschiedlichen Permittivitäten verwendet. Der planare Feed zur Anregung der Referenzwelle sowie das Hologramm werden mit einem Ätzprozess auf einem RO4003® Substrat ($\varepsilon_r = 3{,}55$) der Rogers Corporation mit einer Dicke $d = 0{,}2\,\text{mm}$ und beidseitiger Metallisierung aufgebracht. Unterhalb der RO4003®-Lage wird eine Lage Alumina (99,6%, $\varepsilon_r = 9{,}9$) mit einer Dicke von $d = 0{,}254\,\text{mm}$ angebracht. Im Bereich der Millimeterwellenschaltung in Mikrostreifentechnologie sind beide Substrate durch eine Massefläche voneinander getrennt. Die Massefläche wird unterhalb des Hologramms ab dem Übergang der Speiseantenne zur Oberflächenwelle entfernt, sodass sich die Oberflächenmode in positiver z-Richtung innerhalb des hochpermittiven Aluminas ausbreiten und das Hologramm speisen kann (vgl. Abb. 3.3). Die Alumina-Lage vergrößert das Schwenkbereich-Bandbreiten-Verhältnis der Antenne ohne die Effizienz des leitungsgebundenen Systems negativ zu beeinflussen. Für leitungsgebundene Millimeterwellensysteme bestehend aus Mikrostreifenleitungen oder koplanaren Wellenleitern ist eine gute Ausbreitungsfähigkeit der Oberflächenmoden störend und sollte nach Möglichkeiten unterbunden werden, um die Systemeffizienz zu steigern [CW76]. Dies ist ein Grund, warum bei gewöhnlichen Millimeterwellenschaltungen für höhere Frequenzen immer kleinere Substratdicken verwendet werden. Sobald die Antenne in ein komplexeres

System (z.B. phasensteuerndes Speisenetzwerk) implementiert wird, wie es im später folgenden Kapitel 4 der Fall ist, zeigen sich die Vorteile des Mehrlagenaufbaus mit unterschiedlichen Substraten. Durch die niedrige Permittivität des Rogers-Substrats wird die Anregung von Oberflächenwellen im Bereich des Speisenetzwerkes unterdrückt, wodurch eine höhere Effizienz erreicht werden kann. Erst das Alumina unterhalb der Speiseantenne fördert die Anregung der zur Antennenspeisung benötigten Oberflächenmoden.

Diese Aufbautechnik, welche für diese Arbeit zum Aufbau der Prototypen und zur messtechnischen Verifikation der Simulationen verwendet wird, ist ein Standardprozess kommerzieller Leiterplattenhersteller und außerdem vergleichbar mit Mehrlagenkeramiken, wie beispielsweise LTCC, welche für den Aufbau des Radar-Front-Ends in Kapitel 5 verwendet wurde. Außerdem können Antennen mit dem vorgestellten Lagenaufbau über die am Institut zur Verfügung stehende Aufbautechnik hergestellt werden. Dies ermöglicht den schnellen und kostengünstigen Aufbau von Prototypen-Antennen.

Mit steigender Trägerfrequenz werden die verwendeten Substrate für mmW-Systemen immer dünner gewählt, um weiterhin die Effizienz der Schaltungen gewährleisten zu können. Daher kann auch die mechanische Stabilität solcher Konzepte ein Problem darstellen. Durch das Auflaminieren der zusätzlichen Alumina-Lagen kann auch dieser Problematik entgegen gewirkt werden.

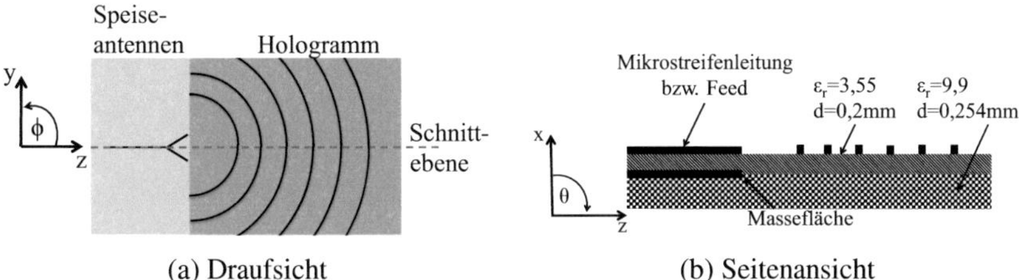

(a) Draufsicht (b) Seitenansicht

Abbildung 3.3.: Verwendete Aufbautechnik mit zwei Substraten unterschiedlicher Dicke und Permittivität

3.3. Holografische Antennen auf Substraten ohne Massefläche

3.3.1. Verwendete Moden und passende Hologramme

Ideale Anregung im Mehrlagensubstrat

Wie die Herleitung der ausbreitungsfähigen Moden aus Kapitel 2.3.3 zeigt, sind sowohl TE- wie auch TM-Moden auf Substraten ohne Massefläche ausbreitungsfähig. Aufgrund der einfachen Anregung und der Tatsache, dass die Mode keine Cut-Off-Frequenz besitzt, beschränken sich die im Folgenden vorgestellten Antennen auf die Verwendung von TE_0-Oberflächenmoden. Moden höherer Ordnung zu verwenden, birgt die Gefahr von Multimoden-Ausbreitung und damit von ungewollten, zusätzlichen Hauptkeulen.

Zur Berechnung der Wellenzahl β_0 kann wegen der Mehrlagenstruktur nicht weiter die analytische Lösung nach Kapitel 2.3.3 verwendet werden. Es kann stattdessen auf eine numerische Lösung aus CST zurückgegriffen werden, um das Abstrahlverhalten der Antenne und die Form des Hologramms zu berechnen. Es wird eine ideale Modenanregung direkt über die Verwendung von Waveguide-Ports in CST genutzt, um bandbreitenbeschränkende Effekte der Anregung auf die Antennenperformanz zu vermeiden. Wie die Abbildungen 3.4 und 3.5 zeigen, funktioniert ein im Substrat platzierter Waveguide-Port wie ein Aperturstrahler zur Erzeugung der TE_0-Oberflächenwelle mit Richtwirkung in die gewünschte Ausbreitungsrichtung. Die vom Port erzeugte Mode zeigt den gleichen Feldlinienverlauf wie die sich ausbreitende TE_0-Welle in Abb. 2.9, wobei die Darstellung in Abb. 3.4 auf den Feldlinienverlauf innerhalb der Portebene reduziert ist. Daher ist die longitudinale H_z-Komponente der Welle in dieser Darstellungsform nicht zu erkennen. Um eine korrekte Anregung der angestrebten Welle zu erhalten, dürfen die horizontalen Portkanten keinen Einfluss auf die Feldverteilung ausüben. Eine Porthöhe von $\pm 5\,$mm hat sich als geeignet erwiesen, um diesen Einfluss vernachlässigen zu können. Die Direktivität der Oberflächenwellenerzeugung ist hierbei genau wie bei Flächenstrahlern abhängig von der Portbreite. Schmale Portbreiten kleiner einer halben Wellenlänge λ_{ref0} der Oberflächenwelle ergeben die erwarteten zirkularen, transversalen E-Feldlinien ausgehend vom anregenden Port über einen beliebig großen Frequenzbereich. Die Direktivität der sich ausbreitenden Oberflächenwelle, ebenso wie die Effizienz, kann proportional zum Fernfeld des Oberflächenwellenerzeugers angenommen werden [KZ55]. Auf die Funktionsweise der Waveguide-Ports in CST wird detailliert in Anhang A eingegangen. Die Berechnung in CST gibt für den verwendeten Mehrlagenaufbau die Wellenzahl β_0 der Oberflächenwelle aus, indem die Anregung der entsprechenden Mode mittels Waveguide-Port erfolgt. Die Ergebnisse für ein einfaches Alumina-Substrat und für den beschriebenen Mehrlagenaufbau sind in Abb. 3.6(a) dargestellt. Außerdem zeigt die sehr gute Übereinstimmung zwischen der analytischen Lösung und dem CST Ergebnis für den einfachen Fall mit nur einem Substratmaterial die Zuverlässigkeit der Werte.

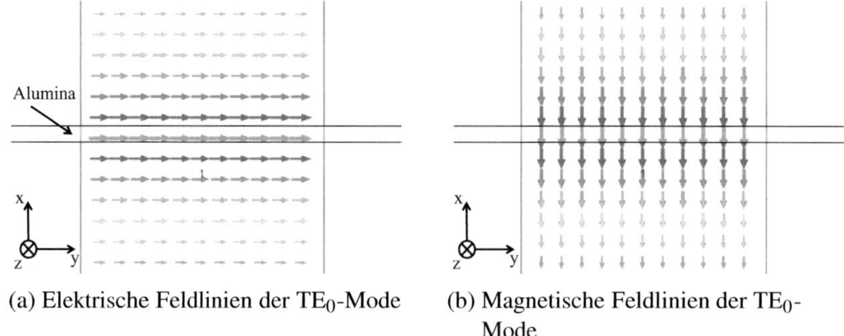

(a) Elektrische Feldlinien der TE_0-Mode   (b) Magnetische Feldlinien der TE_0-Mode

Abbildung 3.4.: Ideale Anregung der TE_0-Referenzwelle in CST mit Ausbreitung der Welle in $+z$-Richtung

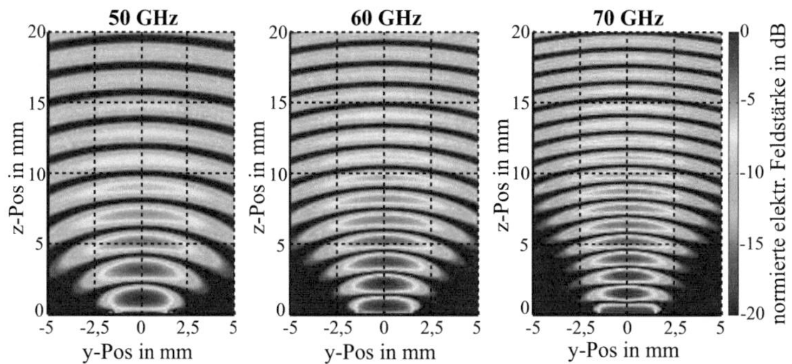

Abbildung 3.5.: Elektrische Feldverteilung der idealen Anregung über Waveguide-Ports

Veränderung der Wellenzahl durch Beeinflussung des Hologramms

Zur genauen Berechnung des Abstrahlwinkels der holografischen Antenne nach Gleichung (2.22) sind diese Werte aus CST jedoch nicht ausreichend. Je nach Form und Art der Hologrammelemente ändert sich die Ausbreitungsgeschwindigkeit der Referenzwelle im Bereich des Hologramms [Ham07].
Für anregende TE_0-Wellen bilden metallische Leiter entlang des Phasengangs der Referenzwelle das Interferenzmuster, indem die elektrische Feldkomponente kurzgeschlossen wird. Der Einfluss dieser Störung kann ebenfalls über CST bestimmt werden, indem die Transmission der Oberflächenwelle innerhalb einer Einzelzelle des Hologramms simuliert wird. Dazu wird ein Simulationsszenario erstellt, bestehend aus dem Antennensubstrat und einem mittig liegenden Einzelelement. Diese Einzelzelle wird von zwei sich gegenüberliegenden Ports abgeschlossen, um den Transmissionskoeffizienten S_{21} der TE_0-Welle simulieren zu können. Über den Phasenverlauf des Transmissionskoeffizienten $\arg(S_{21})$ kann dementsprechend die sich ergebende Wellenzahl β_{ref} und die resultierende Wellenlänge λ_{ref} innerhalb der Einzelzelle bestimmt werden (Abb. 3.6(b)). Zu Beginn der Einzelzelle läuft die Welle mit Wellenzahl β_0 bis sie auf das Einzelelement auftrifft. Ein Teil der Welle wird an dieser Stelle reflektiert und die Wellenzahl der transmittierenden Welle ändert sich wegen der unterschiedlichen Impedanz des Wellenleiters unter Beeinflussung des Metallstreifens. Bis zum Ausgangsport bewegt sich die Welle wiederum mit β_0 fort. Die sich ergebende Wellenzahl β_{ref} stellt somit einen Mittelwert aus diesen unterschiedlichen Transmissionsbe-

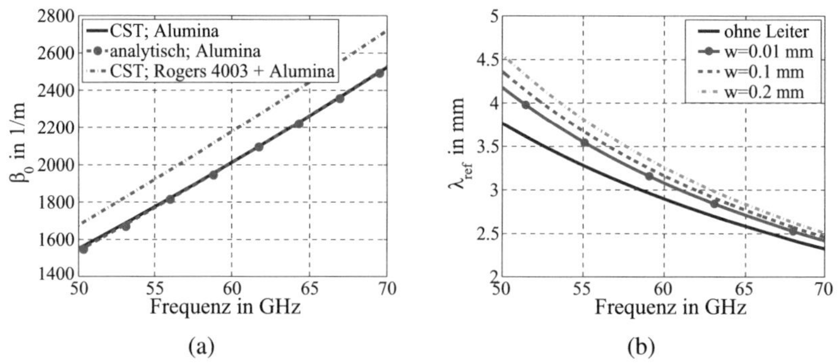

(a)   (b)

Abbildung 3.6.: (a) Wellenzahl β_0 der TE_0-Oberflächenwelle für reines Aluminasubstrat ($\varepsilon_r = 9{,}9$) mit Dicke $d = 0{,}254\,\text{mm}$ und für die verwendete Mehrlagenstruktur aus Alumina und Rogers 4003 ($\varepsilon_r = 3{,}55$, $d = 0{,}2\,\text{mm}$); (b) Einfluss der Hologrammelemente auf die Wellenlänge der Referenzwelle

reichen innerhalb einer Einzelzelle dar. Im Bereich des Hologramms wird dieser Mittelwert als Wellenzahl der Transmission definiert. Es zeigt sich, dass die Wellenlänge mit steigender Breite des Hologrammelements ansteigt. Es findet daher eine Beschleunigung der Welle unterhalb des Hologramms statt. Somit beschreibt die Wellenlänge λ_{ref} die sich ergebende Wellenlänge, welche durch den Einfluss der Einzelelemente des Hologramms entsteht, wohingegen λ_{ref0} als Wellenlänge der sich ausbreitenden Referenzwelle innerhalb des Substrats ohne Hologramm definiert ist.

Ist die Ausbreitungskonstante der anregenden Welle bekannt, kann die Periodizität über das Brillouin-Diagramm so berechnet werden, dass der gewünschte Schwenkbereich mit der zur Verfügung stehenden Systembandbreite abgedeckt wird (Abb. 3.7). Diese Vorgehensweise führt zu sehr genauen Voraussagen des Abstrahlwinkels der Antenne mit Fehlern $< \pm 0,1°$, auch für komplexe Mehrlagenaufbauten.

Simulation der Antenne mit zylindrischem Hologramm

Die Periodizität wird auf $p = 2,61$ mm festgelegt, um eine Abstrahlrichtung von $\theta_0 = -5°$ bei 65 GHz zu erhalten und die Antenne ohne den Einfluss des Stopbands optimieren zu können, welches bei Abstrahlung in Richtung Broadside auftritt. Über die minimale Frequenz der zur Verfügung stehenden Systembandbreite ist damit der maximale Schwenkwinkel festgelegt.

Bei sinusförmiger Anregung nimmt die Feldstärke der Oberflächenwelle mit zunehmender Ausbreitung in z-Richtung ab. Ein Teil der Leistung geht durch die

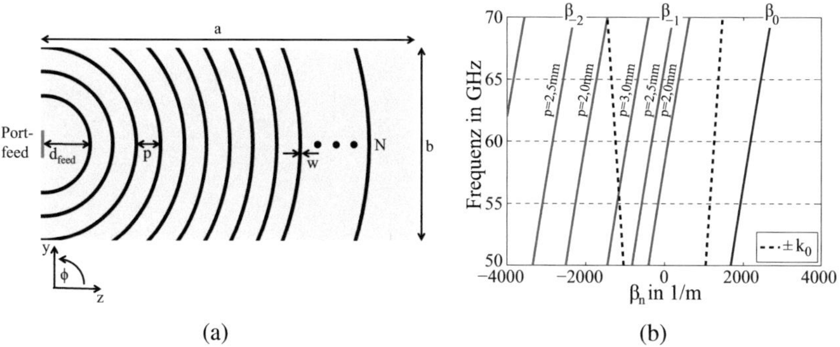

(a)   (b)

Abbildung 3.7.: (a) Simulationsmodell (b) Brillouin-Diagramm für die holografische Antenne mit TE_0-Oberflächenwelle auf Mehrlagensubstrat für unterschiedliche Periodizitäten p

dielektrischen Verluste im Substrat verloren, der größere Anteil wird jedoch von den einzelnen Elementen des Hologramms nach und nach abgestrahlt. Somit lässt sich feststellen, dass ab einer gewissen Anzahl an Einzelelementen der Antennengewinn nicht weiter gesteigert werden kann, da die Feldstärke der Referenzwelle an den hinteren Elementen so gering ist, dass diese nicht weiter zur Abstrahlung beitragen [CPR71]. Dies bedeutet, dass die Apertureffizienz ab einem gewissen Wert N absinkt (vgl. Abb. 3.8). Auch die Leiterbreite der Einzelelemente hat, durch die Veränderung der Leckrate, einen Einfluss auf den Antennengewinn. Wird die Leiterbreite jedoch zu groß gewählt, ist die Abstrahlung der vorderen Hologrammelemente stark dominant, sodass die effektive Aperturgröße verringert wird. Außerdem überwiegt der entstehende Phasenfehler durch die Ausdehnung des Kurzschlusses in Ausbreitungsrichtung. Für die Leiterbreite w ergibt sich daher ein Wert, der für eine optimale Abstrahlung nicht überschritten werden sollte. Nach Auswertung der Simulationsergebnisse in Abb. 3.8 wird eine Antennenkonfiguration mit den folgenden Werten gewählt: $p = 2{,}61$ mm, $N = 20$, $d_{feed} = 5$ mm und $w = 0{,}1$ mm. Damit ergibt sich eine Antennengröße von $a = 55{,}5$ mm und $b = 20$ mm. Die Wahl der Hologrammbreite b ist in diesem Fall abhängig von der Direktivität des Oberflächenwellenerzeugers [PTLI04] und wurde hier ebenfalls mit Hinblick auf die Optimierung der Apertureffizienz gewählt. Bei hoher Fokussierung der Energie durch den Feed innerhalb der Substratmitte kann die Hologramm- und damit auch die Substratbreite reduziert werden. Ein Abstand d_{feed} zwischen Hologramm und Speisung hat sich als notwendig erwiesen, um im Bereich des ersten Hologrammelements eine hohe Modenreinheit der Referenzwelle voraussetzen zu können. Die simulierte, frequenzschwenken-

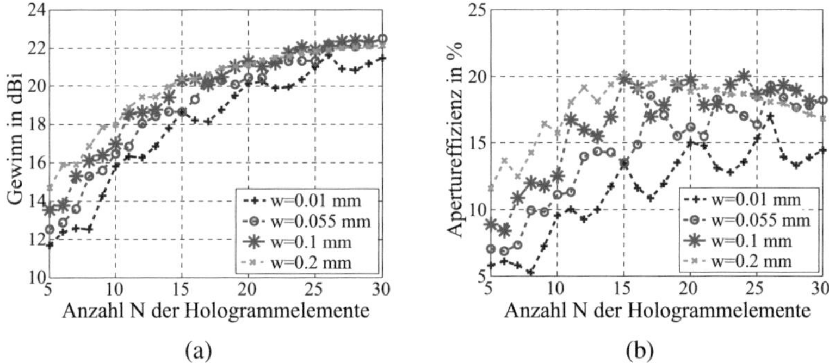

(a)   (b)

Abbildung 3.8.: (a) Entwicklung des Antennengewinns und (b) der Apertureffizienz bei Erhöhung der Streifenanzahl für verschiedene Leiterbreiten. Ergebnisse für $b = 20$ mm und $\theta_0 = -10°$

de Abstrahlung für diese Antennenkonfiguration ist in Abb. 3.9 dargestellt. Der Antennenaufbau mit einem Substrat ohne Massefläche erzeugt eine bidirektionale Abstrahlung innerhalb der xz-Ebene. Die abgestrahlte Leistung teilt sich wegen der beiden Substrate mit unterschiedlicher Permittivität nicht symmetrisch zur yz-Ebene auf. Die Hauptkeule, welche das hochpermittive Alumina durchdringt weist einen um bis zu 4,6 dB höheren Gewinn auf. Insgesamt hat die Antenne einen maximalen Gewinn von 21,6 dBi bei $\theta_0 = -12°$ innerhalb des Frequenzbereichs 55 GHz − 65 GHz. Das Stopband bei höheren Frequenzen verhindert eine gerichtete Abstrahlung senkrecht zum Substrat. Der Einfluss des Stopbands auf den Gewinn ist bereits bei $\theta_0 = -5°$ vorhanden und der Antennengewinn liegt um 2 dB unter dem Maximalwert bei $\theta_0 = -12°$. Unterhalb von 60 GHz wird die Antennenkeule wegen des großen Schwenkwinkels breiter und der Gewinn somit reduziert. Die Verwendung von 20 Hologrammelementen führt zu einer Antennenwirkfläche von 1110 mm². Die Apertureffizienz liegt damit bei 21,5 %. Diese Werte sind mit dem idealen Portfeed erreicht worden und sind somit die maximal zu erreichenden Werte für einen Aufbau mit praktisch herstellbaren Feeds. Die Verwendung des idealen Portfeeds lässt an dieser Stelle noch keine Aussage über die Antenneneffizienz oder einen realisierbaren Reflexionsfaktor zu, da beides stark vom verwendeten Feed abhängt. Eine Untersuchung der Antenneneffizienz folgt daher in Kapitel 3.3.3, in welchem herstellbare End-Fire Speiseantennen zur Anregung des Hologramms verwendet werden.

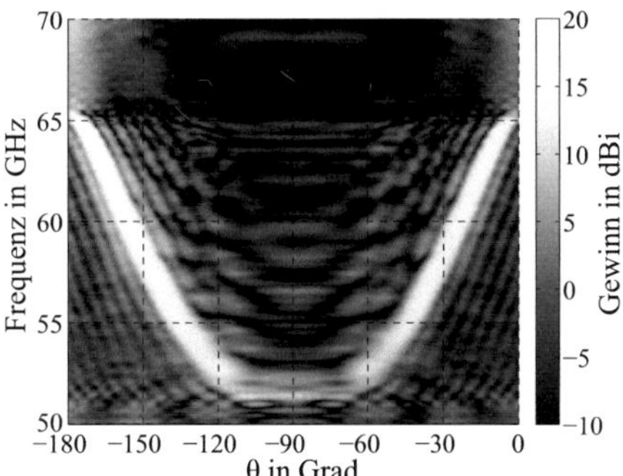

Abbildung 3.9.: Simulierter Antennengewinn der holografischen Antenne mit idealer TE_0-Anregung

Direktive Anregung zylindrischer Hologramme

Für die zylindrische Hologrammform nimmt die Direktivität eine besondere Rolle ein. In [TISP03] wird darauf eingegangen, dass die Direktivität des Feeds die Antenneneffizienz empfindlich beeinflussen kann, da ein gleichmäßiges Ausleuchten des Hologramms mit der vollständig eingespeisten Leistung notwendig ist, um die maximale Effizienz der Antenne zu erreichen. Eine hohe Feed-Direktivität führt dazu, dass die abgegebene Welle komplett mit dem Hologramm interagiert, anstatt zu den seitlichen Substratkanten zu laufen und dort ungewollte Abstrahlung zu erzeugen. Damit steigert eine hohe Direktivität neben der Effizienz auch den Gewinn der Antenne.

Bei Betrachtung des skizzierten Feldverlaufs nach Abb. 3.10 fällt außerdem auf, dass eine kleine Halbwertsbreite des Feeds ($\phi_{F,3dB}$) dazu führt, dass die Welle in +z-Richtung fokussiert wird und damit hauptsächlich E_y-Komponenten zur Abstrahlung beitragen. Die Feldstärke der in $\pm$y-Richtung laufenden E_z-Komponenten wird mit steigender Direktivität schwächer. Diese Feldkomponenten erzeugen beim Auftreffen auf das Hologramm zwei kreuzpolarisierte Nebenkeulen seitlich der Antennenhauptkeule [PFA08a]. Um somit eine hohe Polarisationsreinheit der Antenne zu erhalten, muss die Anregung der Oberflächenwelle, im Falle der zylindrischen Hologrammform, möglichst direktiv erfolgen.

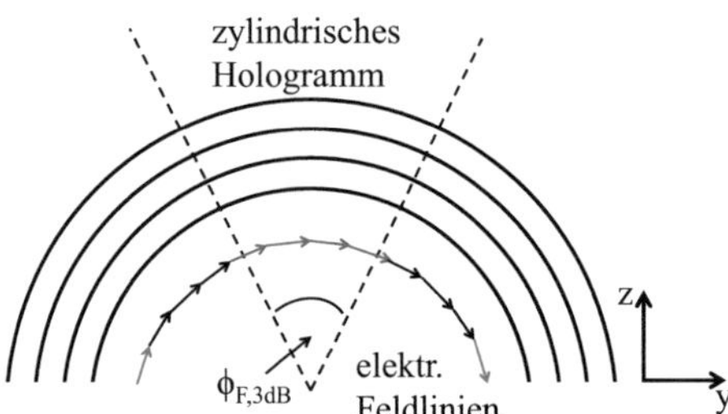

Abbildung 3.10.: Skizzierter Feldverlauf der elektrischen Feldlinien parallel zum Hologramm

3.3.2. Anbindung an Systeme mit unterschiedlichen Leitungsarten

Ein großer Vorteil der holografischen Antenne, insbesondere auf Substraten ohne Massefläche, ist die flexible Antennenanbindung an Systeme mit unterschiedlichen Leitungsarten. Möglich ist dies, da die ausgewählte Speiseantenne zur Anregung der Oberflächenwellen nur einen zweitrangigen Einfluss auf die Antennencharakteristik hat, da das Hologramm die eigentliche Antennenapertur bildet. Sind die vormals beschriebenen Voraussetzungen einer hohen Feed-Direktivität und eines kompletten Ausleuchtens des Hologramms erfüllt, kann die Speiseantenne auf die Ausgangskonfiguration des Sender- bzw. Empfänger-ICs angepasst werden, ohne die Antennencharakteristik der holografischen Antenne entscheidend zu verändern. Zusammengefasst sollte eine geeignete Speiseantenne folgende Kriterien möglichst gut erfüllen:

- Erzeugung der angestrebten Oberflächenmode mit möglichst hoher Modenreinheit

- geringe Antennenfehlanpassung

- hohe Direktivität parallel zur Substratebene in Richtung des Hologramms

- frequenzstabile Abstrahlcharakteristik

Für den Einsatz holografischer Antennen in Millimeterwellensystemen können jegliche planare End-Fire Antennen verwendet werden. Abb. 3.11 zeigt eine Übersicht über verschiedene Speiseantennenarten, welche im Laufe dieser Arbeit untersucht wurden. Die Antennen sind für den Mehrlagenprozess nach Kapitel 3.2 optimiert und auf dem RO4003$^{®}$ Substrat aufgetragen. Wegen der minimal herstellbaren Leiterbreite von etwa $100\,\mu\text{m}$, die mit dem verwendeten Ätzprozess noch zuverlässig erreicht werden kann, wird eine Leitungsimpedanz von $Z_0 = 80\,\Omega$ für die verschiedenen Feeds verwendet. Die simulierten und gemessenen S-Parameter sind ebenfalls auf diese Leitungsimpedanz normiert. Die Anregung der TE_0-Oberflächenmode erfolgt im anschließenden RO4003$^{®}$-Alumina Mehrlagensubstrat.

Yagi-Uda Feed

Planare Dipole oder Faltdipole sind die am häufigsten verwendeten Feeds, welche zur Anregung von Oberflächenwellen verwendet werden. Die Erweiterung der Dipole um einen Reflektor und mindestens einen Direktor erhöht die Richtwirkung des Feeds, sodass eine effizientere Speisung des Hologramms möglich

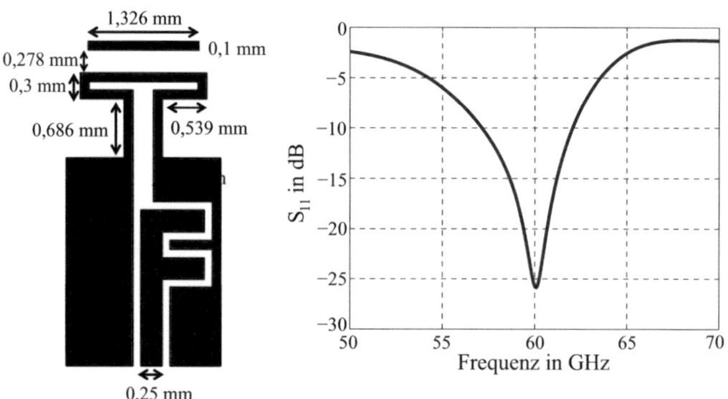

(a) Yagi-Uda-Speiseantenne mit Balun auf koplanaren Wellenleiter

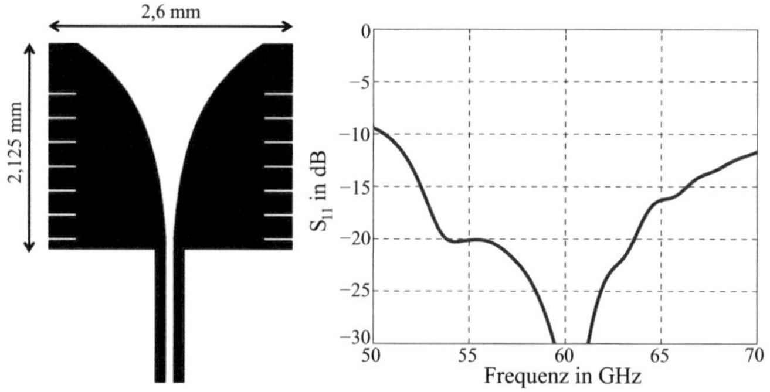

(b) Vivaldi-Speiseantenne mit Schlitzleitung

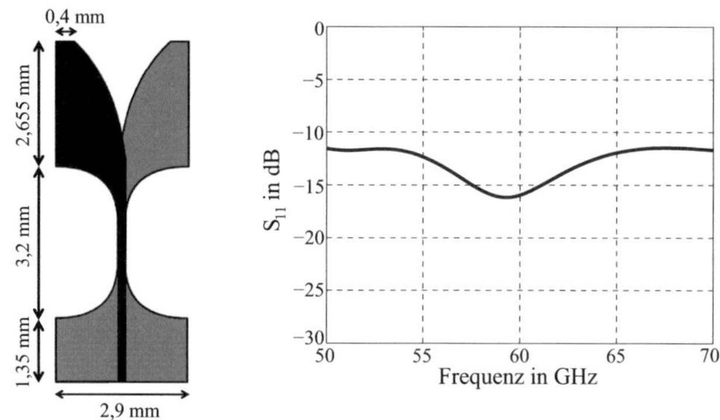

(c) Antipodale Vivaldi-Speiseantenne mit Mikrostreifenleitung

Abbildung 3.11.: Mögliche Speiseantennen mit unterschiedlichen Zuleitungen und zugehörigem, simuliertem Reflexionsfaktor normiert auf $Z_0 = 80\,\Omega$

wird. Die Längen und Abstände des induktiven Reflektors und kapazitiven Direktors können von den Richtwerten für Yagi-Uda-Antennen in Luft, beispielsweise aus [RK95], übernommen werden, sofern die verwendete Wellenlänge auf die anzuregende Mode angepasst wird. Eine Feinoptimierung der Parameter zur Erstellung des Feeds in Abb. 3.11(a) wurde anschließend in CST durchgeführt. Der Reflektor wurde direkt in einen Balun integriert, welcher die Schlitzleitung zu einem koplanaren Wellenleiter transformiert [MQI99]. Damit eignet sich die Antenne für eine Verbindung mit single-ended ICs und ermöglicht direkt die Verbindung zu messspitzen-basierten Messsystemen.

Da die Yagi-Uda-Antenne auf der Verwendung von $\frac{\lambda}{2}$-Strahlern basiert, wird sie eher in schmalbandigen Systemen verwendet. Die simulierten S-Parameter zeigen eine Anpassung mit 7,5 % Bandbreite bei ungestörter Ausbreitung in einem unendlich ausgedehnten Mehrlagensubstrat.

Vivaldi-Feed

Vivaldi-Antennen, wie in Abb. 3.11(b) dargestellt, gehören zur Gruppe der Schlitzstrahler und finden wegen der breitbandigen Anpassung und frequenzstabilen Abstrahlung hauptsächlich Verwendung in der **Ultra-Wideb**and-Technik (UWB) [PZW11], [AZW08]. Die Form und Länge der Aufweitung von Schlitzantennen ist Thema zahlreicher Veröffentlichungen [FL91], [YKK$^+$89]. Für diese Arbeit wurde eine exponentielle Taperung gewählt, welche zu einer breitbandigen Anpassung und einer hohen Direktivität führt. Durch die stark ausgeprägte E_y-Komponente des elektrischen Feldes zwischen den beiden Flanken hat sich diese Antenne als sehr guter Feed zur Anregung der TE_0-Mode erwiesen. Die verwendeten Korrugationen führen dazu, dass die Antennenfehlanpassung bei der Mittenfrequenz 60 GHz nochmals stark verbessert werden kann, indem die an den Außenseiten der Flanken rücklaufenden Ströme reduziert werden. Es zeigt sich ein simulierter Reflexionsfaktor von $S_{11} < -15$ dB innerhalb der kompletten Systembandbreite.

Ein Nachteil ist die frequenzabhängige Änderung des Phasenzentrums, welche es nicht erlaubt, die Antenne über ein großes Frequenzband im Mittelpunkt der zylindrischen Hologrammelemente zu positionieren. Ein solcher Fehler in der Feed-Positionierung senkt die Effizienz der holografischen Antenne.

Wegen der speisenden Schlitzleitung eignet sich diese Antennenform besonders zur Verwendung mit ICs mit differentiellem Ausgang. Sollen single-ended ICs oder Messspitzen zur Speisung verwendet werden, ist eine Kombination mit dem Balun, welcher für den Yagi-Uda-Feed verwendet wurde, ebenfalls möglich, verringert jedoch wiederum die Bandbreite.

Antipodaler Vivaldi-Feed

Bei einer antipodalen Ausführung der Vivaldi-Antenne werden die beiden Antennenflanken auf Vorder- und Rückseitenmetallisierung des Antennensubstrats verteilt (vgl. Abb. 3.11(c)) [HKT08], [BSP11]. Dies hat den Vorteil, dass diese Antenne direkt über eine Mikrostreifenleitung gespeist werden kann, wie sie häufig in Millimeterwellensystemen verwendet wird. Da keine Leitungstransformation notwendig ist, kann der Feed eine sehr hohe Bandbreite aufweisen. Die Auswirkung von Taperform und Länge auf die Antennenperformanz entspricht der planaren Vivaldi-Antenne. Zusätzlich muss der Übergang von der speisenden Mikrostreifenleitung auf die Schlitzleitung zwischen den beiden Flanken mit Fokus auf eine breitbandige Anpassung optimiert werden. Die Korrugationen haben sich in diesem Fall als problematisch erwiesen, da sie aufgrund ihrer Länge bereits mit dem Feld zwischen den beiden Flanken interagieren. Aus diesem Grund wurde für dieses Design auf die Verwendung von Korrugationen verzichtet. Dennoch zeigen die Simulationsergebnisse, dass eine Anpassung von $S_{11} < -10\,\mathrm{dB}$ für die komplette Bandbreite erzielt werden konnte.

Vergleich der vorgestellten planaren Feeds

In Abb. 3.12 ist die simulierte elektrische Feldstärke der $\mathrm{TE_0}$-Oberflächenwelle im Querschnitt zur Ausbreitungsrichtung in einem Abstand von 10 mm zum Oberflächenwellenerzeuger dargestellt. Die dargestellten Kurvenverläufe zeigen, dass bei der Mittenfrequenz $f_c = 60\,\mathrm{GHz}$ die Direktivität der Yagi-Uda-Antenne sehr hoch ist, jedoch zu den beiden Frequenzbandgrenzen abnimmt. Die Keulenbreite der antipodalen Vivaldi-Antenne ist im Vergleich dazu stabil über das komplette Frequenzband, sodass eine geringere Gewinnvariation der holografischen Antenne bei Verwendung dieser Speisung angenommen werden kann.
Aus diesem Grund, und wegen der Verwendung von single-ended ICs im Radar-Front-End, wird die antipodale Vivaldi-Antenne zur breitbandigen Anregung der $\mathrm{TE_0}$-Oberflächenmode bevorzugt eingesetzt.

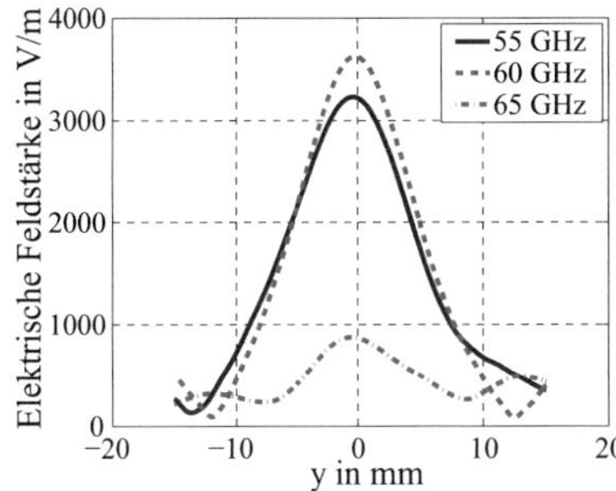

(a) Yagi-Uda-Speiseantenne mit Balun

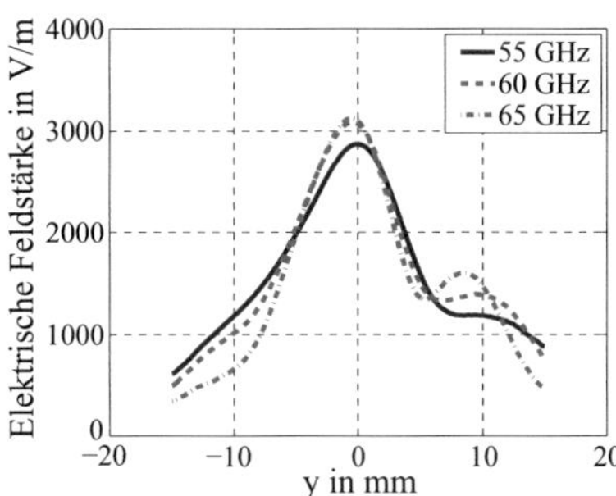

(b) Antipodale Vivaldi-Speiseantenne
mit Mikrostreifenleitung

Abbildung 3.12.: Elektrische Feldstärke auf der Substratoberfläche im Abstand 10 mm
von der Speiseantenne

3.3.3. Simulative und messtechnische Verifikation mit zwei unterschiedlichen Speiseantennen

Für die messtechnische Verfikation der bisherigen Ergebnisse werden zwei der in
Kapitel 3.3.2 vorgestellten Feeds zur Anregung der Oberflächenwelle verwendet.
Neben dem antipodalen Vivaldi-Feed wird die Antenne mit dem Yagi-Uda-Feed
aufgebaut, um den bandbreitenlimitierenden Effekt der Speisung zu demon-
strieren. Beide Feeds werden jeweils mit einer Leitung mit Leitungsimpedanz
von $Z_0 = 80\,\Omega$ gespeist. Die gemessenen S-Parameter werden daher in der
Nachbearbeitung der Daten ebenfalls auf diese Leitungsimpedanz normiert.
Anhand von Simulationen und messtechnischer Verifikation sollen die Erkenntnisse aus den vorherigen Kapiteln mithilfe der in Abb. 3.13 gezeigten
Prototypen belegt werden. Das Hologramm der Antennen ist dabei bei beiden Ausführungen identisch. Die antipodale Vivaldi-Antenne zur Erzeugung
der TE_0-Oberflächenwelle ist besonders zur Verwendung in Systemen mit
Mikrostreifentechnologie geeignet, wohingegen die Speisung mittels Quasi-
Yagi-Antenne mit Balun sehr einfach in Systeme mit koplanarer Streifenleitung
integriert werden kann.
Die S-Parameter unter Einfluss des angeregten Hologramms in Abb. 3.14(a) und
Abb. 3.14(b) zeigen wie erwartet eine breitbandigere Anpassung der Antenne
mit antipodaler Vivaldi-Speisung. Die Quasi-Yagi-Antenne zeigt zwar eine
schmalbandigere Anpassung, welche jedoch bei 60 GHz mit etwa $S_{11} = -25\,\text{dB}$
noch unterhalb der Fehlanpassung der antipodalen Vivaldi-Antenne liegt. Beim
direkten Vergleich mit den simulierten S-Parametern aus Abb. 3.11 zeigt sich

der Einfluss des Hologramms auf den Reflexionsfaktor. Durch die Impedanzänderung, die das Hologramm für die im dielektrischen Wellenleiter geführte
Welle bildet, wird ein Teil der Referenzwelle in Richtung der Speisung zurück
reflektiert. In Abhängigkeit vom Abstand d_{feed} können dabei wiederum stehende
Wellen zwischen Speisung und Hologramm entstehen. Der Einfluss ist sowohl
in der Simulation sowie in den Messungen klar ersichtlich, der Reflexionsfaktor
liegt jedoch zumindest bei der Speisung mit antipodalem Vivaldi-Feed innerhalb
der kompletten Systembandbreite unter $-10\,\mathrm{dB}$. Für den Quasi-Yagi-Feed stim-
men Messung und Simulation sehr gut überein. Die Übereinstimmung bei der
Antenne mit antipodalem Vivaldi-Feed ist geringer, dennoch konnte die Breitbandigkeit der Speisung und die Funktionalität der gesamten Antenne messtechnisch
verifiziert werden. Die Abweichungen zwischen Simulation und Messung des
Reflexionsfaktors können durch herstellungsspezifische Abweichungen in der
exponentiellen Taperform der Vivaldi-Antenne entstehen.

Die höhere Breitbandigkeit der Vivaldi-Speisung führt zu einem stabileren
Antennengewinn im gesamten Schwenkbereich der Antenne (vgl. Abb. 3.15(a)
und 3.15(b)). Wie in Abb. 3.16(a) zu sehen ist, schwankt der Antennengewinn im
Frequenzbereich von $55\,\mathrm{GHz}-64\,\mathrm{GHz}$ um $2{,}87\,\mathrm{dB}$ bei einem Maximalwert von
$20{,}75\,\mathrm{dBi}$ bei $61\,\mathrm{GHz}$. Bei $65\,\mathrm{GHz}$ und einer Hauptstrahrichtung von $\theta_0 = -5°$
liegt der Gewinn bereits nur noch bei $17{,}26\,\mathrm{dBi}$. Diese Reduzierung ist nicht
auf die Feed-Performanz, sondern auf den Einfluss des erreichten Stopbands
zurückzuführen. Der maximale Antennengewinn mit Quasi-Yagi-Speisung liegt
bei $21{,}62\,\mathrm{dB}$ bei $61\,\mathrm{GHz}$, zeigt im Frequenzband jedoch eine höhere Schwankung
von $4{,}9\,\mathrm{dB}$ und unter Einfluss des Stopbands wird bei $\theta_0 = -5°$ nur noch ein
Antennengewinn von $11{,}04\,\mathrm{dBi}$ erreicht. Die simulierten Effizienzwerte bei der
Mittenfrequenz $60\,\mathrm{GHz}$ liegen bei $84{,}89\,\%$ für die Antenne mit Vivaldi-Speisung
und $88{,}12\,\%$ für die Antenne mit Quasi-Yagi-Speisung.

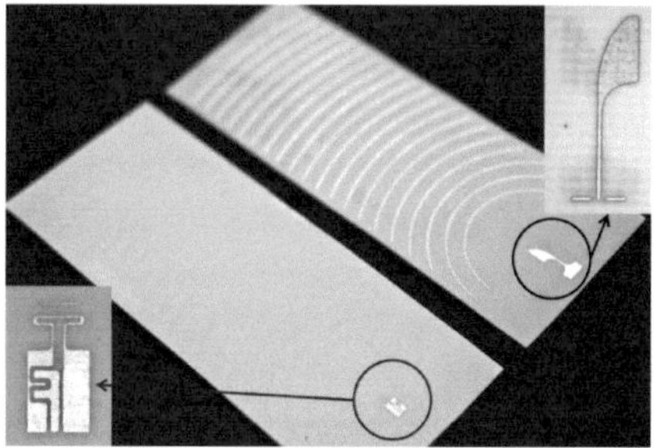

Abbildung 3.13.: Foto der vermessenen holografischen Antennen mit Quasi-Yagi- bzw. antipodaler Vivaldi-Speisung

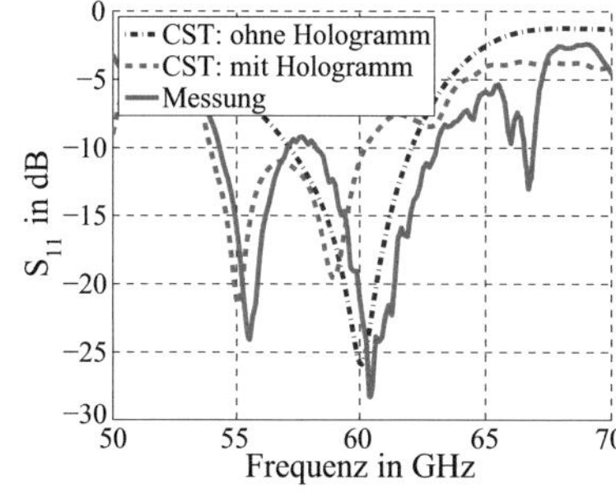

(a) S_{11} mit Quasi-Yagi-Speisung, $Z_0 = 80\,\Omega$

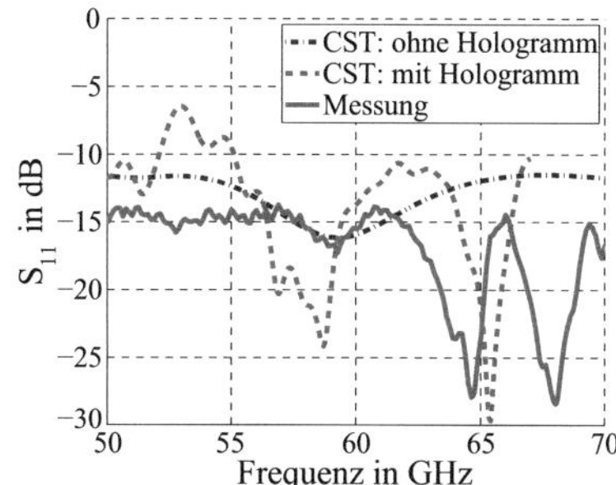

(b) S_{11} mit antipodaler Vivaldi-Speisung, $Z_0 = 80\,\Omega$

Abbildung 3.14.: Gegenüberstellung der Reflexionsfaktoren der holografischen Antennen mit Quasi-Yagi-Speisung bzw. antipodaler Vivaldi-Speisung

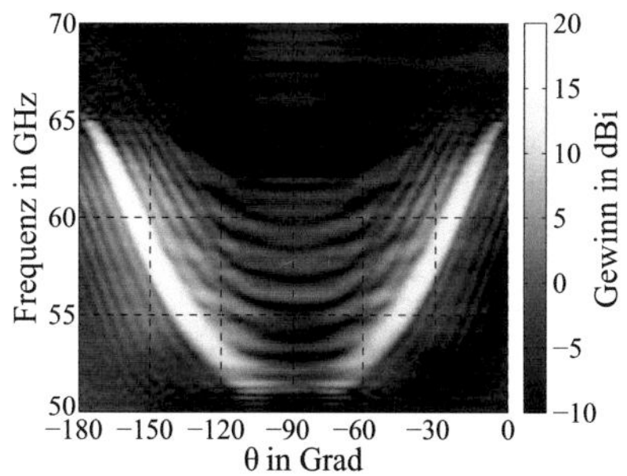

(a) Simulierter Antennengewinn mit Quasi-Yagi-Speisung

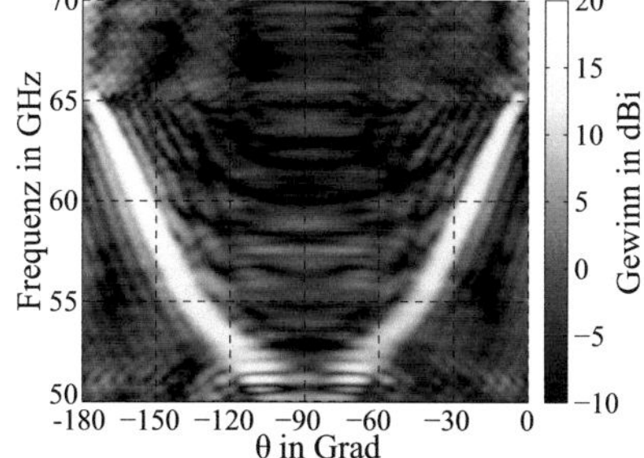

(b) Simulierter Antennengewinn mit antipodaler Vivaldi-Speisung

Abbildung 3.15.: Gegenüberstellung des Antennengewinns der holografischen Antennen mit Quasi-Yagi-Speisung bzw. antipodaler Vivaldi-Speisung

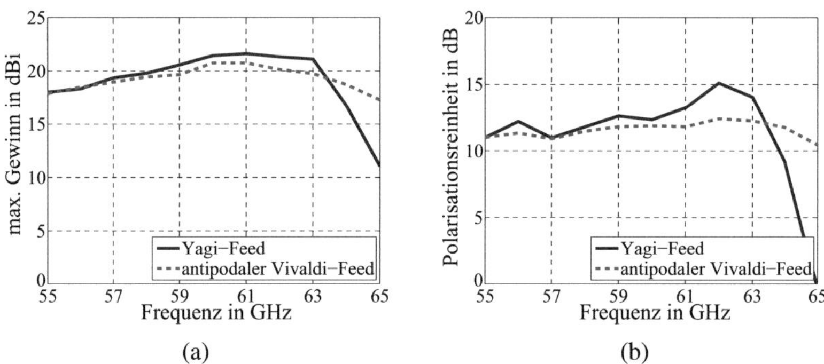

Abbildung 3.16.: (a) Simulierter maximaler Antennengewinn und (b) Polarisationsreinheit
der beiden Antennen aus simulierter 3D-Richtcharakteristik

Da der messbare Winkelbereich aufgrund des verwendeten Messaufbaus nach Anhang E eingeschränkt ist, zeigen die Polarplots in Abb. 3.17(a) und 3.17(b) Stich-
proben der Richtcharakteristiken bei 60 GHz und 63 GHz für die beiden Antennenkonfigurationen. Die höhere Keulenstabilität der Vivaldi-Speisung ist auch in
der Messung erkennbar. Weiterhin zeigen die Messungen im Allgemeinen einen
leicht geringeren Antennengewinn als die Simulation. Die Abweichung liegt bei
maximal 1,7 dB und kann auf erhöhte dielektrische Verluste der Substratmaterialien und Herstellungstoleranzen im Ätzprozess oder der Aufbautechnik zurückgeführt werden. Auch die Abweichung des Hauptstrahlwinkels zwischen Mes-

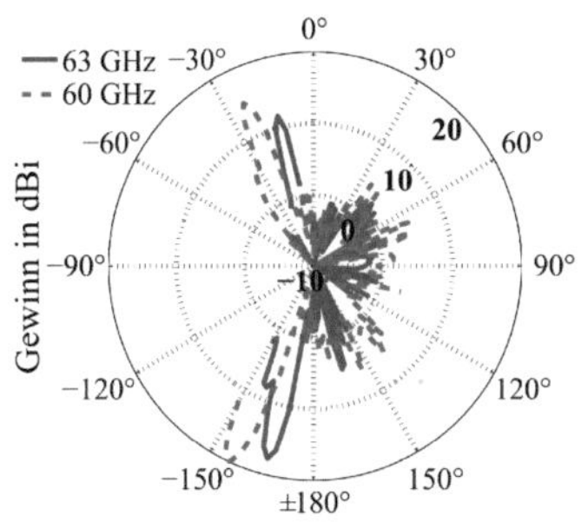

(a) Gemessene Co.-Pol. mit Quasi-
Yagi-Speisung

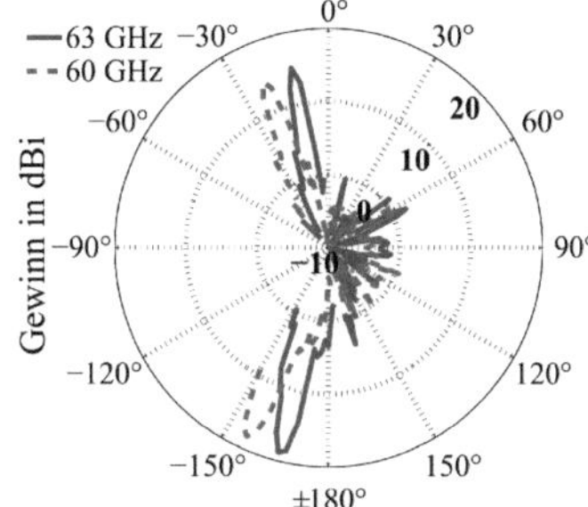

(b) Gemessene Co.-Pol. mit antipodaler Vivaldi-Speisung

Abbildung 3.17.: Messtechnische Verifikation der Richtcharakteristiken der beiden holografischen Antennen mit Quasi-Yagi-Speisung bzw. antipodaler Vivaldi-
Speisung

sung und Simulation liegt unterhalb der für die Messung genutzten Winkelauflösung von 2°. Insgesamt konnte die simulierte Antennenperformanz somit sehr gut messtechnisch verifiziert werden.

Die Polarisationsreinheit kann für diese Antenne mit dem verwendeten Messsystem nicht erfasst werden, da sich gezeigt hat, dass sich durch die Verringerung der Feed-Direktivität zwei Nebenkeulen mit senkrechter Polarisation neben der Hauptkeule entwickeln [PFA08a] (vgl. Kapitel 3.3.1). Diese entstehen somit nicht innerhalb der gemessenen xz-Ebene und werden bei der Messung dieser Ebene nicht erfasst. Daher muss an dieser Stelle wieder auf Simulationsergebnisse zurückgegriffen werden, um kreuzpolarisierte Abstrahlung innerhalb der kompletten 3D-Richtcharakteristik erfassen zu können. Für die beiden vorgestellten Feeds ergibt sich der Frequenzgang für die simulierte Polarisationsreinheit nach Abb. 3.16(b). Die Polarisationsreinheit wird über das Verhältnis der maximalen Gewinnwerte aus der 3D-Richtcharakteristik für Ko- und Kreuzpolarisation gebildet. Es ist ein Zusammenhang zwischen der Feed-Direktivität und der Polarisationsreinheit im Kurvenverlauf ersichtlich. Bis 63 GHz liegt die Direktivität des Yagi-Feeds über der des Vivaldi-Feeds und es entsteht daher eine höhere Polarisationsreinheit. Dies ändert sich für den weiteren Frequenzbereich, da die Direktivität des Yagi-Feeds stark abnimmt, wohingegen die des Vivaldi-Feeds annähernd konstant bleibt. Für den verwendeten Frequenz- und Winkelbereich liegt die minimale Polarisationsreinheit mit antipodalem Vivaldi-Feed bei 10,11 dB.

3.3.4. Verwendung von Reflektoren zur Erzeugung von Unidirektivität

Das vorgestellte Antennenkonzept mit dielektrischem Wellenleiter ohne Massefläche weist die für Radaranwendungen nachteilige Eigenschaft einer bidirektionalen Richtcharakteristik auf. Um eine Fehlfunktion des Radars zu vermeiden, besteht die Möglichkeit die Rückstrahlung der Antenne zu absorbieren. Um die Effizienz jedoch nicht weiter zu verringern, werden in diesem Kapitel Möglichkeiten aufgezeigt, die rückgestrahlte Energie zu reflektieren und eine konstruktive Überlagerung mit der vorwärts gerichteten Strahlung zu erzeugen.

Metallische Reflektoren haben den Nachteil, dass sie aufgrund des Reflexionsfaktors von $\Gamma = -1$, im Abstand einer viertel Wellenlänge zum Phasenzentrum positioniert werden müssen, um eine konstruktive Überlagerung zu erzeugen. Dies macht den Aufbau solch eines Moduls mit integriertem metallischem Reflektor, besonders bei hohen Frequenzen, wegen des einzuhaltenden Abstands kompliziert. Außerdem ist die Bandbreite eines solchen Konzepts wegen der $\lambda/4$-Transformation eingeschränkt.

Eine weitere Möglichkeit wird in [IMUU75] vorgestellt. Die sogenannte „Volume-Type" holografische Antenne verwendet zwei sich gegenüberliegende Hologramme auf zwei getrennten Substraten, welche in einer Weise angeordnet werden, dass sich die Vorwärtsstrahlung beider Aperturen konstruktiv überlagert und gleichzeitig eine destruktive Überlagerung der Rückstrahlung eintritt. Dieses Prinzip führt zu einem Verhältnis zwischen Vorwärts- und Rückstrahlung von 20 dB, zeigt aber wegen des ebenfalls erforderlichen $\lambda/4$-Abstands zwischen den beiden Substraten die gleiche Problematik in der Aufbautechnik auf, wie die metallischen Reflektoren. Zusätzlich ist die gleichzeitige Speisung beider Hologramme mittels planarer Feeds schwierig zu realisieren.

Sogenannte magnetische Reflektoren zeigen im Gegensatz zum metallischen Reflektor keine Phasenverschiebung der reflektierten Welle und sind theoretisch direkt unterhalb der Antenne anzubringen. Dies erlaubt die Herstellung von unidirektionalen holografischen Antennen mit standardisierten Mehrlagen-Technologien. Im Gegensatz zu den metallischen Reflektoren sind magnetische Reflektoren ein Konstrukt aus periodisch angeordneten Resonatoren, da ideale magnetische Reflektoren in der Natur nicht existieren. In der Literatur sind solche Materialien, deren elektrische Eigenschaften über die Strukturierung der Oberfläche verändert werden, häufig unter dem Begriff Metamaterial zu finden. Strukturen, welche die hier angestrebten Eigenschaften zeigen, sind unter dem englischen Begriff „Artificial Magnetic Conductor (AMC)" bekannt [IS05], [KCA12]. Wegen der eingeschränkten Bandbreite der einzelnen Resonatoren sind die gewünschten Eigenschaften des Reflektors (hier: $\Gamma = +1$) ebenfalls bandbreitenbeschränkt. Wegen der großen Vorteile der magnetischen Reflektoren in der Aufbautechnik, welche auch den Einsatz bei sehr hohen Frequenzen ermöglichen, wird in diesem Kapitel die Eignung von AMCs zur Kombination mit holografischen Antennen untersucht. Eine solche Kombination ist bisher nicht bekannt. Die AMC-Struktur muss so konfiguriert werden, dass eine Störung der sich ausbreitenden Oberflächenwelle so gering wie möglich gehalten wird und das Hinzufügen des Reflektors eine Verbesserung der Antennenperformanz ermöglicht. Dazu wird die Mehrlagenstruktur mit Hinblick auf die Beeinflussung der Feldlinien der TE_0-Mode durch die AMC-Struktur modifiziert.

Als Referenz werden im Folgenden ideale magnetische Reflektoren in CST mit den holografischen Antennen kombiniert, bevor der Designprozess vorgestellt und die Auswirkungen des AMCs auf die Antennenperformanz gezeigt werden.

Ideale magnetische Reflektoren

Ideale magnetische Reflektoren können wegen des Reflexionsfaktors von $\Gamma = +1$ direkt unterhalb des Phasenzentrums der Antenne angebracht werden, um die gewünschte konstruktive Überlagerung der reflektierten Rückstrahlung mit der Vorwärtsstrahlung zu erhalten. Ideale magnetische Reflektoren existieren zwar nicht in der Realität, können jedoch in CST als Randbedingung eingesetzt werden. Der Verlauf der elektrischen Feldlinien der TE_0-Oberflächenwelle wird durch die magnetische Grenzfläche unterhalb des Substrats nicht beeinflusst, da alle elektrischen Feldanteile parallel dazu liegen. Jedoch wirkt die magnetische Grenzfläche wie eine Symmetrieebene und damit ergibt sich eine effektive Verdopplung der Substratdicke bei homogenem Lagenaufbau. Es muss daher eine Anpassung der Periodizität des Hologramms vorgenommen werden, um für beide Fälle die identischen Abstrahlwinkel zu erhalten. Für ein homogenes Aluminasubstrat ($\varepsilon_r = 9{,}9$) mit einer Dicke $d = 0{,}254\,\mathrm{mm}$ ergeben sich die Designparameter nach Tabelle 3.1. Durch die Änderung der Wellenzahl β_{ref} wird die Periodizität des Hologramms von 2,8 mm auf 2,05 mm angepasst, um den gewünschten Abstrahlwinkel von $\theta_0 = -5°$ bei 65 GHz zu erhalten. Es zeigt sich, dass durch den magnetischen Reflektor mit der gleichen verfügbaren Systembandbreite ein größerer Winkelbereich für θ_0 eingestellt werden kann, was wiederum durch die effektiv größere Substratdicke zu erklären ist.

Der Vergleich der Gewinnkurven in Abb 3.18 für die Antennen mit und ohne magnetischem Reflektor zeigen, dass über das komplette Band eine Steigerung des Antennengewinns erzielt wird. Da die Antenne ohne magnetischen Reflektor bereits nicht symmetrisch abstrahlt, sondern eine stärkere Hauptkeule in Richtung des Antennensubstrats aufweist, liegt die Steigerung des Antennengewinns im Allgemeinen unter 3 dB. Es ist zu erkennen, dass die unsymmetrische Verteilung der abgestrahlten Leistung auf die beiden Hauptkeulen im Fall ohne Reflektor zu kleineren Winkeln hin zunimmt. Da der Gewinnunterschied der beiden Hauptkeulen bei $\theta_0 = -5°$ bereits 5,4 dB beträgt, nimmt der Einfluss des Reflektors auf den Antennengewinn ab. Dennoch entsteht der Vorteil, dass ein idealer magnetischer Reflektor die Rückstrahlung der Antenne vollständig unterdrückt. Im Folgenden wird eine Konfiguration zur Verwendung des AMCs erarbeitet, die diesen Einfluss des idealen magnetischen Reflektors möglichst gut nachbildet.

Artificial Magnetic Conductor (AMC)

Design und Aufbau In der Literatur können unterschiedliche Arten der sogenannten „Artificial Magnetic Conductors" (AMC) gefunden werden. Die als erstes veröffentlichte und auch bekannteste Struktur ist die von Sievenpiper erfundene „Mushroom"-Struktur [SZB$^+$99], [SBY99], [SZY99]. Über die Jahre wurde diese mehrfach modifiziert, um beispielsweise auf Durchkontaktierungen verzichten zu können [ZvHY$^+$03] oder einen breitbandigeren Funktionsbereich zu erhalten [DCALH11]. All diese Modifikationen sowie die Originalstruktur basieren

Nr.	p	Reflektor	β_0 bei 60 GHz	Schwenkbereich
1	2,8 mm	ohne	1984 1/m	$-40° < \theta_0 < -5°$ ($55\,\text{GHz} < f < 65\,\text{GHz}$)
2	2,8 mm	ideal magnetisch	2524 1/m	$0° < \theta_0 < +18°$ ($55\,\text{GHz} < f < 65\,\text{GHz}$)
3	2,05 mm	ideal magnetisch	2524 1/m	$-60° < \theta_0 < -5°$ ($58\,\text{GHz} < f < 65\,\text{GHz}$)

Tabelle 3.1.: Vergleichstabelle zwischen Antennen mit TE_0-Referenzwelle mit und ohne ideale magnetische Reflektoren

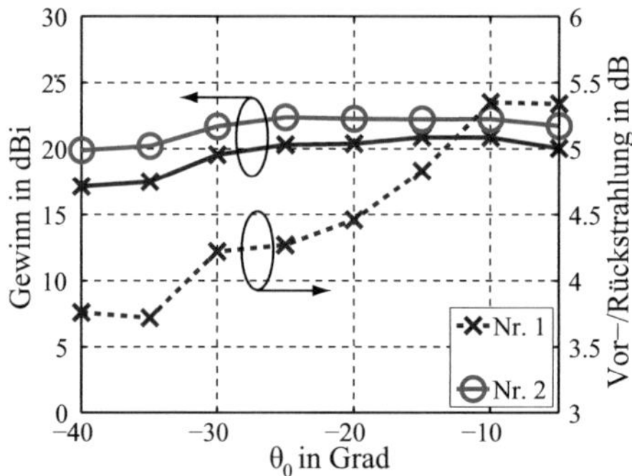

Abbildung 3.18.: Simulierte Gewinnkurven für die holografischen Antennen nach Tabelle 3.1 und das Verhältnis der beiden Hauptkeulen der Antenne ohne Reflektor zueinander

auf dem Effekt, dass periodisch angeordnete, resonante Einzelzellen bei angeregter Resonanz hochohmig wirken und damit einen Reflexionsfaktor von $\Gamma = +1$ aufweisen.

Die Theorie wurde bereits mehrfach über Feldsimulationen und Ersatzschaltbilder in Artikeln und Büchern erläutert. Um ein detailliertes Verständnis zu erhalten, sei an dieser Stelle auf diese Literatur verwiesen. Außerdem kann eine kurze Beschreibung des Funktionsprinzips in Anhang B nachgeschlagen werden. In dieser Arbeit wurde die sogenannte „Zhang"-Struktur ausgewählt, da diese ohne Durchkontaktierungen auskommt und damit auch für den Einsatz bei hohen Frequenzen einfach herzustellen ist. Wie in Abb. 3.19 dargestellt, besteht die Zhang-Struktur aus periodisch angeordneten, quadratischen Patch-Elementen auf einem Substrat mit durchgezogener Metallisierung auf der Substratunterseite. Vergleiche der Strukturen mit und ohne Durchkontaktierungen haben gezeigt, dass sich die

Durchkontaktierungen je nach Polarisation der ebenen Welle bei nicht senkrechter Abstrahlung negativ auf den Reflexionsfaktor auswirken können [LCY$^+$08]. Dies ist dann der Fall, wenn der E-Feld-Vektor durch die Kippung der ebenen Welle parallel zur metallischen Durchkontaktierung liegt. Für die hier untersuchte holografische Antenne mit TE_0-Oberflächenmode gilt dies nicht.

Die Optimierung des Reflektors erfolgt über zwei Simulationsprozesse. Im ersten Schritt wird das Simulationsszenario nach Abb. 3.19 in CST verwendet, um den Reflexionsfaktor der Oberfläche passend zur Antenne zu optimieren. Die Simulation beinhaltet eine Einzelzelle der Zhang-Struktur bestehend aus einem Rogers-Substrat, dem Patch-Element auf der Oberseite und der vollständigen Metallisierung der Unterseite. Eine weitere Lage RO4003$^®$ wird oberhalb des AMC angebracht. Diese verhindert die Unterdrückung der TE_0-Referenzwelle, wie im folgenden Verlauf dieses Kapitels gezeigt wird. Oberhalb dieser zweiten Rogers-Lage wird später das Hologramm der fertigen Antenne positioniert werden, weshalb diese Position als Referenzebene für die simulierten S-Parameter gewählt wird. Ein Waveguide-Port wird zur Anregung der Struktur verwendet. Um eine TEM-Welle mit der gewünschten Polarisation zu erhalten, werden die Randbedingungen der Simulation so angeordnet, wie in Abb. 3.19 dargestellt. Für die Werte $w_{Patch} = 0,7\,\text{mm}$ und $s = 0,125\,\text{mm}$ ergibt sich ein Reflektor mit dem simulierten Phasengang der Reflexion nach Abb. 3.20. Es ist zu erwarten, dass der Reflektor bei 60 GHz den gewünschten Reflexionsfaktor von $\Gamma = +1$ aufweist. Innerhalb des grün hinterlegten Frequenzbereichs wird sich der Reflektor steigernd bzw. neutral auf den Antennengewinn auswirken. Erst bei einer Phase größer $\pm 90°$ beginnt der Antennengewinn aufgrund der Wellenüberlagerung zu sinken. Dies tritt nach diesem Simulationsergebnis jedoch erst in Frequenzbereichen außerhalb der Systembandbreite auf.

Auch wenn die Struktur nach diesem Ergebnis makroskopisch wie eine hochohmige Oberfläche wirkt, besteht sie im einzelnen aus metallischen Elementen, die einen direkten Einfluss auf die Feldlinien der transmittierenden Oberflächenwelle ausüben können. Daher folgt im zweiten Designschritt eine Untersuchung der Beeinflussung des AMCs auf die Ausbreitung der TE_0-Mode. Wie Abb. 3.21 zeigt, wird die Oberflächenwelle innerhalb des Mehrlagensubstrats, bestehend aus Alumina und RO4003$^®$, angeregt, welches aus den vorherigen Kapiteln bekannt ist. Nach 5,5 mm ungestörter Ausbreitung in z-Richtung trifft die Welle auf den AMC unterhalb der zweiten Rogers-Lage. Wie der elektrische Feldverlauf der E_y-Komponente zeigt, bewegt sich der größte Feldanteil der Oberflächenwelle im hochpermittiven Alumina. Die zusätzlich hinzugefügte Rogers-Lage zwischen Antennensubstrat und AMC führt dazu, dass die Welle, trotz der zu den metallischen Patches parallel verlaufenden elektrischen Feldkomponenten, innerhalb der Alumina-Lage nur gering beeinflusst wird und zum Ende der Anordnung transmittiert. Es zeigt sich weiterhin eine hohe Modenreinheit der $\mathrm{TE_0}$-Oberflächenwelle. Dies ist daran zu erkennen, dass fast die gesamte elektrische Feldstärke in der E_y-Komponente beinhaltet ist. Vernachlässigbar geringe Anteile einer E_z-Komponente sind nur an der untersten Metalllage erkennbar. Die S-Parameter für das untersuchte Frequenzband sind in Abb. 3.22 dargestellt. Die Verluste gegenüber der Transmission ohne AMC sind um bis zu 3 dB erhöht und der Reflexionsfaktor steigt an, liegt jedoch weiterhin im kompletten Band unterhalb -10 dB. Wegen der Veränderung der Wellenimpedanz am Übergang zur Transmission oberhalb des AMC entstehen Mehrfachreflexionen, wie am periodischen Verlauf von S_{11} zu erkennen ist.

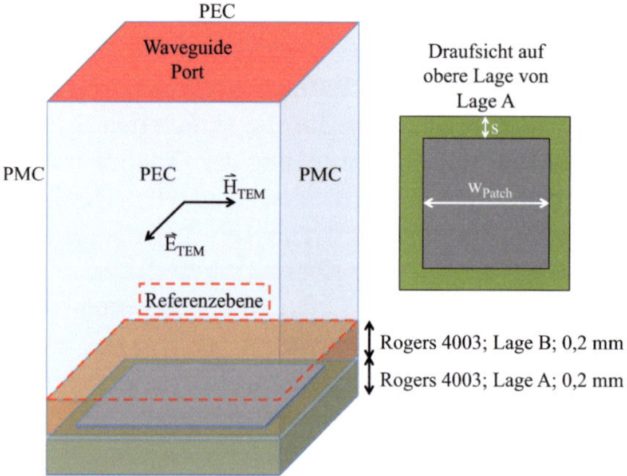

Abbildung 3.19.: Simulationsszenario in CST zur Entwicklung des AMC

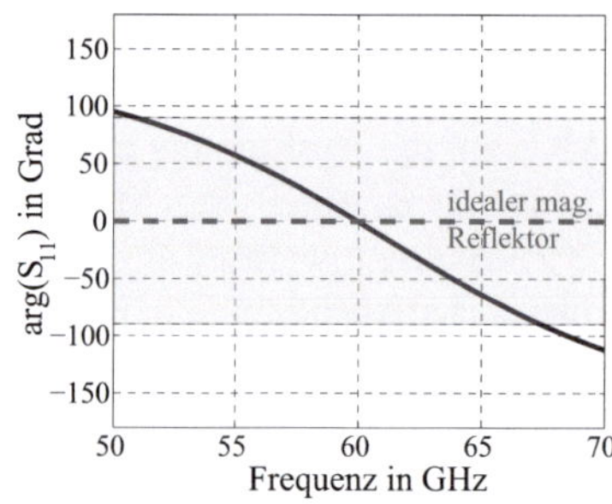

Abbildung 3.20.: Simulierter Phasengang der Reflexion des AMC (w_{Patch}=0,7 mm und $s =$ 0,125 mm)

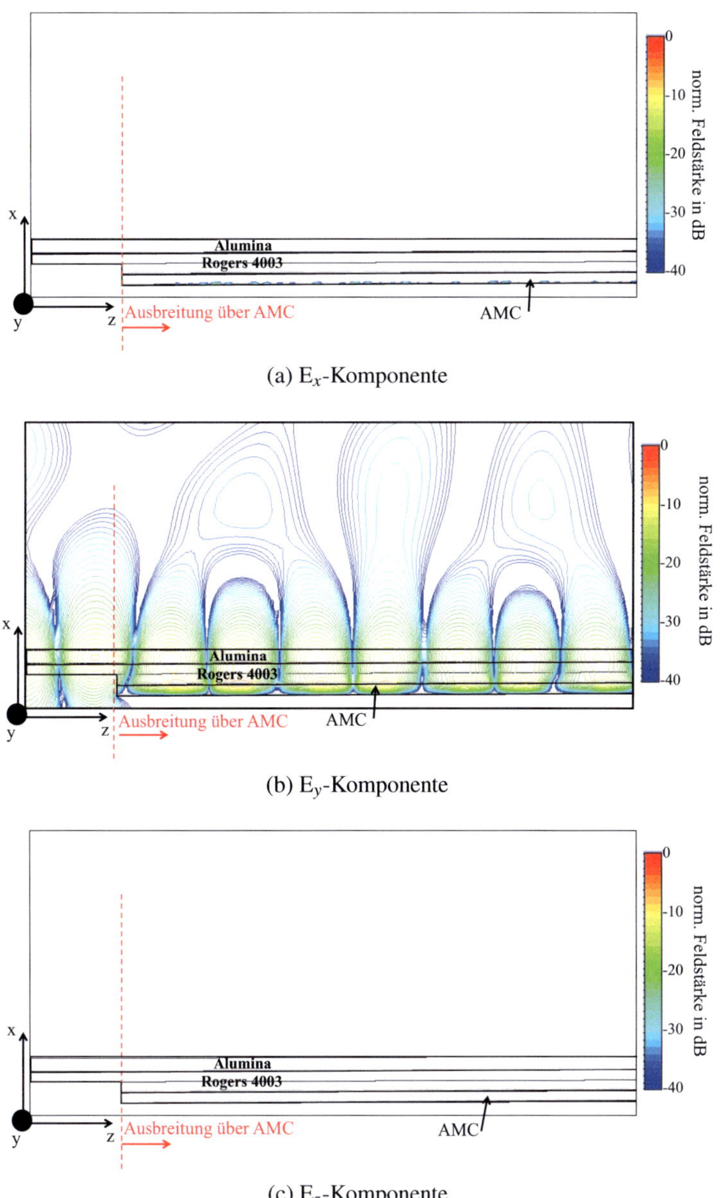

(a) E_x-Komponente

(b) E_y-Komponente

(c) E_z-Komponente

Abbildung 3.21.: Simulierter Einfluss des hinzugefügten AMC auf die Einzelkomponenten des elektrischen Feldes der sich ausbreitenden TE_0-Welle

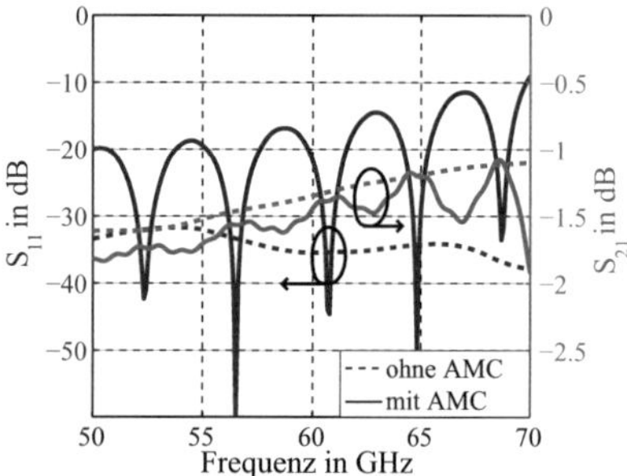

Abbildung 3.22.: Simulierte S-Parameter der Transmission mit AMC nach Abb 3.21 mit $w_{Patch} = 0{,}7$ mm und $s = 0{,}125$ mm

Beeinflussung der Richtcharakteristik   Wie die Simulationskurven in Abb. 3.23 und Abb. 3.24 zeigen, werden die beiden Ziele, einerseits den Antennengewinn zu erhöhen und andererseits die Rückstrahlung der Antenne zu verringern, durch den Einsatz des AMCs erreicht. Um 60 GHz liegt der erreichte Antennengewinn mit AMC nur leicht unter dem berechneten idealen Wert. Der ideale Wert ergibt sich durch die ideale phasengleiche Überlagerung der beiden Hauptkeulen. Im Bereich $f < 58$ GHz werden die idealen Werte deutlich unterschritten. Neben der eingeschränkten Bandbreite des AMCs ist die Veränderung des Abstrahlwinkels θ_0 für diesen Effekt verantwortlich (vgl. Abb. 3.23(b)). Es zeigt sich, dass sich die Hauptstrahlrichtung schneller über der Frequenz ändert. Dies entspricht einer Erhöhung des Schwenkbereich-Bandbreiten-Verhältnisses. Da der Antennengewinn zu negativen Werten für θ_0 abnimmt, tritt auch dieser Effekt für die Struktur mit AMC bereits bei höheren Frequenzen auf.

Sehr positiv wirkt sich die Verwendung eines AMCs auf das Verhältnis der beiden Hauptkeulen zueinander aus. Durch die durchgezogene Metallisierung auf der untersten Substratlage wird die zweite Hauptkeule nahezu vollständig unterdrückt. Da das Substrat in der yz-Ebene nicht unendlich ausgedehnt ist, bildet sich jedoch weiterhin eine Abstrahlung unterhalb der Massefläche. Abb. 3.24 zeigt das Verhältnis der beiden Hauptkeulen zueinander für die Antenne ohne AMC als auch das Verhältnis der Hauptkeule zur stärksten nach unten strahlenden Nebenkeule für die Antenne mit AMC. Es entsteht eine Verbesserung von mindestens 13 dB im gesamten relevanten Frequenzbereich.

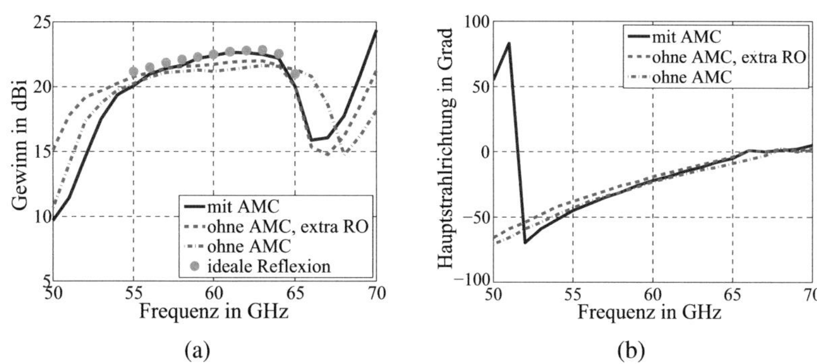

Abbildung 3.23.: Einfluss des AMCs auf Gewinn und Hauptstrahlrichtung der holografischen Antenne mit TE_0-Referenzwelle

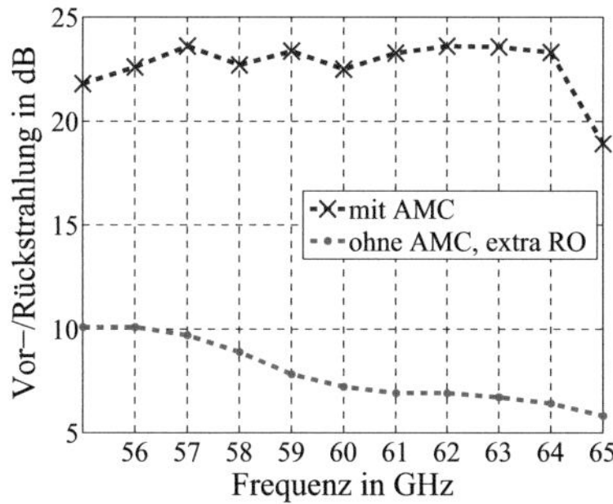

Abbildung 3.24.: Einfluss des AMCs auf die Rückstrahlung der holografischen Antenne mit TE_0-Referenzwelle

Messtechnische Verifikation　Zur messtechnischen Verifikation der Gewinnsteigerung und Verbesserung des Rückstrahlniveaus der Antenne mit AMC wird die hergestellte Struktur nach Abb. 3.25 verwendet. Anders als bei den vorangegangenen Simulationen wird ein Aufbau mit linearem Hologramm zur Messung genutzt. Diese Hologrammform entsteht durch die Speisung mittels Antennengruppen zur Erzeugung der TE_0-Welle. Im Detail wird auf dieses Konzept in Kapitel 4 eingegangen. Die Funktionalität der Kombination aus holografischer Antenne und AMC kann messtechnisch mit beiden Hologrammformen erfolgen, wurde an dieser Stelle jedoch mit dem linearen Hologramm durchgeführt.

Es wird zur Speisung eine Antennengruppe bestehend aus vier antipodalen Vivaldi-Antennen genutzt. Der Lagenaufbau entspricht der Beschreibung nach Kapitel 3.3.4. Die Antennengruppe wird phasengleich über ein Speisenetzwerk in Mikrostreifentechnologie angeregt. Der Einfluss des AMCs auf die Richtcharakteristik und besonders auf die Rückstrahlung ist in Abb. 3.26(a) klar zu erkennen. Die zweite Hauptkeule bei $\theta = 192°$ ist durch den Einsatz des AMC vollständig unterdrückt worden. Nach Abb. 3.26(b) ergibt sich wie erwartet ein erhöhter Antennengewinn über die komplette Systembandbreite. Besonders stark ist diese Erhöhung bei $\theta_0 = -20°$, was der Mittenfrequenz $f_c = 60\,\text{GHz}$ entspricht. Auf der *x*-Achse ist die jeweilige Hauptstrahlrichtung der untersuchten Antenne aufgetragen. Die Frequenzachse kann an dieser Stelle nicht verwendet werden, da der AMC den jeweiligen Abstrahlwinkel zu höheren Frequenzen hin verschiebt. Dadurch, dass die Kurven in Abhängigkeit von θ_0 anstatt der Frequenz aufgetragen werden, ist der Einfluss des AMC direkt aus dem Diagramm ablesbar.

Insgesamt ist der Antennengewinn in beiden Fällen um bis zu 3 dB geringer als in den vorangegangenen Simulationen, welche mit der zirkularen Hologrammform durchgeführt wurden. Dies liegt an den zusätzlichen Verlusten des Speisenetzwerks, am Übergang der Messspitze auf die Mikrostreifenleitung und an der nicht idealen Anregung durch die antipodalen Vivaldi-Feeds statt der Anregung mit einem einzelnen Waveguide-Port, wie er in der Simulation verwendet wurde. Als ideale Reflexion sind in der Abbildung die Gewinnwerte eingetragen, welche sich ergeben, würde sich die komplette rückstrahlende Hauptkeule ideal mit der vorwärts gerichteten Hauptkeule überlagern. Da durch die Position des Hologramms bereits ohne AMC eine unsymmetrische Richtcharakteristik entsteht, beträgt dieser Gewinnzuwachs weniger als 3 dB. Teilweise liegen die gemessenen Gewinnsteigerungen höher als diese idealen Werte. Dies ist darauf zurückzuführen, dass der Lagenaufbau der Antennen gewissen Qualitätstoleranzen unterliegt und somit der gemessene Antennengewinn je nach verwendetem Muster leicht variieren kann.

Weiterhin konnte der aus der Simulation bekannte Effekt der unterdrückten Rückstrahlung ebenfalls messtechnisch verifiziert werden. Da die zweite Hauptkeule in der Messung mit AMC nicht weiter zu erkennen ist, wird als Rückstrahlung die maximal auftretende Nebenkeule innerhalb der unteren Hemisphäre gewählt und mit der Hauptkeule, welche in die obere Hemisphäre strahlt, ins Verhältnis gesetzt. Es zeigt sich insgesamt eine gemessene Verbesserung des Verhältnisses von Vorwärts- zu Rückstrahlung von 11 bis 13,5 dB innerhalb des untersuchten Frequenzbands. Abstrahlrichtungen kleiner -40° konnten wegen des eingeschränkten Bewegungsradius der Referenzantenne und der Position der Messspitze zur Kontaktierung des Samples am Messplatz nicht untersucht werden (vgl. Anhang E).

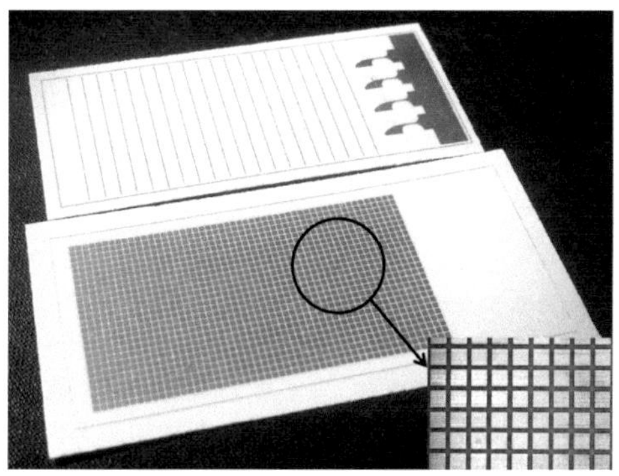

Abbildung 3.25.: Foto der Struktur

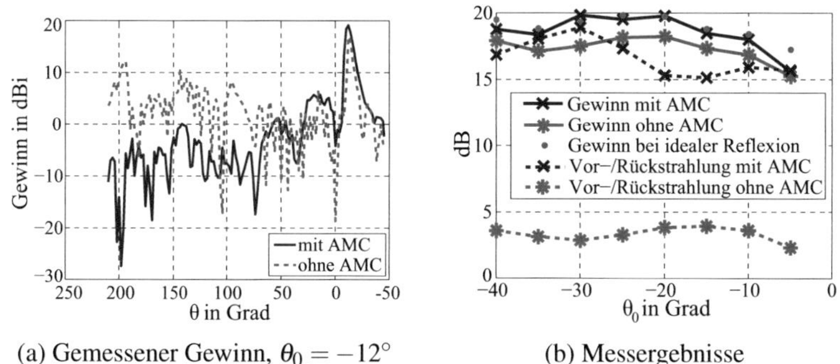

(a) Gemessener Gewinn, $\theta_0 = -12°$ (b) Messergebnisse

Abbildung 3.26.: Messung des Gewinns und des Vor-Rück-Verhältnisses der holografischen Antenne mit AMC ($w_{Patch} = 0{,}7$ mm und $s = 0{,}125$ mm)

3.4. Holografische Antennen auf Substraten mit Massefläche

3.4.1. Verwendete Moden und passende Hologramme

Die parallel zur Substratebene verlaufenden elektrischen Feldlinien der bisher verwendeten TE_0-Mode werden von der einseitigen Metallisierung des Substrats unterdrückt, sodass die erste ausbreitungsfähige Mode auf Substraten mit Massefläche die TM_0-Mode ist. Auch diese Mode kann ideal mit einem Waveguide-Port in CST ohne Bandbreitenbeschränkung angeregt werden. Wie Abb. 3.27 zeigt, sind die elektrischen und magnetischen Feldlinien im Vergleich zur TE_0-Mode vertauscht (vgl. Kapitel 3.3.1).

Eine naheliegende Form des Hologramms für eine anregende TM_0-Welle sind Schlitze innerhalb der Metallisierungsfläche. Wegen der Dualität der Maxwell'schen Gleichungen verändert sich das Fernfeld der Schlitzstrahler nicht gegenüber dem Fernfeld des vormals verwendeten Stabstrahlers. Durch das Vertauschen von elektrischem und magnetischem Feld ändert sich jedoch die Polarisation der Antenne und steht senkrecht zu der Polarisation der TE_0-Antennen mit dem elektrischen Feldvektor in z-Richtung. Die Schlitze führen nun zu einer Unterbrechung des Stroms, sodass auch das magnetische Feld an diesen Positionen zu null gesetzt wird.

Eine zweite Möglichkeit das Hologramm auf Substraten mit einseitiger Metallisierung abzubilden, ist die Verwendung metallischer Streifen auf der gegenüberliegenden Substratseite [PFA08b]. In diesem Fall werden wiederum die elektrischen Feldkomponenten in Ausbreitungsrichtung (E_z) der Oberflächenwelle kurzgeschlossen. Da die elektrischen Feldlinien anders als bei den TE_0-Antennen nicht weiter parallel zum Substrat liegen, ist eine breitere Metallfläche notwendig, um die Nullstelle des elektrischen Feldes zuverlässig zu erzeugen. Abb. 3.28 zeigt unterschiedliche Aufbaumöglichkeiten für die holografische Antenne mit anregender TM_0-Mode auf einem Substrat mit Massefläche und dem verwendeten Mehrlagenaufbau. Alle gezeigten Konzepte haben die Gemeinsamkeit, dass die gesamte metallische Strukturierung auf Ober- und Unterseite der RO4003®-Substratlage aufgetragen ist und das Alumina nur zur Verbesserung der Abstrahlung beiträgt.

Die simulierten Werte für die Wellenzahlen β_0 für die verschiedenen Möglichkeiten im Lagenaufbau sind in Abb. 3.29 dargestellt. Der Einfluss des Hologramms ist an dieser Stelle noch nicht berücksichtigt worden. Es zeigt sich, dass das Rogers in Konfiguration B die Ausbreitung kaum beeinflusst, da sich der Großteil der Energie im hochpermittiven Alumina bewegt. Auch wenn das Abstrahlverhalten der beiden Konfigurationen A und C sich stark unterscheidet, ist die Ausbreitungsgeschwindigkeit der Referenzwelle in beiden Fällen fast identisch. Die Unterschiede in der Richtcharakteristik der Antennen ergeben sich erst durch den Einfluss der verschiedenen Hologrammformen.

Im Folgenden werden diese vorgestellten Konfigurationen auf die Eignung als frequenzschwenkende Antenne in FMCW-Radarsystemen untersucht. Konfiguration D unterscheidet sich von den übrigen Konzepten durch die anregende Mode. Wegen der sich gegenüberliegenden Metallflächen wird sich in diesem Fall keine Oberflächenwelle, sondern ein Parallelplattenmode (auf ausgedehnten Substraten als TEM-Welle) ausbreiten. Der Verlauf der β_0 Kurve für diese Konfiguration ist noch flacher als der Verlauf für Konfiguration B. Dies bedeutet, dass der schwenkbare Bereich der Hauptkeule für diese Antennenkonfiguration noch geringer ausfällt. Auch sonst sind keine Vorteile gegenüber den anderen Konfigurationen ersichtlich, weshalb diese Konfiguration nur zur Vollständigkeit in Abb 3.28 dargestellt ist, aber im Laufe dieser Arbeit nicht weiter untersucht wird.

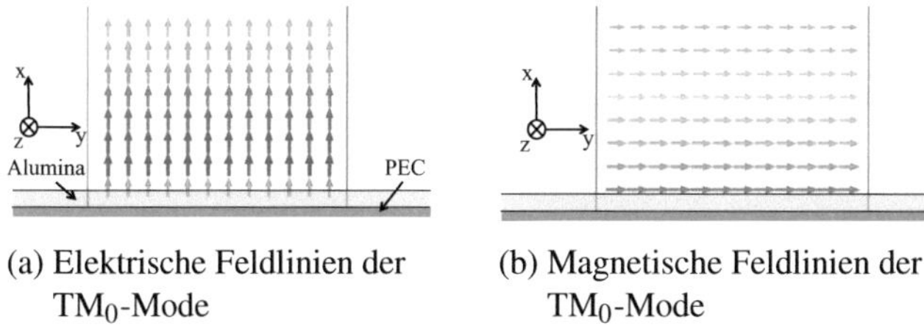

(a) Elektrische Feldlinien der
TM$_0$-Mode

(b) Magnetische Feldlinien der
TM$_0$-Mode

Abbildung 3.27.: Ideale Anregung der TM$_0$-Referenzwelle in CST mit Ausbreitung der Welle in $+z$-Richtung

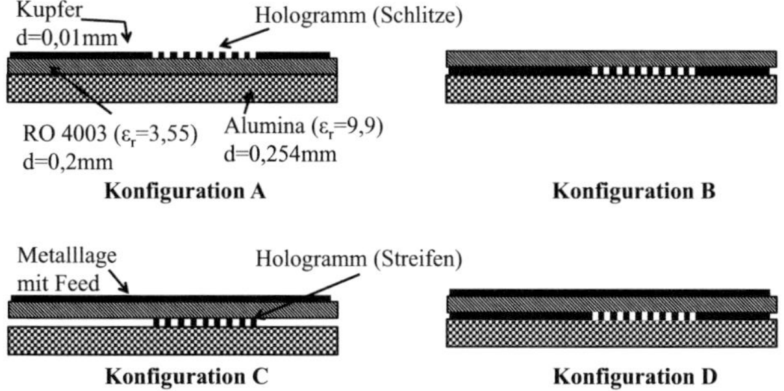

Abbildung 3.28.: Mögliche Aufbautechniken für die holografische Antenne auf einem Mehrlagensubstrat mit Massefläche und anregender TM$_0$-Mode

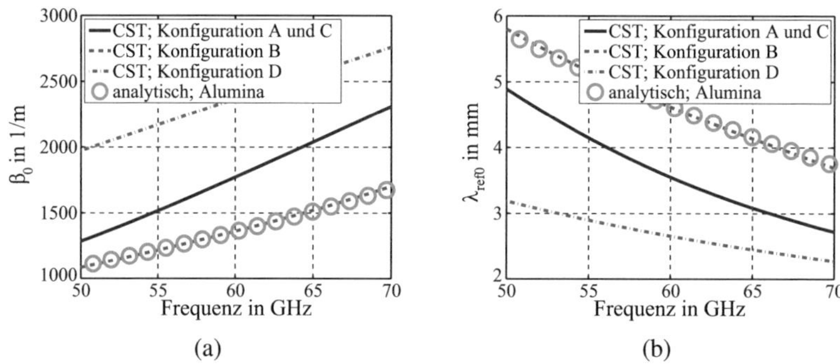

Abbildung 3.29.: Ausbreitungskonstante und Wellenlänge der Oberflächenwelle für die unterschiedlichen Konfigurationen aus Abb. 3.28

Konfiguration A und B

Die abstrahlenden Elemente werden durch Schlitze innerhalb der Massefläche gebildet (siehe Abb. 3.30(a)). Die beiden Aufbauten unterscheiden sich nur in der Position der Metalllage, wodurch die Wellenzahlen der Referenzwellen unterschiedlich sind und damit die Periodizität des Hologramms angepasst werden muss. Der Einfluss der Schlitzgeometrie ist jedoch bei beiden Konfigurationen gleich. So zeigt Abb. 3.30(b), dass die Anzahl und Breite der Schlitze einen Einfluss auf den Antennengewinn hat, wie es bereits bei den Antennen mit TE_0-Welle der Fall war. Durch die Unterbrechung der Massefläche ergibt sich auch für diese Antennen eine bidirektionale Richtcharakteristik (siehe Abb. 3.31). Die geringere Steigung der β_0-Kurve für Konfiguration B führt zu einem geringen Schwenkbereich der Hauptkeule bei gleichbleibender Systembandbreite.

Die sehr schmale Hauptkeule deutet darauf hin, dass die Leckrate, also die in den Freiraum abgegebene Leistung pro Einheitszelle, für Konfiguration B niedrig ist. Dies erhöht zwar die Winkelauflösung der Radaranwendung, führt jedoch zu einer hohen Restleistung am Ende des Hologramms, welche zusätzliche Nebenkeulen an den Substratkanten erzeugt oder durch Reflexion das Hologramm nochmals rückseitig speist. Trotz der schmaleren Hauptkeule liegt der Antennengewinn von Konfiguration B um bis zu 4,8 dB unter dem Gewinn von Konfiguration A bei gleichem Abstrahlwinkel. Der Grund hierfür ist die geringere Antenneneffizienz von Konfiguration B und die erhöhte transmittierte, nicht abgestrahlte Leistung. Die Apertureffizienzen liegen bei 24,2 % für Konfiguration A und nur 6,4 % für Konfiguration B. Im direkten Vergleich ist somit Konfiguration A vorzuziehen. Insgesamt zeigen beide Antennenkonfigurationen keine entscheidenden Vorteile gegenüber den Antennen ohne rückseitige Substratmetallisierung.

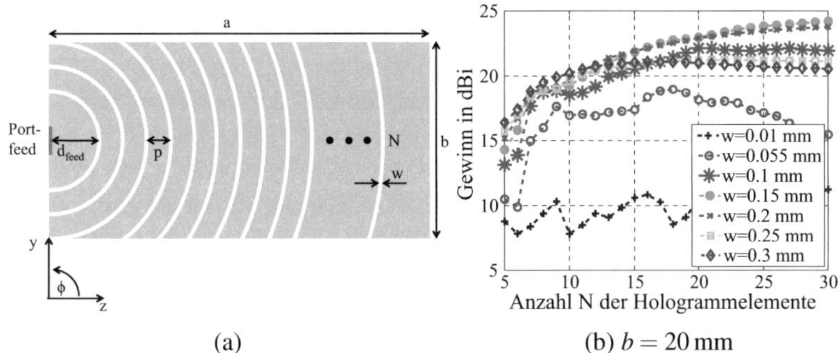

(a)

(b) $b = 20\,\mathrm{mm}$

Abbildung 3.30.: (a) Hologrammform für Konfigurationen A und B. (b) Entwicklung des Antennengewinns bei Erhöhung der Schlitzanzahl für verschiedene Leiterbreiten ausgelesen bei $\theta_0 = -10°$ für Konfig. A

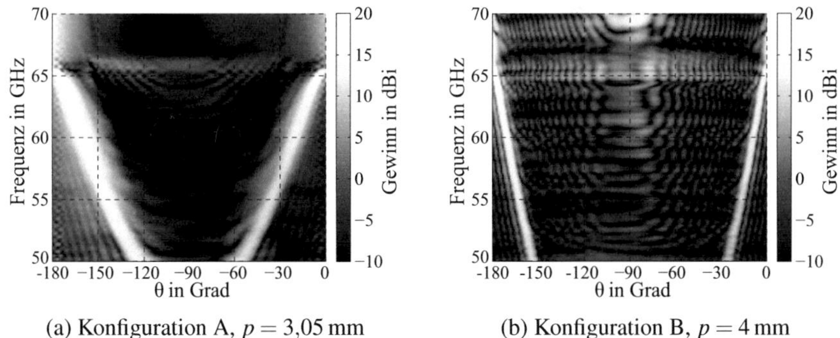

(a) Konfiguration A, $p = 3{,}05\,\mathrm{mm}$

(b) Konfiguration B, $p = 4\,\mathrm{mm}$

Abbildung 3.31.: Fernfeld der holografischen Antennen mit optimiertem Hologramm für Konfiguration A und B. $N = 20$; $w = 0{,}2\,\mathrm{mm}$; $b = 20\,\mathrm{mm}$

Konfiguration C

Die Einzelstrahler in diesem Aufbau sind wiederum leitende Stabstrahler. Anders als im Fall der speisenden TE_0-Mode verlaufen die elektrischen Feldlinien bei diesem Antennentyp jedoch nicht parallel zum Leiter, da die TM_0-Mode keine E_y-Komponente besitzt. Stattdessen wird die nun vorhandene E_z-Komponente von den Metallstreifen kurzgeschlossen. Die Simulationsergebnisse in Abb. 3.32 zeigen, dass dies mit dünnen Leitern wie sie im Fall der TE_0-Antennen verwendet wurden, nicht möglich ist. Erst ab einer Leiterbreite von $w = 0,3\,\text{mm}$ bildet sich eine auswertbare Hauptkeule aus. Der Gewinn steigt, wie in den vorherigen Fällen, mit steigender Anzahl an Einzelelementen ebenfalls an bis eine Sättigung erreicht wird. Die Abbildung zeigt ebenfalls, dass zu groß gewählte Leiterbreiten sich negativ auf das Abstrahlverhalten der Antenne auswirken. Als Antennenkonfiguration werden für den Vergleich mit den TE_0-Antennen die Parameter $N = 20$ und $w = 0,6\,\text{mm}$ gewählt. Bei ausreichender Direktivität des Feeds zeigt eine Verbreiterung des Hologramms ab $b = 20\,\text{mm}$ nur noch einen geringen Einfluss auf den Antennengewinn.

Für die dargestellte Antenne mit idealer Port-Speisung ergibt sich eine Abstrahlung nach Abb. 3.33. Im Richtdiagramm fällt auf, dass der Antennengewinn diesmal nicht den bisher beobachteten Einbruch bei $\theta_0 > -5°$ zeigt. Da sich die induzierten Oberflächenströme auf der unterseitigen Metallisierung ungestört ausbreiten können, ist das entstehende Stopband und die damit verbundene Antennenfehlanpassung weniger ausgeprägt. Dies ist ein großer Vorteil dieser Konfiguration, da sie eine Abstrahlung in Richtung Broadside erlaubt bzw. die Verwendung eines Hologramms ermöglicht, welches den Schwenkbereich um $\theta_0 = 0°$ definiert (vgl. Abb. 3.33(b)). Die Simulation zeigt, dass durch Veränderung der Periodizität ein um $\theta_0 = 0°$ symmetrischer Schwenkbereich von $\pm 12°$ für die Systembandbreite von $10\,\text{GHz}$ erreicht werden kann. Ein um Broadside symmetrischer Schwenk der Hauptstrahlrichtung kann für viele Radaranwendungen von Vorteil sein, auch wenn der Schwenkbereich im Vergleich zu den $40°$, welche bei den anderen vorgestellten Antennenkonfigurationen erreicht wurden, deutlich geringer ausfällt. Der Grund liegt im Kurvenverlauf der Arcus-Sinus-Funktion, welche den Zusammenhang zwischen Abstrahlwinkel θ_0 und Wellenzahl bildet (vgl. Gleichung (2.22)). Die Steigung der Funktion ist im Bereich senkrechter Abstrahlung am geringsten, weshalb die Verkleinerung des Schwenkbereichs für symmetrische Abstrahlung um Broadside mit den holografischen Antennen nicht zu umgehen ist.

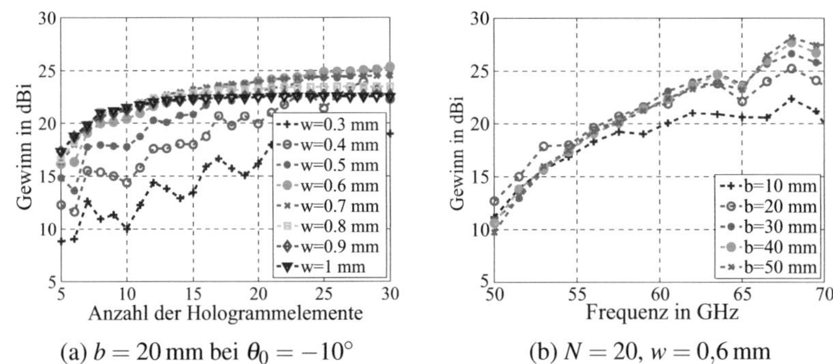

(a) $b = 20\,\mathrm{mm}$ bei $\theta_0 = -10°$

(b) $N = 20$, $w = 0{,}6\,\mathrm{mm}$

Abbildung 3.32.: Entwicklung des Antennengewinns bei (a) Erhöhung der Streifenanzahl für verschiedene Leiterbreiten und (b) in Abhängigkeit der Hologrammbreite

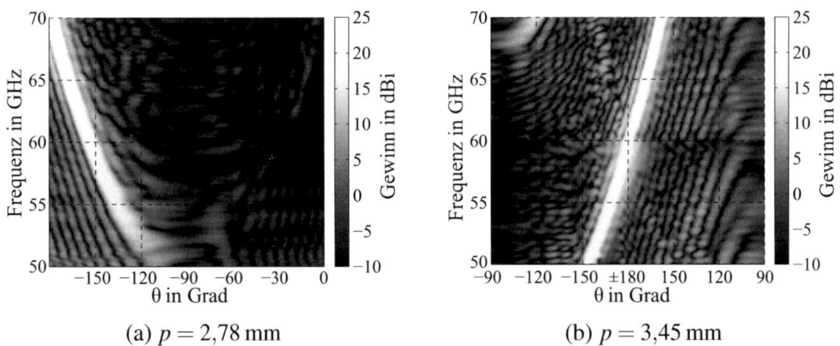

(a) $p = 2{,}78\,\mathrm{mm}$

(b) $p = 3{,}45\,\mathrm{mm}$

Abbildung 3.33.: Fernfeld der holografischen Antennen nach Konfig. C mit $N = 20$; $w = 0{,}6\,\mathrm{mm}$; $b = 30\,\mathrm{mm}$

3.4.2. Oberflächenwellenerzeugung

Zur Erzeugung der TM_0-Oberflächenwelle können gerichtete Schlitzstrahler innerhalb der Metalllage verwendet werden. Mehrfach von Podilchak veröffentlicht ist ein Quasi-Yagi-Uda Schlitzstrahler ([PFA09], [PFA08a]), welcher in leicht modifizierter Form auch in dieser Arbeit verwendet wurde (siehe Abb. 3.34). Ein anderes Konzept, welches sich als sehr geeignet erwiesen hat, ist die Verwendung eines getaperten Substrate-Integrated-Waveguides (SIW). Dieses Konzept entspricht der Funktionsweise der in der Literatur häufig vorkommenden Anregung mittels Hornstrahler, ist jedoch besser integrierbar. Da für diese Art von Feed jedoch wiederum sehr nah zueinander stehende Durchkontaktierungen benötigt werden, wurde dieses Konzept nicht weiter verfolgt. Die in dieser Arbeit vorgestellten Konzepte sollen auch für Sub-Terahertz Systeme verwendet werden können. Spätestens in diesem Bereich sind SIW-Komponenten nicht weiter verwendbar.

Die Bemaßung des Feeds ist je nach Ausbreitungskonstante für die einzelnen Konfigurationen aus dem vorherigen Unterkapitel anzupassen. Der simulierte Verlauf des Reflexionsfaktors zeigt eine große Ähnlichkeit zum Yagi-Uda-Feed, welcher in Kapitel 3.3.2 zur Erzeugung der TE_0-Welle verwendet wurde. Die Bandbreite fällt mit 6,4 GHz noch um 2 GHz höher aus. Auch hier wird eine Leitungsimpedanz von $Z_0 = 80\,\Omega$ verwendet.

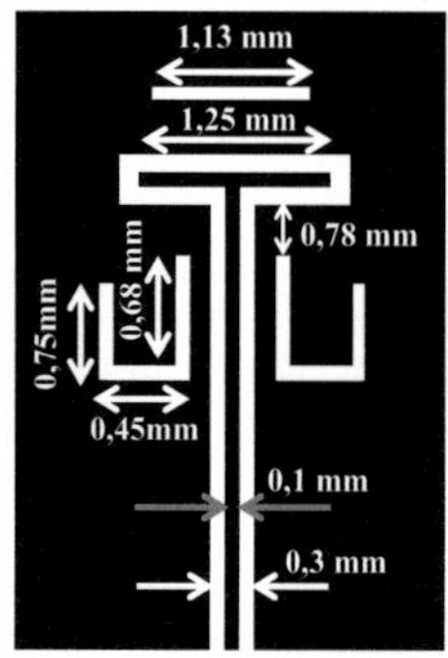

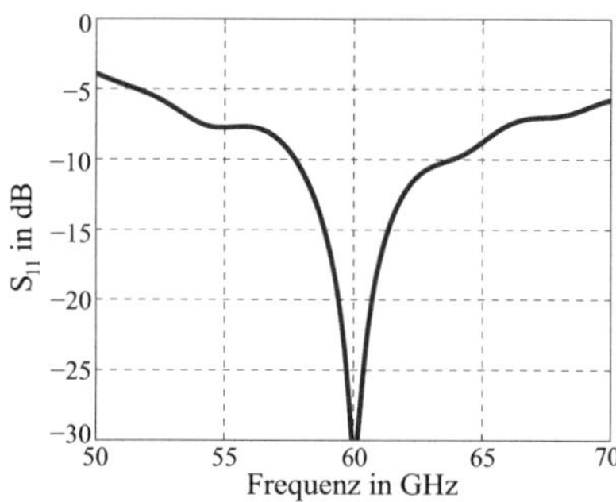

Abbildung 3.34.: Schlitzdipol zur TM_0-Oberflächenwellenerzeugung mit simulierter Anpassung ohne Hologramm (normiert auf $Z_0 = 80\,\Omega$)

3.4.3. Simulative und messtechnische Verifikation

Da sich Konfiguration C wegen des hohen Antennengewinns und der unidirektiven Richtcharakteristik als besonders geeignet erwiesen hat, wurde dieses Konzept mit dem Quasi-Yagi-Schlitzstrahler zur Anregung der Oberflächenwelle aufgebaut. Die Hologrammperiodizität wurde mit $p = 3{,}45\,\text{mm}$ so gewählt, dass die Antenne bei der Mittenfrequenz senkrecht zum Substrat abstrahlt, um diese Besonderheit der vorliegenden Konfiguration zu verifizieren. Ein Foto der Vorder- und Rückmetallisierung des RO4003®-Substrats ist in Abb. 3.35 dargestellt. Die Anzahl der Hologrammelemente wurde auf $N = 12$ reduziert und die Leiterbreite $w = 0{,}7\,\text{mm}$ verwendet, um eine kompaktere Antennengröße zu erhalten.

Die aufgezeichnete Antennenfehlanpassung in Abb. 3.36(a) zeigt innerhalb der Systembandbreite eine sehr gute Übereinstimmung zwischen Simulation und Messung. Jedoch zeigt die Simulation im Bereich der senkrechten Abstrahlung (etwa 58 GHz) nochmals eine Verringerung der Antennenanpassung, welche innerhalb der Messkurve nicht zu erkennen ist. Das verwendete Sample weist ein Überätzen von Reflektor und Direktor auf. Dies könnte dazu führen, dass der realisierte Feed eine geringere Direktivität als in der Simulation aufweist und seitlich (in $\pm y$-Richtung) verlaufende Oberflächenwellen stärker anregt als in der Simulation. Dadurch könnten Reflexionen, welche am Hologramm entstehen einen geringeren Einfluss auf S_{11} ausüben.

Dennoch zeigen die simulierten und auch die gemessenen Richtdiagramme in Abb. 3.36(c) und Abb. 3.37, dass der Gewinneinbruch aufgrund des Stopbandes bei dieser Konfiguration deutlich niedriger ausfällt als bei den zuvor betrachte-

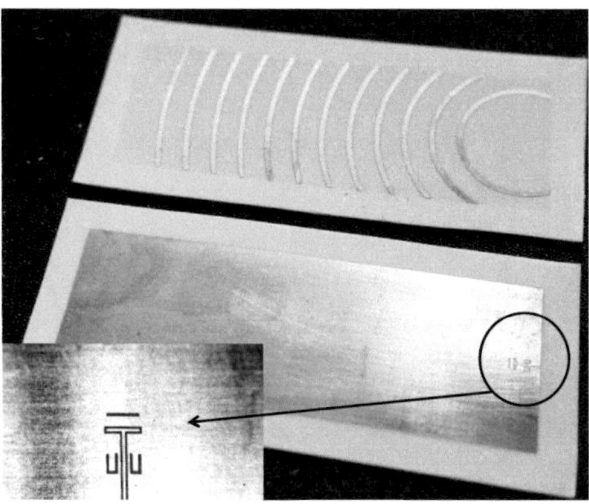

Abbildung 3.35.: Vorder- und Rückseite der TM_0-Antenne mit geschlitzter Quasi-Yagi-Antenne als Oberflächenwellenerzeuger

ten Antennen. Die geringere Direktivität des realisierten Feeds erklärt auch die Abweichung von 2,3 dB zwischen simuliertem und gemessenem Antennengewinn. Die Polarisationsreinheit liegt auf einem ähnlichen Niveau wie bei den TE_0-Antennen, weist jedoch innerhalb der Systembandbreite wegen der größeren Bandbreite des Feeds und der geringeren Auswirkung des Stopbands einen stabileren Verlauf auf (vgl. Abb. 3.36(b)). Das Verhältnis aus Vor- und Rückstrahlung liegt im Mittel 10 dB über dem der TE_0-Antenne und damit in etwa auf dem gleichen Niveau wie bei der Antenne mit AMC aus Kapitel 3.3.4. Aus den zur Verfügung stehenden Daten ergibt sich bei der Mittenfrequenz $f_c = 60\,$GHz eine simulierte Apertureffizienz von 19,6 % (gemessen: 12,1 %).

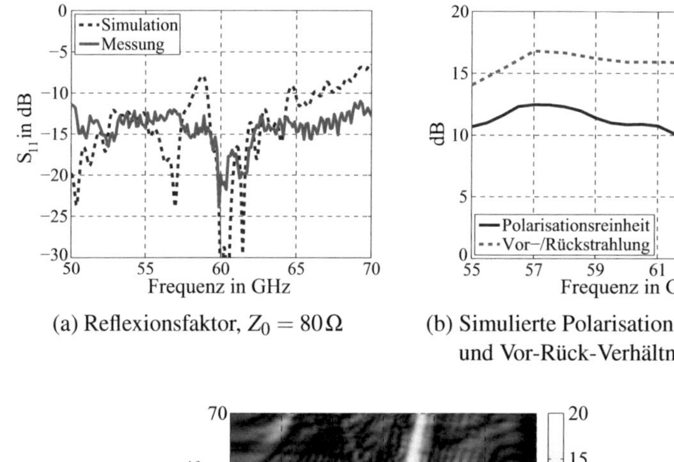

(a) Reflexionsfaktor, $Z_0 = 80\,\Omega$ (b) Simulierte Polarisationsreinheit
                                             und Vor-Rück-Verhältnis

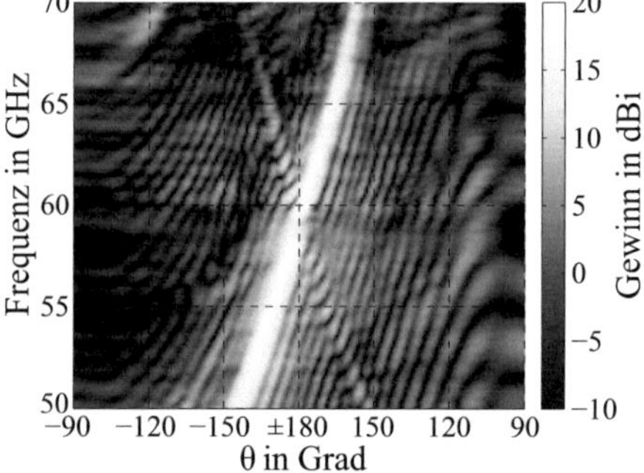

(c) Simulierter Antennengewinn

Abbildung 3.36.: Antennenperformanz der holografischen Antenne nach Konfig. C mit
                 Schlitzdipol-Feed

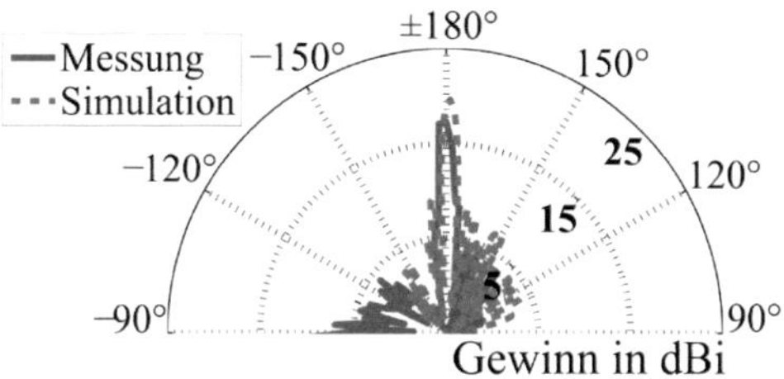

Abbildung 3.37.: Simulierter und gemessener Antennengewinn bei 60 GHz

3.4.4. Bewertung und Vergleich der einzelnen Konfigurationen

Konfigurationen A und B weisen in ihrer Abstrahlcharakteristik hohe Ähnlichkeit zu den Antennen mit anregender TE_0-Welle aus Kapitel 3.3 auf. Es ist jedoch zu beachten, dass sich die Polarisationsrichtung wegen der TM_0-Referenzwelle um 90° dreht. Für Konfiguration A liegt der Antennengewinn bei gleicher Elementanzahl um 2-3 dB höher als bei den vorgestellten TE_0-Antennen, jedoch bewirkt die größere Ausbreitungsgeschwindigkeit der Welle eine Vergrößerung des Hologramms, sodass sich nur eine leichte Steigerung der Apertureffizienz um weniger als 3 % ergibt. Ebenfalls wegen des stärkeren Anstiegs der Wellenzahl β_0 über der Frequenz zeigt sich ein kleinerer Schwenkbereich für die vorgegebene Bandbreite. Dieser Effekt wird bei dem Aufbau nach Konfiguration B noch verstärkt. Der Schwenkbereich für die zur Verfügung stehende Bandbreite von 10 GHz liegt unter 30° und auch der Antennengewinn, die Antenneneffizienz und die Apertureffizienz nehmen bei gleichbleibender Elementanzahl aufgrund der geringen Leckrate der Konfiguration ab. Wegen dieser nachteiligen Eigenschaften und wegen der geringeren Flexibilität durch die eingeschränkte Auswahl an TM_0-Oberflächenwellenerzeugern ist die Verwendung von holografischen Antennen auf Substraten ohne Massefläche diesen beiden Konfigurationen zu bevorzugen.

Konfiguration C weist zwar ebenfalls ein geringeres Schwenkbereich-Bandbreiten-Verhältnis gegenüber der TE_0-Antennen auf, besitzt mit der Möglichkeit einer Abstrahlung in Richtung Broadside aber einen entscheidenden Vorteil, welcher für gewisse Radaranwendungen den Nachteil einer weniger flexiblen Anregung dieser Antenne überwiegen könnte. Wegen der durchgehenden Metallisierungsfläche auf der Substratoberfläche ist das Stopband, welches durch die stehende Welle für $\theta_0 = 0°$ entsteht, weniger ausgeprägt. Innerhalb der Messergebnisse kann kein Ansteigen der Antennenfehlanpassung durch den Einfluss des

Stopbandes bei Broadside-Abstrahlung und bei Verwendung des Schlitzdipols beobachtet werden. Es konnte gezeigt werden, dass für die Systembandbreite ein symmetrischer Schwenkbereich von $\pm 12°$ mit dem verwendeten Mehrlagensubstrat erzielt werden kann.

Ein Überblick über die untersuchten Konfigurationen und deren Performanz gibt Tabelle 3.2.

	Konfig. A (idealer Feed)	Konfig. B (idealer Feed)	Konfig. C (idealer Feed)	Konfig. C (Schlitzdipol)
N	20	20	20	12
p	3,05 mm	4 mm	3,45 mm	3,45 mm
w	0,2 mm	0,2 mm	0,6 mm	0,7 mm
max. Gewinn in dBi	22,83	19,36	24,76	21,82 (gemessen: 19,9)
min. Gewinn in dBi	18,62	14,34	22,52	18,25 (gemessen: 18,1)
Schwenkbereich θ_S	36,6°	15,3°	23,9°	23,9°
Apertureffizienz (bei 60 GHz)	24,2 %	6,4 %	38,7 %	19,6 % (gemessen: 12,1 %)
Broadside-Abstrahlung	nein	nein	ja	ja

Tabelle 3.2.: Vergleichstabelle der untersuchten Konfigurationen zum Aufbau der holografischen Antennen mit Massefläche

3.5. Beeinflussung der Amplitudenbelegung des Hologramms zur Nebenkeulenunterdrückung

3.5.1. Bestimmung und Beeinflussung der Abstrahlkoeffizienten

Wie in Kapitel 2.4 beschrieben, kann das auf die Nullstellen reduzierte Hologramm als phasengesteuerte Antennengruppe beschrieben werden. Daher entstehen Nebenkeulen und Grating Lobes in Abhängigkeit des Abstands der Einzelelemente zueinander, deren Ausprägungen über eine Modifikation der Periodizität und der Amplitudenbelegung der Einzelstrahler beeinflusst werden können.

Der in Kapitel 2.4.2 beschriebene Verlustfaktor α beinhaltet neben den dielektrischen Verlusten des Wellenleiters die Abstrahlverluste, welche im Fall der holografischen Antenne stark dominieren. Es kann angenommen werden, dass bei gleichbleibender Länge des Wellenleiters die dielektrischen Verluste unverändert bleiben, sodass eine Änderung des Verlustfaktors ausschließlich aus einer Änderung des Abstrahlkoeffizienten resultiert. Zur Berechnung von α einer Einzelzelle werden in [CMCPC06] die Verluste innerhalb der Transmission verwendet, welche vor allem die Abstrahlung beinhalten. Dieser Ansatz wird leicht abgeändert, da ein Teil der Welle an der Position des Einzelelements zurück zur Quelle reflektiert wird und somit nicht zur Abstrahlung beiträgt. Statt nur den Transmissionskoeffizienten zu betrachten, wird α daher nach Gleichung (3.1) aus der Leistung berechnet, welche der Einzelzelle entnommen wurde.

$$\alpha = -\frac{ln(\sqrt{S_{11}^2 + S_{21}^2})}{p} \tag{3.1}$$

Die Periodizität p beschreibt bei dieser Einzelzellenbetrachtung die Länge der Zelle. Dennoch stellt auch diese Gleichung eine Näherung dar, da die Leistung, welche über die dielektrischen Verluste innerhalb der Einzelzelle verloren geht, als Abstrahlung in die weitere Berechnung mit eingeht. Für zwei der vorgestellten Antennenarten sind die berechneten Werte für αp in Abb. 3.38 dargestellt. Es zeigt sich, dass die Abstrahlung einer Einzelzelle über die Leiterbreite des mittig positionierten Leiters beeinflusst werden kann.

Bei Anregung durch eine TE_0-Welle zeigt sich ein weitgehend linearer Verlauf des Verlustfaktors bei Steigerung der Leiterbreite. Wegen der zu den Streifen senkrecht verlaufenden elektrischen Feldkomponenten ist solch ein linearer Verlauf bei Anregung durch eine TM_0-Mode nicht gegeben. Wird die Amplitudenbelegung der Einzelstrahler dargestellt, ergeben sich die Kurven aus Abb. 3.39. Demnach fällt die Amplitude bis zu Strahler 20 für eine Antenne mit anregender TE_0-Welle und äquidistanter Elemente gleicher Breite auf etwa 60 % gegenüber dem Anfangswert ab. Dies entspricht einer transmittierten Leistung von 36 %. Für die TM_0-Antenne kann der Anteil der transmittierten Leistung durch die Verwendung von Leiterbreiten $w = 0{,}7$ mm auf bis zu 4 % gesenkt werden. Transmittierte Leistung kann zu einer Abstrahlung an der Substratkante führen oder eine weitere Hauptkeule erzeugen, indem die an der Substratkante reflektierte Welle das Hologramm noch einmal rückseitig speist. Um die Effizienz der Antenne zu steigern, sollte daher eine Amplitudenbelegung gewählt werden, welche diesen transmittierten Leistungsanteil minimiert. Alternativ ist die Absorption der transmittierten Leistung eine Möglichkeit, ungewünschte Nebenkeulen zu unterdrücken.

3.5.2. Anwendung einer Belegungsfunktion

Im Folgenden soll die Dämpfungskonstante der Einzelelemente so angepasst werden, dass die Belegung $a_n(z)$ dem Verlauf einer gewünschten Verteilungsfunktion bestmöglich folgt. Über die bei Antennengruppen für Radaranwendungen häufig angewendete Taylor-N-bar Distribution kann das Niveau der zur Hauptkeule nächstliegenden Nebenkeulen festgelegt werden. Über den Parameter n_{bar} wird festgelegt, wie viele weitere Nebenkeulen in etwa auf dem gleichen Niveau gehalten werden. Ein niedriger Wert führt dazu, dass die von der Hauptkeule weiter entfernten Nebenkeulen das angestrebte Nebenkeulenniveau (NKN) überschreiten können. Eine Erhöhung dieses Wertes führt jedoch zu einer Verbreiterung der

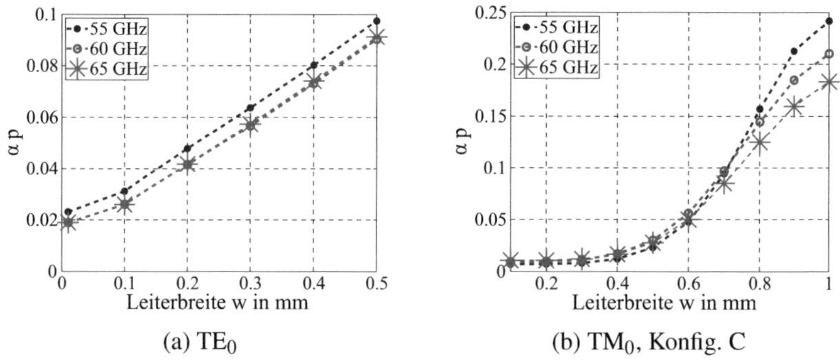

(a) TE_0 (b) TM_0, Konfig. C

Abbildung 3.38.: Simulierte Werte für α für unterschiedliche Antennenkonfigurationen

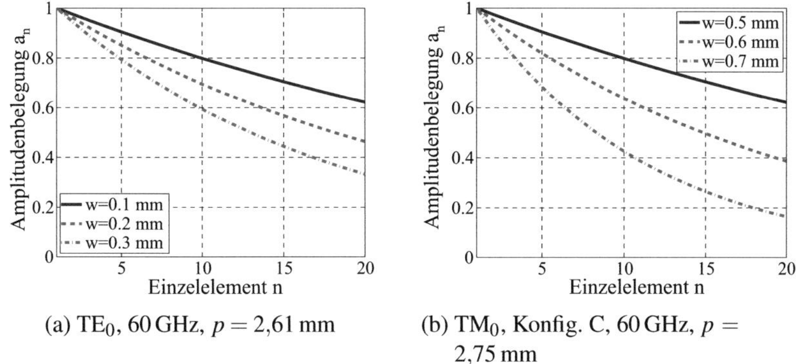

(a) TE_0, 60 GHz, $p = 2{,}61$ mm

(b) TM_0, Konfig. C, 60 GHz, $p = 2{,}75$ mm

Abbildung 3.39.: Amplitudenverlauf a_n einer holografischen Antenne mit äquidistantem Hologramm

Hauptkeule und damit zu einer schlechteren Winkelauflösung der angestrebten Radaranwendung.

Um eine angestrebte Belegungsform nachbilden zu können, ist die gezielte Veränderung des Abstrahlkoeffizienten a_n einzelner Zellen notwendig. Dies bedeutet eine Abhängigkeit der Dämpfungskonstante von der Ausbreitungsrichtung z und es ergibt sich $\alpha(z)$. Für kontinuierlich abstrahlende Leckwellenantennen gibt Oliner in [Oli93] Gleichung (3.2) an, um die entsprechende Funktion $\alpha(z)$ zu berechnen [Hon59].

$$\alpha(z) = 0{,}5 \cdot \frac{A^2(z)}{\frac{1}{P_{left}} \int_0^L A^2(\zeta)d\zeta - \int_0^z A^2(\zeta)d\zeta} \tag{3.2}$$

mit

$$P_{left} = \frac{P(0) - P(L)}{P(0)} \tag{3.3}$$

$A(z)$ entspricht dabei der gewünschten Belegungsfunktion und ζ bildet die Integrationsvariable. Über den Parameter P_{left} wird festgelegt, wie viel Leistung vom Hologramm nicht abgestrahlt wird und zur Substratkante transmittiert. Die Gleichung wurde für kontinuierlich abstrahlende Leckwellenantennen hergeleitet, weswegen über den Parameter L die Länge des kontinuierlich abstrahlenden Elements festgelegt wird. Für die periodische Leckwellenantenne kann die berechnete Funktion diskretisiert werden, indem die Ausbreitungsrichtung z in Einzelzellen unterteilt wird und die Länge L der Zellenanzahl N entspricht.

Der nicht abgestrahlte und damit transmittierte Leistungsanteil sollte möglichst gering sein, jedoch können zu kleine Werte dazu führen, dass der benötigte Variationsbereich der Abstrahlkoeffizienten die Nachbildung der angestrebten Verteilung nicht mehr ermöglicht. In der Literatur werden daher Werte im Bereich von 10 % empfohlen [Hon59].

Der Parameter n_{bar} der angestrebten Taylor-Verteilungen wird auf 2 festgelegt, um einerseits die Nebenkeulen in direkter Umgebung der Hauptkeule zu dämpfen, aber im Gegenzug die Hauptkeulenbreite nicht stark zu vergrößern. Aus den berechneten Verteilungsfunktionen nach Anhang C.2 geht hervor, dass für die Antenne mit TE_0-Referenzwelle eine Anpassung der Elementanzahl auf $N = 25$ notwendig ist, um mit der zur Verfügung stehenden Variation der Leiterbreiten die Amplitudenverteilungen nachbilden zu können. Der Variationsbereich der TM_0-Antenne reicht aus, um $N = 15$ Elemente zu verwenden. Kleine Veränderungen der berechneten Funktionen müssen dennoch vorgenommen werden, da beispielsweise die kleinste verwendete Leiterbreite von $w = 0{,}01$ mm der TE_0-Antenne bereits ein größeres α aufweist als der vorgegebene Minimalwert der Funktion nach Gleichung (3.2). Die verwendeten Amplitudenverteilungen mit Anpassung an die zur Verfügung stehenden Wertebereiche für $\alpha(z)$ sind in Abb. 3.40 dargestellt. Abb. 3.41 zeigt zusätzlich die sich daraus ergebenden Gruppenfaktoren. Wegen der notwendigen Anpassung und dem niedrig angesetzten Parameter n_{bar} der Taylor-Verteilung, welcher gewählt wird um eine weiterhin genügend schmale Hauptkeule zu erhalten, werden die gewünschten Nebenkeulenniveaus von -30 dB bzw. -40 dB nicht erreicht. Besonders die Anpassung an den Wertebereich von $\alpha(z)$, welche im Fall der TE_0-Antenne für die ersten sieben Strahler vorgenommen werden muss, wirkt sich stark negativ auf das berechnete Nebenkeulenniveau aus. Für die TM_0-Antenne liegt das zu erwartende Nebenkeulenniveau im fast gesamten Winkelbereich bei -30 dB und somit um bis zu 17 dB unterhalb der nicht optimierten Antenne aus den vorherigen Kapiteln.

3.5.3. Simulative und messtechnische Verifikation

Zur Erzeugung einer konstanten Phasendifferenz zwischen den Einzelelementen der Antenne müssen zusätzlich zu den Abstrahlkoeffizienten die Abstände der Einzelstrahler zueinander angepasst werden. Wie in Kapitel 3.3 gezeigt, beeinflussen die Strahler mit unterschiedlicher Breite die Wellenzahl der Referenzwelle. Werden verschiedene Leiterbreiten im äquidistanten Hologramm eingesetzt, führt dies dadurch zu unterschiedlichen Phasendifferenzen zwischen den Einzelelementen. Der bisher verwendete Mittelwert für die Ausbreitung im kompletten Hologrammbereich verliert damit an Gültigkeit. Diesem Effekt muss entgegengewirkt werden, indem das Hologramm nicht weiter äquidistant aufgebaut wird. Eine Anpassung des Abstands $p_{korr}(n)$, basierend auf den unterschiedlichen sich

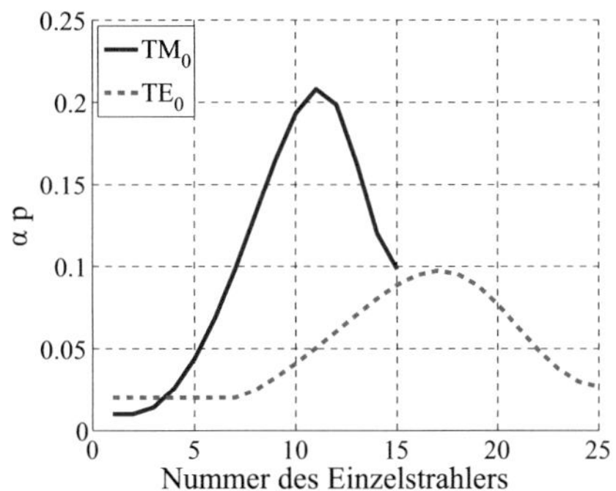

Abbildung 3.40.: An $\alpha(z)$ angepasste Taylor-2-bar Belegungsfunktionen. Für TE_0 gilt: $P_{left} = 10\,\%$, $N = 25$, $NKN = -40$; Für TM_0 gilt: $P_{left} = 5\,\%$, $N = 15$, $NKN = -40$

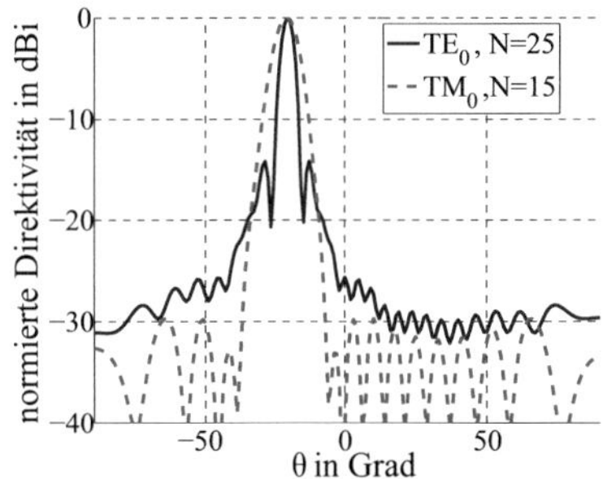

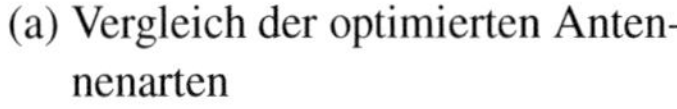

(a) Vergleich der optimierten Antennenarten

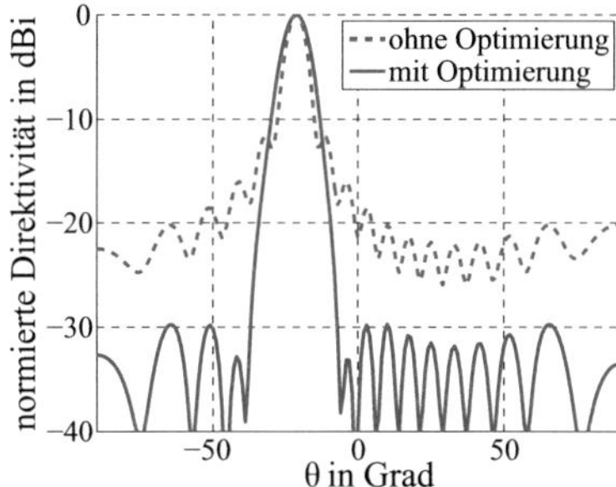

(b) Vergleich der optimierten TM_0-Antenne zum nicht optimierten Fall ($N = 15$)

Abbildung 3.41.: Berechnete Gruppenfaktoren mit optimierten und angepassten Belegungsfunktionen nach Abb. 3.40

ergebenden Wellenzahlen zwischen Streifen mit verschiedenen Breiten, wird vorgenommen.

Eine Berechnung erfolgt über die festgelegte Hauptstrahlrichtung θ_0 nach Gleichung (3.5):

$$\sin(\theta_0) = \frac{\beta_{-1}}{k_0} = \frac{\beta_{ref}(w) - \frac{2\pi}{p_{korr}(n)}}{k_0} \tag{3.4}$$

$$p_{korr}(n) = \frac{2\pi}{\beta_{ref}(w) - \sin(\theta_0)k_0} \tag{3.5}$$

Es ergibt sich somit für die Zelle n ein korrigierter Abstand $p_{korr}(n)$ in Abhängigkeit der neuen Wellenzahl $\beta_{ref}(w)$, welche von der Leiterbreite des Einzelelements innerhalb der Einzelzelle festgelegt wird. Für die Verifikation der Optimierung mittels Feldsimulation und Messung wird die Antenne mit TM_0-Referenzwelle und Aufbau nach Konfig. C (vgl. Kapitel 3.4.1) gewählt, da eine Optimierung ohne Verwendung sehr dünner Leiterbreiten ($w < 0{,}1$ mm), wie sie für die TE_0-Antenne verwendet werden müssen, möglich ist. Die Optimierung wird für die Mittenfrequenz $f_c = 60$ GHz durchgeführt. Das Hologramm mit den optimierten Leiterbreiten und dem nicht äquidistanten Aufbau ist in Abb. 3.42 dargestellt. Das simulierte Fernfeld in Abb. 3.43(a) zeigt eine deutliche Verbesserung des Nebenkeulenniveaus auf bis zu $-26{,}6$ dB und damit um bis zu 14 dB geringer gegenüber der nicht optimierten Antenne. Jedoch kann dieser Wert nicht über das komplette Frequenzband erreicht werden. Auftretende Nebenkeulen vor allem bei den höheren Frequenzen, welche in der Berechnung des Gruppenfaktors nicht vorkamen, erhöhen den Wert des Nebenkeulenniveaus innerhalb der Systembandbreite auf bis zu $-20{,}03$ dB. Dennoch ist auch dieser Wert eine Verbesserung um 8 dB gegenüber der nicht optimierten Antenne.

Es kann davon ausgegangen werden, dass die entstehenden Nebenkeulen durch die erhöhte Reflexion an den breiteren Einzelelementen entstehen oder sich durch

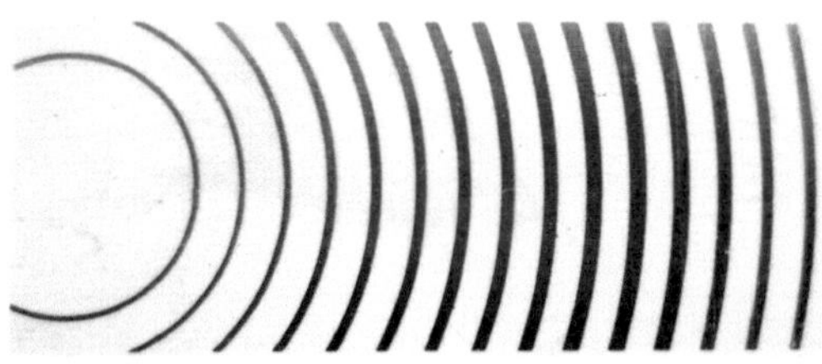

Abbildung 3.42.: Foto der holografischen Antenne mit optimiertem Nebenkeulenniveau

die Reflexion an der Substratkante ergeben. Diese Effekte werden in der Berechnung des Gruppenfaktors nicht berücksichtigt. Es fällt außerdem auf, dass der beste Wert nicht bei der Mittenfrequenz $f_c = 60\,\text{GHz}$ sondern für niedrigere Frequenzen erreicht wird, obwohl die Belegung für die Mittenfrequenz ausgelegt wurde (vgl. Abb. 3.43). Einerseits zeigt Abb. 3.38(b), dass α bei 55 GHz für Leiterbreiten um $w = 0{,}8\,\text{mm}$ höher liegt und der resultierende Amplitudenverlauf daher einer Taylor-Verteilung mit geringem Nebenkeulenniveau folgt. Andererseits ergeben sich auch bei der nicht optimierten Antenne umso mehr Nebenkeulen je mehr sich die Hauptstrahlrichtung Broadside nähert.

Weiterhin zeigt sich eine Verbreiterung der Hauptkeule verglichen mit einer nicht optimierten Antenne mit homogener Leiterbreite von $0{,}6\,\text{mm}$. Die Erklärung dafür ergibt sich dadurch, dass αp für gewisse Einzelzellen sehr groß ist und im Mittel eine höhere Leckrate verwendet wird, was die Antennenkeule verbreitert [JO08]. Der Verbreiterung der Hauptkeule kann entgegen gewirkt werden, indem das Hologramm mit einer höheren Anzahl an Einzelzellen aufgebaut wird oder indem ein höherer transmittierter Leistunganteil P_{left} zugelassen wird, welcher hinter dem Hologramm absorbiert werden muss. Beides verringert die Leckrate und erzeugt damit eine schmalere Hauptkeule, jedoch werden auch Antennen- und Apertureffizienz verringert.

Die Simulationsergebnisse konnten durch die Fernfeldmessung mit dem Aufbau nach Anhang E im Frequenzbereich $60\,\text{GHz} - 65\,\text{GHz}$ verifiziert werden (vgl. Messpunkte in Abb. 3.43). Es zeigt sich, dass die Hauptkeule durch die Messung sehr gut nachgebildet wird, jedoch die Frequenz für den betrachteten Abstrahlwinkel um $0{,}38\,\text{GHz}$ abweicht (vgl. Abb. 3.43(a)). Auch der Verlauf der zur Hauptkeule nahe gelegenen Nebenkeulen stimmt sehr gut mit den simulierten Werten überein. Die Übereinstimmung lässt bei den weiter entfernt liegenden Nebenkeu-

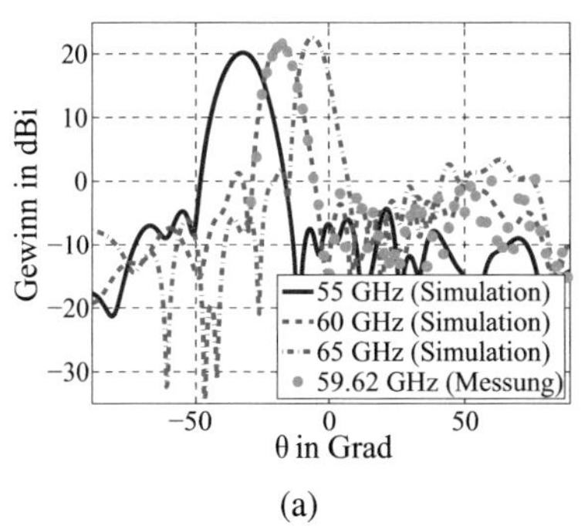

(a)

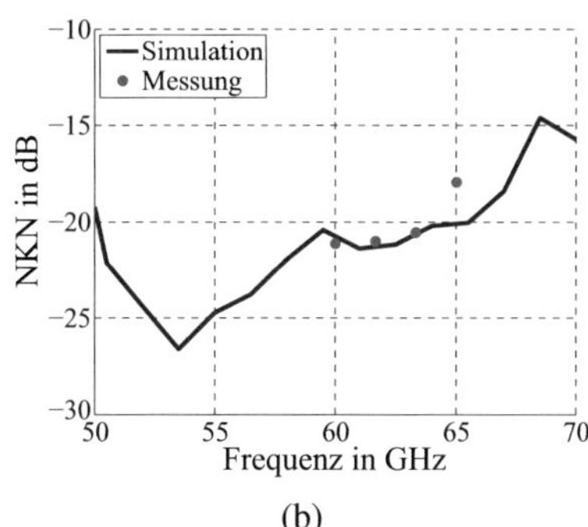

(b)

Abbildung 3.43.: Abstrahlcharakteristik der optimierten Antenne nach Abb. 3.42

len zwar nach, dennoch liegen die Maxima in diesem Bereich unterhalb des aus-
gelesenen Wertes für das Nebenkeulenniveau. In Abb. 3.43(b) ist bei 65 GHz eine
größere Abweichung der Messung zur Simulation zu erkennen. Der Abstrahlwinkel liegt bei der vermessenen Antenne bei 65 GHz bereits näher an Broadside als
bei der Simulation, weshalb das Stopband in der Messung bei dieser Frequenz bereits größere negative Auswirkungen auf das Nebenkeulenniveau hat. Ein Grund
könnte eine kleine herstellungsbedingte Abweichung des Streifenabstands sein.
Dies kann durch Überätzung einzelner Hologrammelemente entstehen. Insgesamt
zeigt sich aber sowohl in den Simulations- als auch in den Messergebnissen, dass
das vorgestellte Verfahren für die Verbesserung des Nebenkeulenniveaus holografischer Antennen sehr gut geeignet ist.

3.6. Bewertung und Diskussion der Ergebnisse

In Kapitel 3 dieser Arbeit konnte gezeigt werden, dass sich holografische
Antennen auf dielektrischen Materialien sehr gut eignen, um in hochfrequente
Millimeterwellenradare als frequenzschwenkende Antenne integriert zu werden.
Gegenüber anderen Leckwellenantennen zeigt der Aufbau der holografischen
Antenne kein Element, dessen Funktionalität stark von der Signalwellenlänge
abhängt, wie es bei geschlitzten SIW-Hohlleitern durch die von Durchkontaktie-
rungen geführte Mode der Fall ist.
Nachdem die Beeinflussung des Schwenkbereich-/Bandbreiten-Verhältnisses
in Kapitel 3.1 untersucht wurde, konnte das verwendete Antennensubstrat
bestehend aus RO4003$^{®}$ und dem hochpermittiven Alumina gewählt werden.
Hochpermittive Substrate erhöhen das Schwenkbereich-/Bandbreiten-Verhältnis
und wirken sich demnach positiv auf die für Radaranwendungen gewünschten
Antenneneigenschaften aus. Nachteilig ist die erhöhte Problematik von sich
ausbreitenden Oberflächenwellen an Stellen im System, an denen diese nicht
erwünscht sind. Dies ist an Positionen im System der Fall, an denen das Signal
leitungsgebunden übertragen werden soll. Im Falle der in Kapitel 3.3 untersuchten holografischen Antennen kann die Ausbreitung der TE_0-Welle über Feeds
erfolgen, welche über Mikrostreifenleitungen gespeist werden. Wird das vor-
geschaltete Front-End ebenfalls in Mikrostreifentechnologie realisiert, kann bis
zum Antennenfeed eine durchgehende Metallisierung zwischen der Rogers- und
der Alumina-Lage verwendet werden. Dies bedeutet, dass die Feldverteilung der
einzelnen Mikrostreifenleitung sich ausschließlich innerhalb der RO4003$^{®}$-Lage
und im Freiraum ausbreitet und durch das unterhalb liegende Alumina nicht
beeinflusst wird. Wird die Metallisierung im Bereich der TE_0-Wellenausbreitung
unterbrochen, erfolgt die Anregung der Oberflächenwelle im hochpermittiven

Alumina und die Antennencharakteristik wird positiv beeinflusst.

Neben der antipodalen Vivaldi-Antenne mit Mikrostreifenleitung wurden in Kapitel 3.3.2 weitere Möglichkeiten zur Erzeugung der Oberflächenwelle vorgestellt. Die große Flexibilität im Einsatz von holografischen Antennen mit TE_0-Mode zeigt sich an den drei dargestellten Oberflächenwellenerzeugern, welche besonders gut an unterschiedliche Leitungstechnologien angepasst werden können. Da das Hologramm die Antennenapertur darstellt und damit die Abstrahleigenschaften vorgibt, kann die Wahl des Oberflächenwellenerzeugers somit auf Grundlage der bestmöglichen Integrierbarkeit getroffen werden.

Die simulierten und messtechnisch verifizierten Richtcharakteristiken der holografischen Antennen ohne Massefläche zeigen in Kapitel 3.3 eine bidirektionale Abstrahlung. Eine Möglichkeit diese zu unterbinden, wurde in Kapitel 3.3.4 untersucht und erarbeitet. Durch die Verwendung von AMCs in Kombination mit holografischen Antennen konnte erstmalig ein Konzept präsentiert werden, welches einerseits die Flexibilität der Antenne beibehält und andererseits die Rückstrahlung um ein Vielfaches reduziert. Messtechnisch wurde eine Verbesserung des Vor-/Rückstrahlverhältnisses von 11 dB verifiziert. Im Gegensatz zu Konzepten mit metallischen Reflektoren ist der Aufbau der Antenne mit AMC direkt über kommerzielle Leiterplattentechnologie möglich. Dies erlaubt die Herstellung und die Verwendung solcher Reflektoren bis in den hohen Millimeterwellenbereich.

Statt der Verwendung der TE_0-Mode kann auf Substraten mit Massefläche eine Oberflächenwelle mit TM_0-Mode zur Anregung des Hologramms verwendet werden. In Kapitel 3.4.1 werden drei unterschiedliche Modifikationen dieser Leckwellenantenne untersucht, welche alle mit dem Ansatz des holografischen Prinzips beschrieben werden können. Unterschiedlich ist dabei die Art der Beeinflussung der Phase der anregenden Oberflächenwelle. Jedoch ist die Anregung der TM_0-Mode aufgrund der eingeschränkten Möglichkeiten an planaren, geschlitzten End-Fire-Antennen weniger flexibel einsetzbar als die TE_0 gespeiste Antenne. Das Richtdiagramm der vorgestellten Konfiguration C mit TM_0 gespeistem Hologramm zeigt die positiven Eigenschaften einer unidirektionalen Abstrahlung sowie einer möglichen Abstrahlung der Hauptkeule in Richtung Broadside, aufgrund der geringeren Auswirkung des entstehenden Stopbands. Dennoch weist auch dieser Aufbau, wie auch die anderen Konfigurationen mit TM_0-Mode, den Nachteil eines geringeren Schwenkbereich-/Bandbreiten-Verhältnisses gegenüber den TE_0-Antennen auf, sodass je nach Anwendung der Einsatz beider Antennenarten in Frage kommt.

Die sich ergebenden Apertureffizienzen von $20 - 25\%$ für die vorgestellten Antennen erscheinen für Einzelantennen gering. Durch die Eigenschaft des Frequenzschwenks muss die Antenne jedoch direkt mit phasengesteuerten 1xN

Antennengruppen inkl. phasensteuerndem Speisenetzwerk verglichen werden, welche ebenfalls die Änderung der Hauptstrahlrichtung in einer Ebene ermöglichen. Werden die Verluste und die Ausdehnung der Speisung in die Berechnung mitaufgenommen, liegt die Apertureffizienz solcher Antennengruppen in einem ähnlichen Bereich wie die der holografischen Antennen.

Um die Richtcharakteristik für den Einsatz in Radar-Systemen zu optimieren, wird in Kapitel 3.5 eine Möglichkeit gefunden, das Nebenkeulenniveau der Antenne zu verbessern. Dazu wird die abgestrahlte Leistung der Einzelelemente des Hologramms über die Geometrie der Einzelstrahler variiert. Es zeigt sich, dass dadurch aus der Literatur bekannte Amplitudenbelegungen zur Optimierung des Nebenkeulenniveaus von Antennengruppen auf die holografische Antenne annähernd übertragbar sind. Einschränkungen ergeben sich hauptsächlich durch die technologischen Grenzen im Herstellungsprozess. Aufgrund der Beeinflussung der Ausbreitungsgeschwindigkeit durch die Geometrie der Einzelstrahler muss für die Verbesserung des Nebenkeulenniveaus die uniforme Periodizität des Hologramms aufgelöst werden. Ein Prozess zur Bestimmung der Leiterbreiten und der daraus resultierenden unterschiedlichen Abstände der Einzelstrahler zueinander wird erstmalig in dieser Arbeit präsentiert und eine Verbesserung des Nebenkeulenniveaus um mindestens 8 dB wurde messtechnisch verifiziert.

4. Zweidimensional schwenkende Konzepte

Um die Richtung der Hauptkeule bei holografischen Antennen auch in einer zweiten Ebene verändern zu können, ist eine Kombination mit mechanisch oder elektrisch schwenkenden Konzepten möglich. Eine Kombination aus frequenzschwenkender und mechanisch veränderlicher Richtcharakteristik wird in Kapitel 4.1 vorgestellt. Diese Möglichkeit ergibt sich ebenfalls aus der Verwendung der holografischen Theorie und wird mit dem zirkularen Hologramm aus dem vorhergehenden Kapitel untersucht. Auch wenn die praktische Realisierung problematisch ist und dieses Konzept nicht praktisch umgesetzt wurde, dient es als Übergang zum ausschließlich elektronisch schwenkenden 3D-Messsystem, welches im weiteren Verlauf dieses Kapitels vorgestellt wird.

Die mechanische Umsetzung des zweidimensional schwenkenden Konzepts stellt für Anwendungsgebiete, die eine sehr schnelle Änderung der Hauptstrahlrichtung fordern oder in Umgebungen welche starken Vibrationen ausgesetzt sind, keine Option dar. Häufig ist daher ein komplett elektronisch schwenkendes System gewünscht, um die Geschwindigkeit der Hauptstrahlrichtungsänderung erhöhen zu können und einen möglichst großen Sichtbereich zu erzielen, ohne dass der Verschleiß mechanischer Teile die Lebensdauer einschränkt.

Die frequenzschwenkende Eigenschaft der holografischen Antenne wird im Folgenden mit einer phasengesteuerten Antennengruppe kombiniert. Der Vorteil liegt in der daraus resultierenden ebenen Phasenfront der Referenzwelle (Kapitel. 4.2), welche das bisher zylindrisch geformte Hologramm auf gerade Metallbahnen reduziert. Diese Hologrammform ermöglicht durch Verkippung des Hologramms oder der Referenzwelle die Hauptkeule innerhalb der xy-Ebene zu bewegen. Die schräge Einspeisung der Oberflächenwelle wird beispielsweise durch den Einsatz von passiven, phasensteuernden Verteilnetzwerken realisiert, die der phasengesteuerten Antennengruppe zur Oberflächenwellenerzeugung vorgeschaltet sind. Eine Realisierung mit Rotman-Linse, welche dem stufenlosen Frequenzschwenk zusätzliche sieben Hauptstrahlrichtungen hinzufügt, folgt in Kapitel 4.3.

Die erarbeiteten Konzepte verwenden die TE_0-Referenzwelle und weisen den Nachteil eines stark ausgeprägten Stopbandes bei Broadside-Abstrahlung auf. Um dem entgegen zu wirken, wird in Kapitel 4.4 eine Anpasstechnik vorgestellt, die diesen Einfluss soweit minimiert, dass auch eine zum Substrat senkrechte Abstrahlung effizient genutzt werden kann. Im letzten Unterkapitel wird die Positionsänderung des Phasenzentrums in Abhängigkeit des Abstrahlwinkels untersucht. Wegen der großen Antennenausdehnung in z-Richtung, kann eine falsche Positionsannahme die Genauigkeit der Radarmessung einschränken. Die Bestimmung des Phasenzentrums wird für das Anwendungsbeispiel im darauf folgenden Kapitel zur Erhöhung der Genauigkeit von Distanzmessungen mit einem Prototypen eingesetzt.

4.1. Richtungsänderung der Hauptkeule in einer zweiten Ebene

Bei Verwendung einer einzelnen planaren Speiseantenne zur Anregung der Oberflächenwelle kann die Richtungsänderung der Hauptkeule in einer zweiten Ebene nur durch Modifikation des Hologramms erreicht werden. Komplexe Systeme wie in [FRO+03],[CLS+09] versuchen dies elektronisch zu lösen, indem beispielsweise PIN-Dioden, Varaktoren oder MEMS eingesetzt werden um die elektrische Länge des Hologramms über DC-Biasing zu verändern. Wiederum ist die hohe Anzahl benötigter Bias-Zuleitungen bei diesen Systemen problematisch.
Eine andere Möglichkeit ist die Kombination einer mechanisch schwenkenden Antenne mit der zuvor beschriebenen frequenzschwenkenden holografischen Antenne. Dazu wird das Hologramm nicht auf das gleiche Substrat aufgetragen wie die Speiseantenne, sondern auf eine dünne Polyimidfolie, welche oberhalb des Substrats aufgebracht wird. Wird der Lagenaufbau nach Abb. 4.1(a) verwendet und die Polyimidfolie über dem Substrat gespannt, sodass nur ein kleiner Luftspalt zwischen Substrat und Folie entsteht, ist die Funktionalität der Antenne kaum beeinträchtigt. Dies zeigt die Untersuchung in Abb. 4.1(b). Für diese Simulation wird das Hologramm auf der $100\,\mu$m dicken Folie oberhalb des Antennensubstrats aufgebracht. Ein Luftspalt mit Höhe g_P wird zwischen Folie und Substrat festgelegt und in der Höhe variiert. Es zeigt sich, dass der Gewinn bis zu einem Luftspalt mit $g_P = 0{,}25$ mm stabil bleibt und erst für größere Werte abnimmt. Bei der Verwendung dieses Konzepts sollte somit sichergestellt sein, dass die Polyimidfolie möglichst plan auf dem Antennensubstrat aufliegt. Das Ergebnis der CST Simulation in Abb. 4.1(c) zeigt, dass die Polyimidfolie außerdem einen geringen Einfluss auf die Ausbreitungsgeschwindigkeit der Oberflächenwelle hat und somit der Abstrahlwinkel gegenüber dem Originalsystem variiert. Die Winkeländerung aufgrund der veränderten Wellenzahl β_0 muss während des Entwurfs berücksichtigt werden.
Abb. 4.2 zeigt drei berechnete Hologramme mit unterschiedlichen Werten für θ_0

und ϕ_0. Die Abbildungen zeigen, dass die einzelnen kreisförmigen Elemente des Hologramms sich mit steigendem Winkel ϕ_0 einzeln in negative y-Richtung verschieben. Die entsprechend benötigte Modifikation des Hologramms nur durch Rotation oder Verschiebung der Polyimidfolie ist somit nicht möglich. Stattdessen könnte ein System nach Abb. 4.3 aufgebaut werden. Einzelne Hologramme für unterschiedliche Hauptstrahlrichtungen sind dabei auf einer Polyimidfolie nebeneinander aufgebracht. Die Folie ist an beiden Enden an mechanisch drehbaren Rollen befestigt. Die Flexibilität der dünnen Folie ermöglicht das Aufwickeln der nicht benötigten Hologramme auf den beiden Rollen. Durch die mechanische Drehung der beiden Rollen, beispielsweise mittels zweier Schrittmotoren, kann die Folie verschoben werden, sodass jeweils das benötigte Hologramm für die gewünschte Hauptstrahlrichtung in der Mitte vor der Speiseantenne platziert wird.

Die simulierten Richtdiagramme (vgl. Abb. 4.4) passen zu den beiden Hologrammen aus Abb. 4.2 mit $\phi_0 \neq 0°$ und zeigen eine sehr gute Übereinstimmung der Hauptstrahlrichtungen mit den berechneten Werten für ϕ_0 und θ_0. Das System aus Abb. 4.3 wurde im Laufe dieser Arbeit nicht realisiert, jedoch wurde messtechnisch verifiziert, dass die Anordnung des Hologramms auf einer Polyimidfolie oberhalb des Antennensubstrats verwendet werden kann. Die Ergebnisse der Verifikation erfolgen in Kapitel 4.2.1.

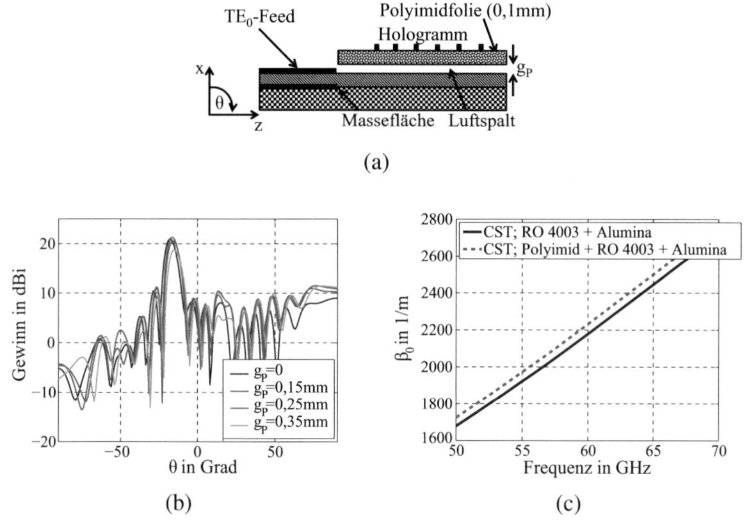

Abbildung 4.1.: (a) Lagenaufbau des Konzepts; (b) Simulierter Einfluss eines Luftspalts mit Höhe g_P zwischen Antennensubstrat und Polyimidfolie; (c) Ausbreitungskonstante für den Mehrlagenaufbau

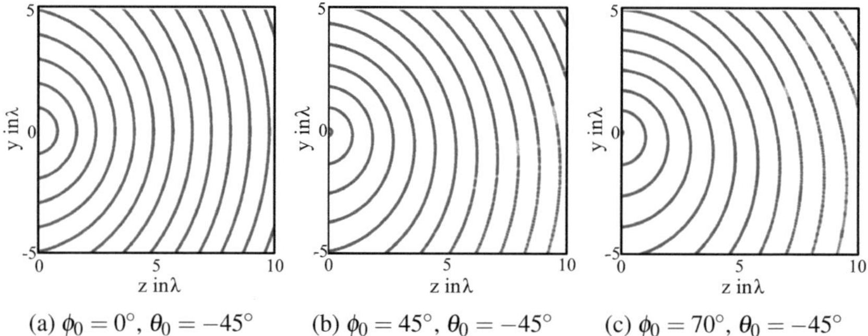

Abbildung 4.2.: Berechnete Hologramme für unterschiedliche Hauptstrahlrichtungen für einen zweidimensionalen Schwenkbereich

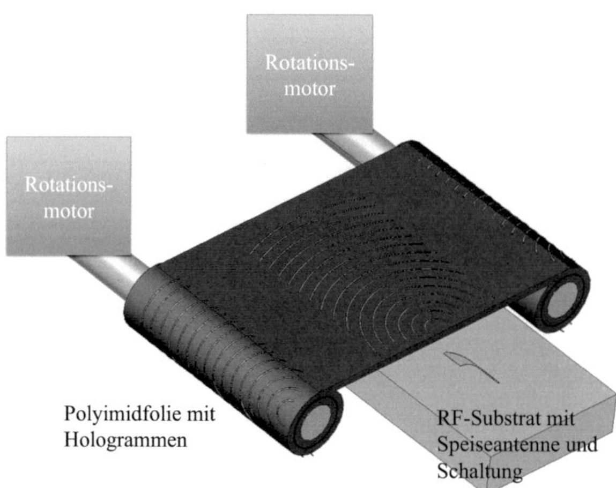

Abbildung 4.3.: Schematische Darstellung einer frequenzschwenkenden holografischen Antenne mit mechanischem System zum Wechseln des Hologramms zur Erzeugung eines Hauptkeulenschwenks in einer zweiten Ebene

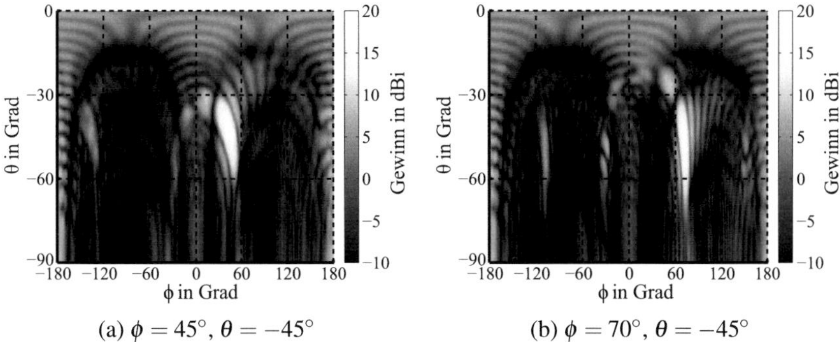

(a) $\phi = 45°$, $\theta = -45°$ (b) $\phi = 70°$, $\theta = -45°$

Abbildung 4.4.: Simulierte Fernfelder für die berechneten Hologramme aus Abb. 4.2. Frequenz: 60 GHz

4.2. 1xN Antennengruppe als Speiseantenne

Die Verwendung einer Antennengruppe als Speiseantenne erzeugt eine Oberflächenwelle mit ebener Phasenfront im Substrat (Abb. 4.5) und Gleichung 2.9 der ausbreitenden Oberflächenwelle ändert sich zu:

$$\vec{\underline{E}}_{ref_{z,y}}(z) = E_{ref_{z,y}} \cdot e^{-j\beta_0 \cdot z} \tag{4.1}$$

Dabei wird angenommen, dass die Phase in y-Richtung konstant bleibt. Das Hologramm kann demnach durch eine Anordnung gerader metallischer Streifen auf der Substratoberfläche im Abstand p zueinander abgebildet werden. Gegenüber der zirkularen Hologrammform hat dies unter anderem den Vorteil, dass die Position der Oberflächenwellenerzeuger weniger kritisch für die Funktionalität der Antenne ist. Beim zirkularen Hologramm war die Positionierung des Feeds im Kreismittelpunkt der Einzelelemente zum Erreichen der maximalen Antenneneffizienz ausschlaggebend.

Weiterhin ergeben sich neue Möglichkeiten, die Hauptkeule zweidimensional zu schwenken. Wie Abb. 4.6 zeigt, kann eine Richtungsänderung der Hauptkeule innerhalb der xy-Ebene mit $\phi_0 \neq 0°$ und $\theta_0 \neq 0°$ durch eine Rotation des Hologramms mit Rotationswinkel ψ_{rot} erreicht werden. Eine Rotation des Hologramms kann beispielsweise mechanisch erfolgen, indem ein Mehrlagenaufbau nach Kapitel 4.1 verwendet wird, bei welchem sich das Hologramm auf einer dünnen Polyimidfolie befindet.

Eine weitere Möglichkeit zur Änderung der Hauptstrahlrichtung in einer zweiten Ebene kann elektronisch durch eine Phasensteuerung der einzelnen Elemente zur Oberflächenwellenerzeugung erfolgen. Statt der Drehung des Hologramms, wird dadurch eine schräge Ausbreitungsrichtung der Referenzwelle vorgegeben. Dieses schräge Auftreffen der Referenzwelle auf das Hologramm führt zu einem ähnlichen Effekt wie die Rotation des Hologramms selbst. Die nächsten beiden Unterkapitel dienen der Analyse beider Verfahren.

Das bisher verwendete Koordinatensystem ist für die Betrachtung der zweidimensional schwenkenden Antenne ungeeignet. Die Keulenbreite innerhalb der xy-Ebene wäre mit dem vormals verwendeten Koordinatensystem in einer zweidimensionalen Darstellung der Abstrahlcharakteristik, wie sie im Folgenden mehrfach verwendet werden wird, nicht ablesbar. Eine senkrecht abstrahlende Hauptkeule würde beispielsweise bei $\theta_0 = 0°$ einen über ϕ konstanten Wert ergeben. Da die Keulenbreite in beiden Dimensionen eine wichtige Information für die angestrebte Radaranwendung darstellt, wird für das folgende Kapitel die Winkelanordnung nach Abb. 4.7 genutzt. Neben der intuitiven Positionsbestimmung der Hauptkeule ist durch diese Anordnung direkt die Keulenbreite in beiden Richtungen aus dem 2D-Plot des Fernfeldes ablesbar.

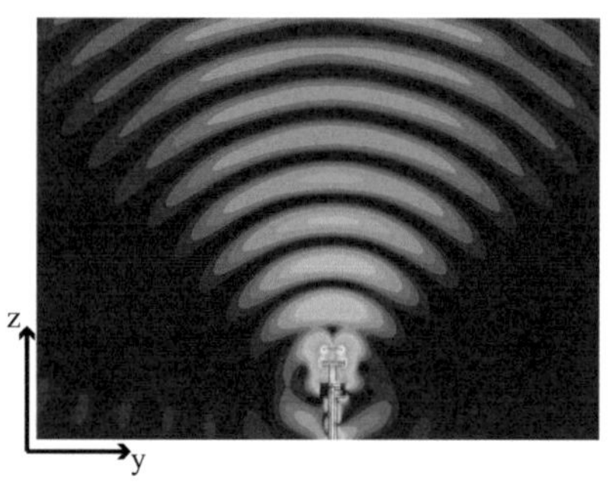

(a) Einzelstrahler

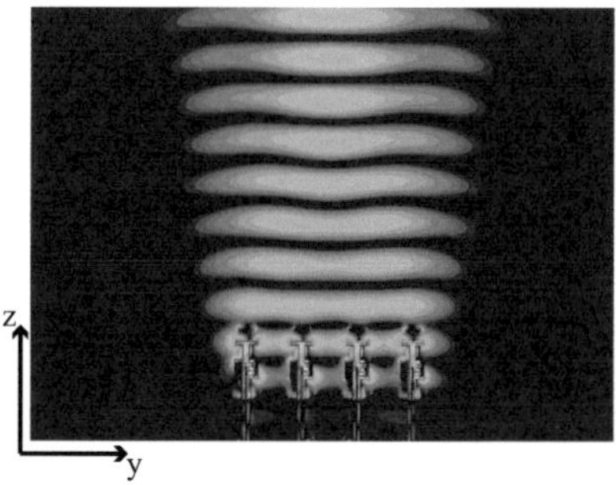

(b) Gruppenstrahler mit gleicher Phasenbelegung

Abbildung 4.5.: Vergleich der Feldverteilung des elektrischen Feldes der Oberflächenwelle mit TE$_0$-Mode bei Anregung mit einem Einzelstrahler oder einer Antennengruppe

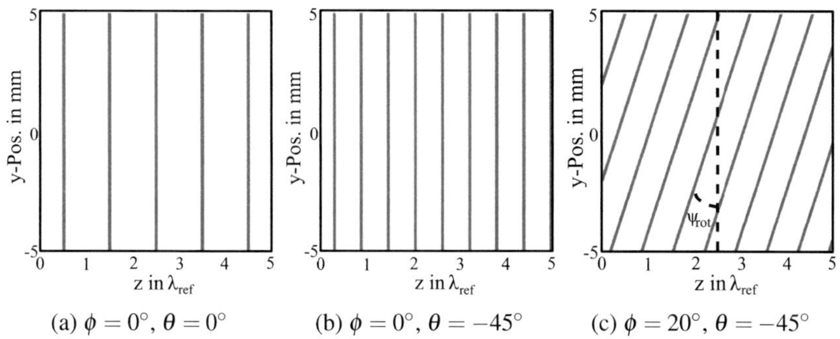

(a) $\phi = 0°$, $\theta = 0°$ (b) $\phi = 0°$, $\theta = -45°$ (c) $\phi = 20°$, $\theta = -45°$

Abbildung 4.6.: Berechnete Hologramme für zweidimensionalen Beam-Schwenk mit anregender Oberflächenwelle mit ebener Phasenfront

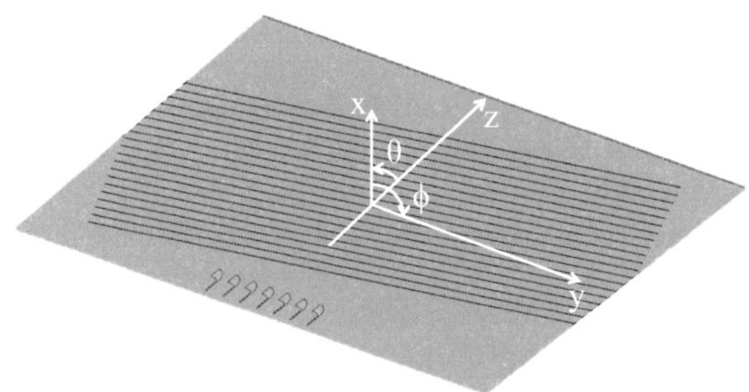

Abbildung 4.7.: Anpassung des Koordinatensystems für die folgenden Betrachtungen der zweidimensional schwenkenden Antenne

4.2.1. 2D-schwenkendes Antennensystem durch Rotation des Hologramms

Theoretische Betrachtung

Durch eine Rotation des Hologramms verändert sich die Periodizität der Einzel-strahler aus Sicht der anregenden Oberflächenwelle. Dies ist in Abb. 4.8 gezeigt. Eine reine Rotation des Hologramms ohne Anpassung der Periodizität führt aus diesem Grund ebenfalls zu einer Änderung des Abstrahlwinkels θ_0. Wird davon ausgegangen, dass der Abstand zwischen den Einzelelementen des Hologramms p nicht verändert wird, kann die zur Erzeugung der neuen Hauptstrahlrichtung benötigte effektive Periodizität p^* wie folgt berechnet werden:

$$p^* = \frac{p}{sin(\alpha_\psi)} \tag{4.2}$$

mit

$$\alpha_\psi = 90° - \psi$$

Es zeigt sich daraus, dass die beiden Schwenkrichtungen des Hauptstrahlwinkels nicht unabhängig voneinander verändert werden können. Mit größer werdendem Rotationswinkel des Hologramms bewegt sich die Hauptkeule, neben der ange-strebten Bewegung innerhalb der xy-Ebene, gleichzeitig in Richtung Broadside. Aus diesem Grund kann der maximale Schwenkwinkel θ_{max} nur mit $\phi_0 = 0°$ bei der minimalen Systemfrequenz erreicht werden.
Abb. 4.9 zeigt durch den schattierten Bereich den einstellbaren zweidimen-sionalen Schwenkbereich für die Antenne mit anregender TE_0-Referenzwelle innerhalb der Systembandbreite $f_{min} = 55\,\text{GHz}$ bis $f_{max} = 65\,\text{GHz}$ und mit der bereits in Kapitel 3 verwendeten Periodizität $p = 2{,}61\,\text{mm}$. Die Hauptstrahlrich-tung innerhalb der xz-Ebene wird über die effektive Periodizität p^* berechnet und ist in Abb. 4.9(a) auf der y-Achse aufgetragen. Neben dem Rotationswinkel ψ_{rot} des Hologramms, sind drei weitere x-Achsen dargestellt. Diese zeigen den sich ergebenden Winkel ϕ_0 der Hauptstrahlrichtung innheralb der xy-Ebene bei drei unterschiedlichen Frequenzen. Der Winkel ϕ_0 wird an dieser Stelle nach dem holografischen Prinzip aus Kapitel 2.2 berechnet. Rotationswinkel $\psi_{rot} > 20°$ werden nicht weiter betrachtet, da die Hauptkeule bei f_{max} in diesem Bereich bereits senkrecht zum Substrat abstrahlt und damit aufgrund des Stopbandes einen Einbruch des Gewinns aufzeigt. Außerdem werden für f_{min} Kippwinkel $\phi_0 > 60°$ erreicht, welche wegen der starken Verbreiterung der Hauptkeule nicht

überschritten werden sollten. Abb. 4.9(b) zeigt eine zusätzliche Darstellung des Schwenkbereichs über die beiden Winkel und veranschaulicht den ausleuchtbaren Bereich innerhalb einer Hemisphäre.

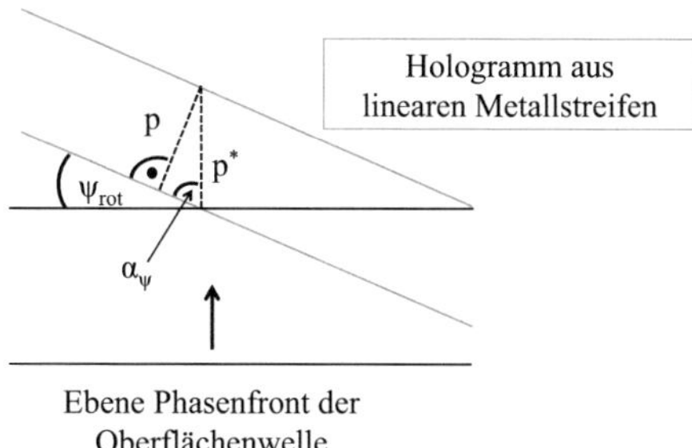

Abbildung 4.8.: Einfall der Referenzwelle mit ebener Phasenfront auf das um ψ_{rot} verkipp-te Hologramm

Eine praktische Realisierung dieses Konzepts kann durch den Lagenaufbau aus Kapitel 4.1 erstellt werden. Da das Hologramm demnach auf einer 100 μm dicken Polyimidfolie aufgebracht ist, welche auf dem RO4003® Substrat aufliegt, ist eine stufenlose Drehung durch Anbringen eines Motors möglich. Die Antennengruppe

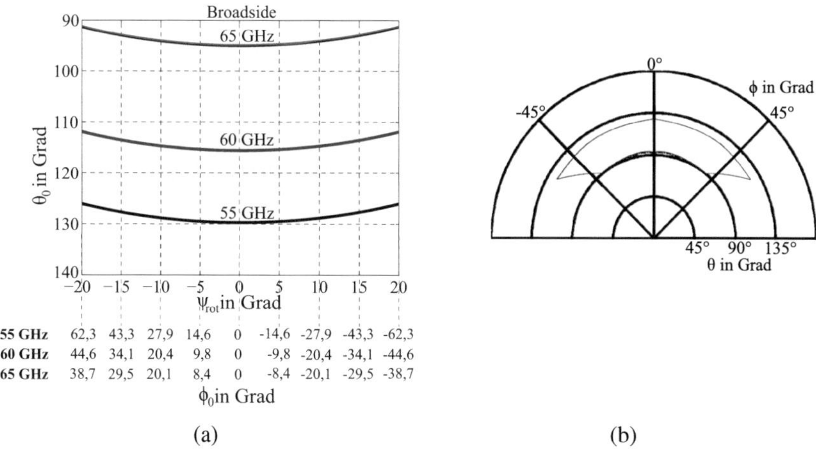

55 GHz	62,3	43,3	27,9	14,6	0	-14,6	-27,9	-43,3	-62,3
60 GHz	44,6	34,1	20,4	9,8	0	-9,8	-20,4	-34,1	-44,6
65 GHz	38,7	29,5	20,1	8,4	0	-8,4	-20,1	-29,5	-38,7

ϕ_0 in Grad

(a)   (b)

Abbildung 4.9.: Durch mechanische Rotation des Hologramms um Rotationswinkel ψ_{rot} erreichbarer Schwenkbereich ($p = 2{,}61$ mm)

als Referenzwellenerzeuger dient der Erzeugung einer Oberflächenwelle mit ebener Phasenfront. Um die Feldstärkeverteilung der angeregten Oberflächenwelle abschätzen zu können, kann die Fernfeldberechnung von Antennengruppen im Freiraum genutzt werden [KZ55], wie das folgende Beispiel zeigt. In der Simulation wird erneut auf Waveguide-Ports als frequenzunabhängige, ideale Einzelstrahler zurückgegriffen. Als entsprechendes Modell kann daher ein Flächenstrahler mit homogener Stromverteilung und Kantenlänge a_S in y-Richtung angenommen werden, dessen Richtcharakteristik in der Substratebene wie folgt berechnet wird:

$$C(\psi) = |\frac{sin(\xi)}{\xi}| \cdot |cos(\psi)| \tag{4.3}$$

mit

$$\xi = \frac{\pi a_S}{\lambda_{ref0}} \cdot sin(\psi) \tag{4.4}$$

Für omnidirektionale Einzelstrahler entstehen ab einem Elementabstand von $\frac{\lambda_{ref0}}{2}$ die ersten Grating Lobes, welche mit größer werdendem Elementabstand an Intensität zunehmen [Bal97]. Treffen die Nebenkeulen auf das Hologramm, werden diese ebenfalls in der Freiraumabstrahlung abgebildet. Es ist daher notwendig, die Ausbreitung von Grating Lobes innerhalb des Antennensubstrats möglichst zu unterbinden oder deren Intensität so gut wie möglich zu dämpfen. Da die Speiseantennen zur Anregung der Oberflächenwellen aus Kapitel 3.3.2 teilweise bereits breiter als $\frac{\lambda_{ref0}}{2}$ sind, kann der empfohlene Elementabstand kleiner der halben Wellenlänge der Referenzwelle im Substrat nicht immer eingehalten werden. Wie Abb. 4.10 zeigt, führt jedoch eine ausgeprägte Direktivität der Einzelstrahler in Ausbreitungsrichtung zu einer starken Unterdrückung der Grating Lobes für kleine Abstände p_{Gr} zwischen den Einzelstrahlern. Für die gezeigte Berechnung wurde eine Antennengruppe bestehend aus $N_{Gr} = 4$ direktiven Einzelstrahlern mit einer Aperturbreite einer Wellenlänge der anregenden Substratmode verwendet. Die bei $\pm 90°$ erstmals auftretenden Grating Lobes werden bei einem Elementabstand von λ_{ref0} durch die Direktivität der Einzelstrahler noch sehr gut unterdrückt, sodass die Intensität weit unterhalb des Nebenkeulenniveaus liegt.
Eine weitere Vergrößerung des Feedabstands wird nicht empfohlen, da die Grating Lobes bei $p_{Gr} = 1{,}5\lambda_{ref0}$ eine höhere Intensität als die auftretenden Nebenkeulen der Referenzwelle erreichen. Die Berechnung der Feldintensität der Oberflächenwelle über die Fernfeldgleichung von Antennengruppen hat den Vorteil, dass bereits vor der aufwendigen Simulation mit einem Feldsimulator eine optimale Anordnung der Antennengruppe zur Anregung der Referenzwelle mit geringem Rechenaufwand bestimmt werden kann.

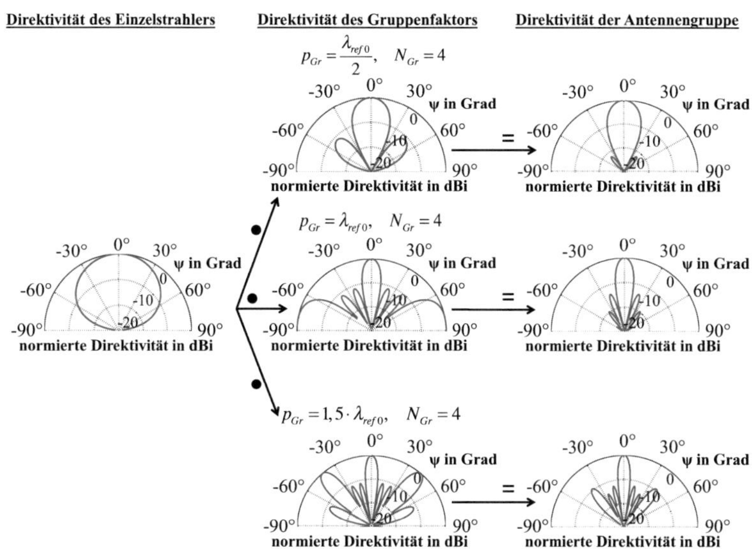

Abbildung 4.10.: Unterdrückung von Grating Lobes bei Erzeugung der Oberflächenwelle durch direktive Einzelstrahler, schematische Darstellung des entstehenden Gruppenfaktors

Simulative Untersuchung

Für die Anregung mit den antipodalen Vivaldi-Antennen wird ein Elementabstand der Speiseantennen von 2,85 mm gewählt, was einer effektiven Wellenlänge λ_{ref0} der TE_0-Oberflächenwelle bei der Mittenfrequenz 60 GHz entspricht. Das Hologramm im Abstand von 5 mm zur Oberflächenwellenerzeugung muss nach Möglichkeit großflächig und mit ebener Phasenfront in y-Richtung ausgeleuchtet werden, um eine kleine Keulenbreite innerhalb der xy-Ebene zu erhalten. Abb. 4.11 zeigt den Verlauf von Amplitude und Phase der E_y-Komponente des elektrischen Feldes einer ungestörten TE_0-Oberflächenwelle bei unterschiedlicher Anregung. Die Betrachtung findet dabei 5 mm entfernt von den Oberflächenwellenerzeugern (in z-Richtung) statt, weshalb die Hauptkeule im Amplitudenverlauf noch nicht deutlich ausgeprägt ist. Wie die Ergebnisse zeigen, ist die Verwendung einer großen Apertur durch eine höhere Anzahl an Einzelstrahlern vorteilhaft, da die ebene Phasenfront über eine größere Strecke parallel zum Hologramm erzeugt wird. Dass eine größere Aperturform nicht zu einer schmaleren Hauptkeule mit ebener Phasenfront führt, wie es aus der Antennentheorie hervorgeht, ergibt sich wegen des geringen Abstands zur Oberflächenwellenquelle, in welchem die

Fernfeldbedingung nicht erfüllt ist. Da das Hologramm ebenfalls in solch kurzem Abstand und nicht im Fernfeld der Antennengruppe angebracht ist, wird eine entsprechend große Antennengruppe bestehend aus sieben Elementen im Abstand λ_{ref0} für die folgenden Betrachtungen verwendet.

Mit der Gruppe aus sieben antipodalen Vivaldi-Antennen ergibt sich eine Oberflächenwelle mit der elektrischen Feldverteilung und der Phasenfront nach Abb. 4.12. Wird nun die Polyimidfolie mit Hologramm aufgelegt und gedreht, ergeben sich die Abstrahldiagramme nach Abb. 4.13. Die effektive Vergrößerung der Periodizität durch die Rotation wird in der Simulation bestätigt, da die Hauptstrahlrichtung sich bei gleichbleibender Frequenz durch Rotation des Hologramms in Richtung Broadside bewegt. Für eine symmetrische Rotation von $\psi_{rot} = \pm 20°$ ergibt sich der zweidimensionale Schwenkbereich von $\phi_0 = \pm 62{,}3°$ und $91{,}7° \leq \theta_0 \leq 128{,}2°$ für die festgelegte Systembandbreite.

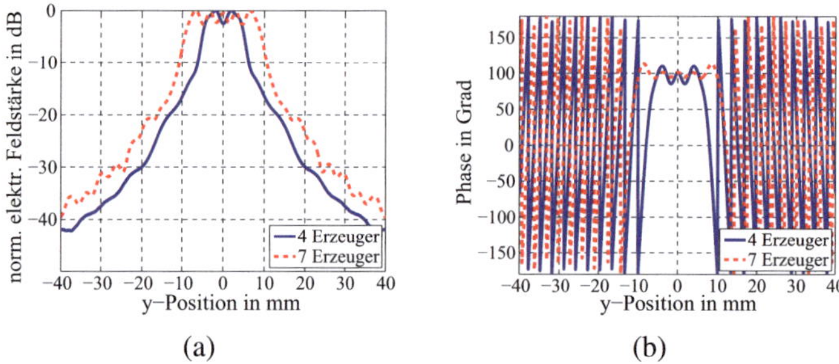

(a)   (b)

Abbildung 4.11.: Simulierter Feldverlauf der E_y-Komponente des elektrischen Feldes entlang der Hologrammelemente im Abstand 5 mm

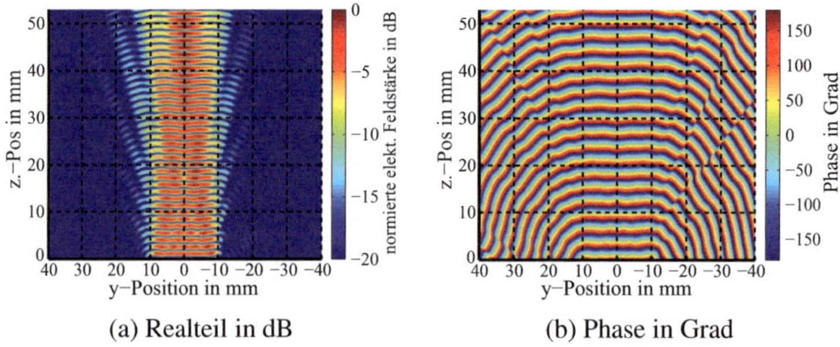

(a) Realteil in dB   (b) Phase in Grad

Abbildung 4.12.: Simulierter Feldverlauf der E_y-Komponente des elektrischen Feldes bei Erzeugung mit einer Gruppe aus sieben Einzelstrahlern

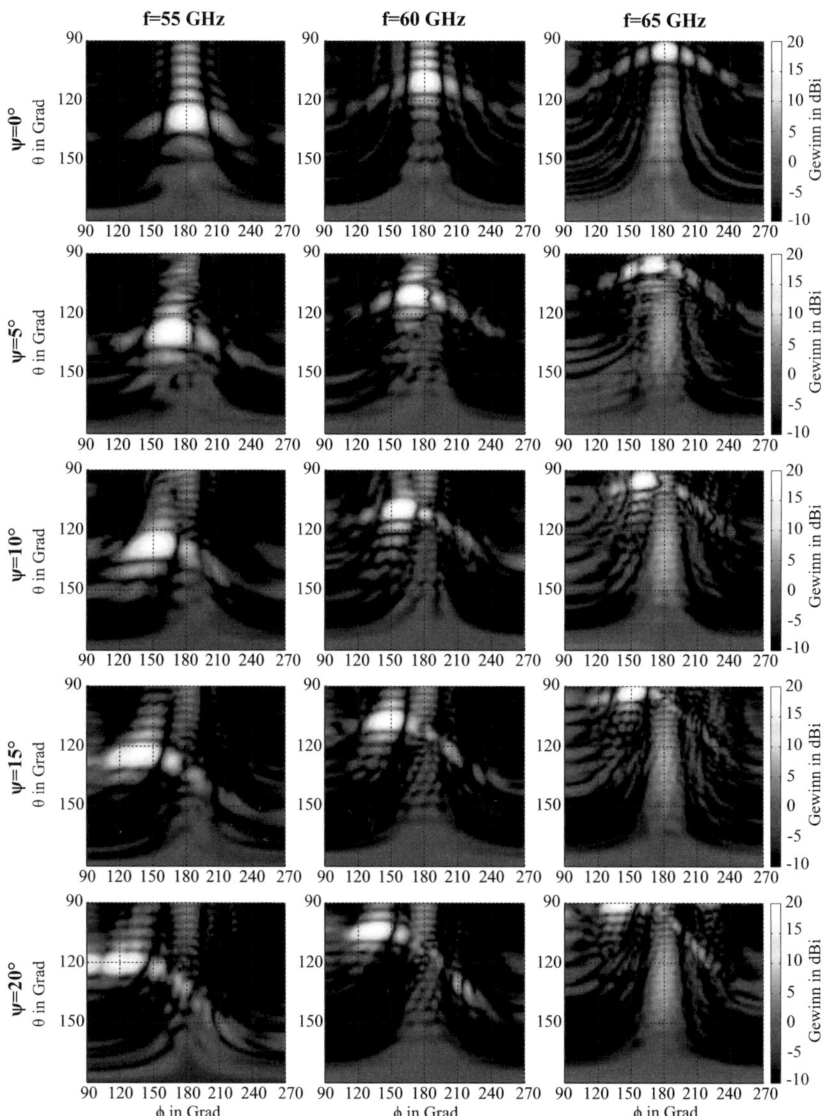

Abbildung 4.13.: Simulierte Abstrahlung der holografischen Antenne mit TE_0-Referenzwelle für verschiedene Rotationswinkel ψ des Hologramms. Da ein Substrat ohne Massefläche verwendet wird, bildet sich jeweils eine Hauptkeule innerhalb der oberen und unteren Hemisphäre aus. Gezeigt ist die stärkere Hauptkeule innerhalb der unteren Hemisphäre.

Messtechnische Verfikation

Die messtechnische Verifikation des Mehrlagenaufbaus mit dem Hologramm auf Polyimidfolie (vgl. auch Kapitel 4.1) erfolgt mit den in Abb. 4.14 dargestellten anregenden Yagi-Uda-Antennen. Die Ergebnisse sind zu einem frühen Zeitpunkt der Arbeit entstanden, weshalb eine Antennengruppe als Oberflächenwellenerzeuger verwendet wurde, deren Design für ein anderes Projekt entwickelt wurde. Daher weicht der Frequenzbereich der folgenden Ergebnisse von dem bisher verwendeten V-Band ab. Dennoch wird die Funktionalität eines Layouts mit dem Hologramm auf einer $100\,\mu$m dicken Polyimidfolie durch die Messungen bestätigt.

Der Bewegungsbereich der Messantenne ist für die dreidimensionale Messung nochmals stärker eingeschränkt als für die Messung einer Ebene. Die Plots in Abb. 4.15 zeigen, dass die Hauptkeule der Antenne innerhalb der oberen Hemisphäre schräg oberhalb der Messspitze liegt. Gemessen wurde daher die vordere Hälfte der oberen Halbkugel und zusätzlich etwa $30°$ innerhalb der zweiten Hälfte, wobei in diesem Bereich, in dem die Hauptkeule liegt, der Bewegungsradius von ϕ ebenfalls auf etwa $\pm30°$ beschränkt ist (vgl. Anhang E.2). Es wurde aus diesem Grund eine geringere Hologrammrotation um $12°$ gewählt, die eine Richtungsänderung der Hauptkeule um $\Delta\phi = 30°$ zur Folge hat.

Die Messergebnisse zeigen einerseits die Änderung der Hauptstrahlrichtung über der Frequenz sowie die Änderung innerhalb der xy-Ebene bei Drehung des Hologramms. Bei senkrechter Ausrichtung des Hologramms ist ein leichtes Schielen der Antenne zu erkennen, welches durch das nicht ideale Speisenetzwerk entsteht. Dennoch ist die Funktionalität der Antenne mit der Hologrammposition auf einer extra Polyimidfolie mit diesem Ergebnis messtechnisch verifiziert. Diese Verifikation zeigt, dass die vorgestellten Konzepte zum mechanischen zweidimensionalen Richtungswechsel der Hauptstrahlrichtung aus Kapitel 4.1 und Kapitel 4.2.1 realisierbar sind. Die Messergebnisse wurden 2013 auf der „7th European Conference on Antennas and Propagation (EuCAP 2013)" veröffentlicht [RBPZ13].

4.2.2. 2D-schwenkendes Antennensystem mit phasensteuerndem Speisenetzwerk

Statt der mechanischen Verkippung des Hologramms kann ein komplett elektronischer Hauptkeulenschwenk realisiert werden, indem eine phasengesteuerte Antennengruppe zur Erzeugung der Oberflächenwelle genutzt wird. Bei dieser Kombination aus frequenzschwenkender Antenne und Phased-Array wird der Rotationswinkel ψ_{rot} über den Ausbreitungswinkel der Oberflächenwelle definiert. Der

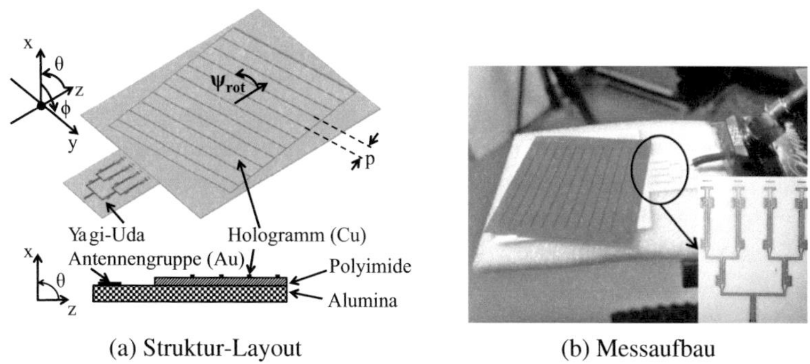

(a) Struktur-Layout

(b) Messaufbau

Abbildung 4.14.: Verwendete Struktur zur messtechnischen Verifikation des Mehrlagenaufbaus mit Polyimidfolie

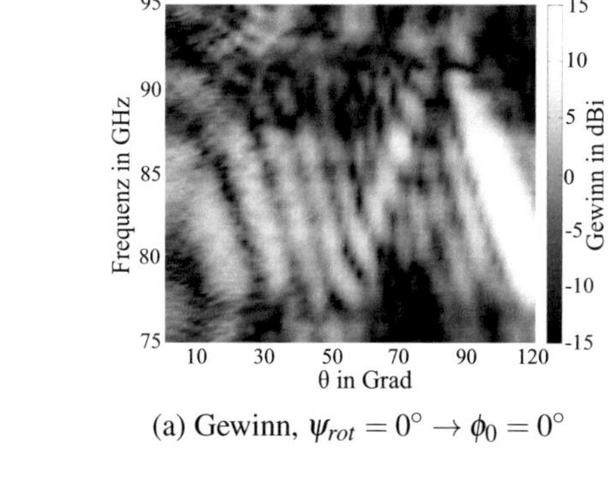

(a) Gewinn, $\psi_{rot} = 0° \rightarrow \phi_0 = 0°$

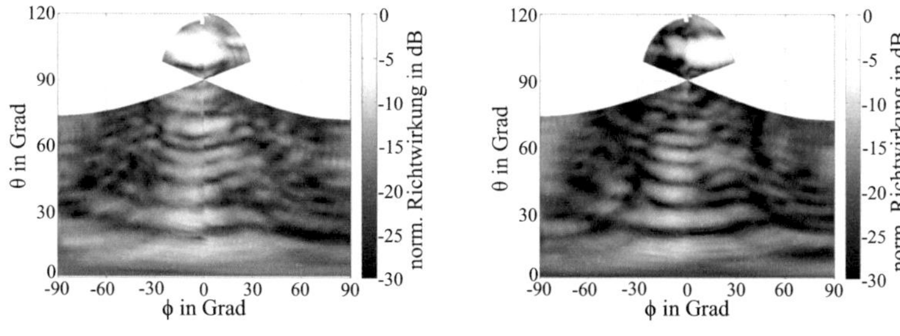

(b) Richtdiagramm mit $\psi_{rot} = 0°$ bei
85 GHz

(c) Richtdiagramm mit $\psi_{rot} = +12°$
bei 85 GHz

Abbildung 4.15.: Messergebnisse der Struktur mit dem Hologramm auf einer Polyimidfolie

Ausbreitungswinkel wiederum wird über die Phasendifferenz $\Delta\phi_{TE0}$ der einzelnen Strahler zueinander erzeugt. Da der mechanische Aufwand entfällt, wird diese Art der Realisierung mit Hinblick auf die Aufbautechnik bevorzugt. Ein Nachteil der ausschließlich elektronisch steuerbaren Methode gegenüber der mechanischen Veränderung des Hologramms, ist die Entstehung von Nebenkeulen und weiteren Grating Lobes in Abhängigkeit des Grades der Verkippung der Oberflächenwelle, welche im Designprozess beachtet werden müssen.

Ein direkter Vergleich beider Konzepte mit jeweils gleichem Abstrahlwinkel ϕ_0 zeigt die Unterschiede im resultierenden Fernfeld auf (vgl. Abb. 4.16). Wird die Rotation mechanisch erzeugt, bleibt die Ausbreitungsrichtung der Referenzwelle unverändert und trifft auf das gekippte Hologramm. Die nicht abgestrahlte Welle läuft weiter in $+z$-Richtung und erzeugt eine Nebenkeule parallel zur Substratebene ($\theta = 0°$) durch Abstrahlung an der Substratkante. Diese kann durch Absorbtion der nicht abgestrahlten Leistung am Ende des Dielektrikums gedämpft werden. Ansonsten zeigt das Fernfeld den gewünschten Effekt der Richtungsänderung der Hauptkeule in der xy-Ebene. Bei einem rein elektronischen Schwenk der Referenzwelle können beim verwendeten Abstand der Oberflächenwellenanreger $p_{Gr} = \lambda_{ref0}$ bei phasenverzögerter Anregung bereits hohe Nebenkeulen und Grating Lobes bei Erzeugung der Referenzwelle auftreten (vgl. Abb. 4.17), welche vom Hologramm als störende Abstrahlung im Freiraum abgebildet werden. Die Verkippung der Oberflächenwelle führt einerseits dazu, dass die Abstrahlung parallel zum Substrat deutlich abnimmt, jedoch ordnen sich die Nebenkeulen stärker um die Hauptkeule an (vgl. Abb. 4.16(b)). Allgemein sind bei gleicher Richtungsänderung der Hauptkeule innerhalb der yz-Ebene im elektronisch schwenkenden System mehr Nebenkeulen und Abstrahlung in unerwünschte Richtungen zu erkennen als im Fall des mechanischen Schwenks.

Weiterhin ist zu beobachten, dass der in Kapitel 4.2.1 beschriebene Effekt durch Änderung der Periodizität im Fall des elektronischen Schwenks nicht auftritt. Stattdessen steigt der Winkel der Hauptstrahlrichtung θ_0 bei größer werdendem Winkel ψ_{rot} in negative Richtung an. Eine Erklärung ergibt sich über die Anschauung des Hologramms als Antennengruppe. Werden die Randeffekte wegen der nur endlich ausgedehnten Phasenfront vernachlässigt, ist der Abstand p der Einzelstrahler in z-Richtung unabhängig von ψ_{rot}. Bei Betrachtung der Hologrammmitte ($y = 0$) ändert sich durch Kippung der Referenzwelle jedoch die Phasendifferenz der Einzelelemente zueinander. Wird der Kippwinkel größer, sinkt die Phasendifferenz der Speisung zwischen den in z-Richtung verteilten Einzelelementen. Da die Floquet-Mode mit $n = -1$ (erste Grating Lobe) die Hauptkeule bildet, bedeutet diese kleiner werdende Phasendifferenz eine Bewegung der Hauptkeule in negative z-Richtung innerhalb der xz-Ebene. Es ergibt sich für das Hologramm mit $p = 2{,}61$ mm der ausleuchtbare Winkelbereich nach Abb. 4.18. Die Darstellung innerhalb der Hemisphäre in Abb. 4.18(b) zeigt, dass der zweidimensionale Schwenkbereich des Konzepts mit phasengesteuerter Antennengruppe gegenüber dem Schwenk durch das rotierte Hologramm eingeschränkt ist.

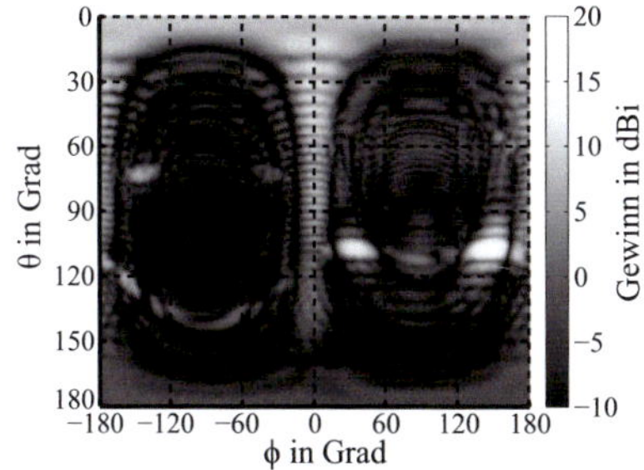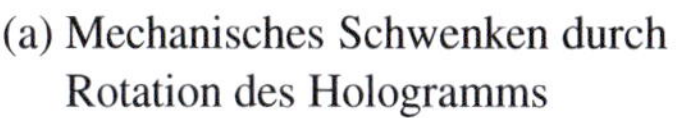
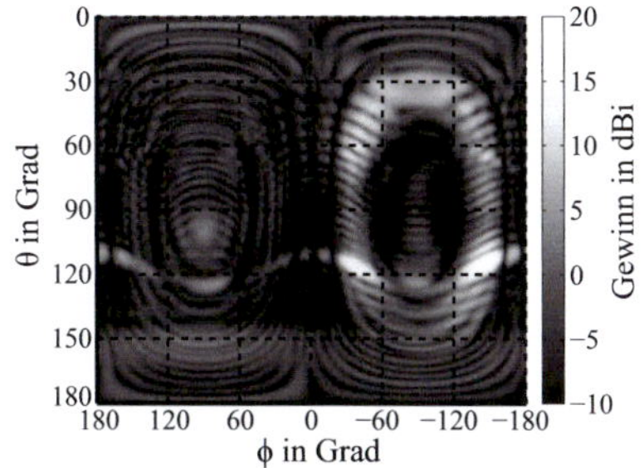

(a) Mechanisches Schwenken durch Rotation des Hologramms

(b) Elektronisches Schwenken über phasengesteuerte Gruppenantennen

Abbildung 4.16.: Fernfeld der holografischen Antennen mit unterschiedlichen Verfahren zum Schwenken der Hauptkeule

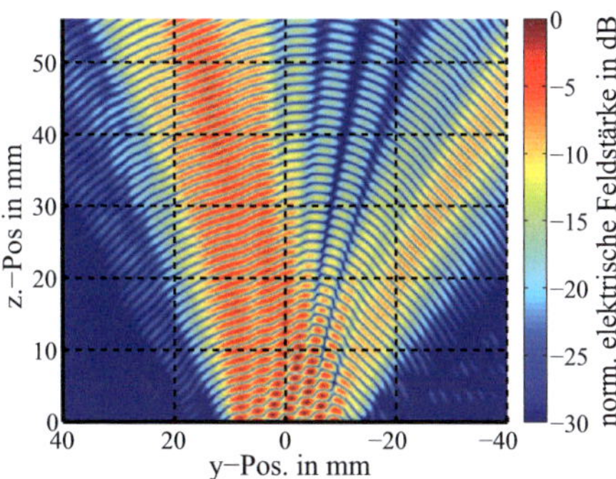

Abbildung 4.17.: Elektrische Feldverteilung im Substrat bei Anregung einer TE_0-Oberflächenwelle mit phasenverzögerter Antennengruppe; $N_{Gr} = 7$; $\Delta\phi_{TE0} = 110°$

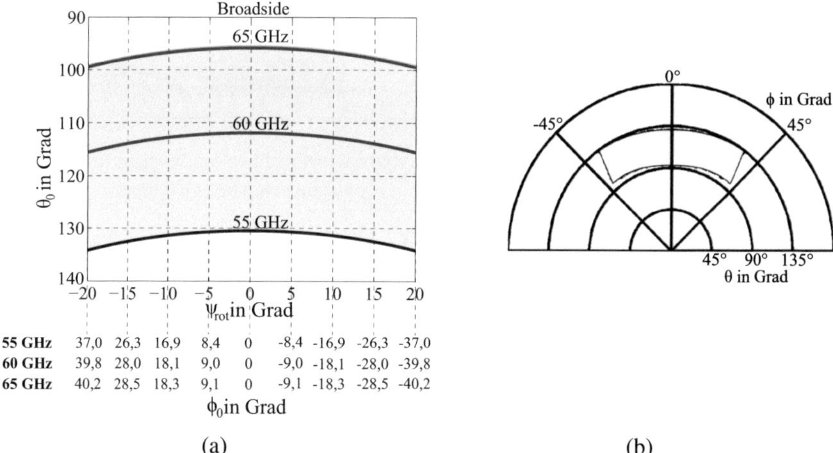

55 GHz	37,0	26,3	16,9	8,4	0	-8,4	-16,9	-26,3	-37,0
60 GHz	39,8	28,0	18,1	9,0	0	-9,0	-18,1	-28,0	-39,8
65 GHz	40,2	28,5	18,3	9,1	0	-9,1	-18,3	-28,5	-40,2

ϕ_0 in Grad

(a)   (b)

Abbildung 4.18.: Durch elektronische Kippung der Referenzwelle um Rotationswinkel ψ_{rot} erreichbarer Schwenkbereich

4.3. 2D-schwenkendes Antennensystem mit Rotman-Linse

4.3.1. Rotman-Linse als phasensteuerndes Speisenetzwerk

Es gibt unterschiedliche Möglichkeiten zur Realisierung der phasensteuernden Speisung der Oberflächenwellenerzeuger. Die Verwendung von Phasenschieber-ICs an jedem Erzeugerelement bietet dabei die größten Freiheitsgrade zur stufenlosen Einstellung der einzelnen Phasen unabhängig voneinander. Häufig sind jedoch eine Vielzahl an Steuer- und Versorgungsspannungen für einen solchen Aufbau erforderlich, welche die Systemkomplexität erhöhen und die Integrierbarkeit als kompaktes Modul erschweren. Die Phasendifferenz der Ausgänge von passiven phasensteuernden Speisenetzwerken wie der Butler-Matrix und der Rotman-Linse werden dagegen bereits im Designprozess festgelegt und sind im laufenden Betrieb nur diskret verstellbar. Beide Systeme verteilen die Leistung eines Eingangsports auf eine unterschiedliche Anzahl an Ausgangsports (Antennenports). Die Wahl des Eingangsports (beispielsweise über einen integrierten Schalter) legt die Phasendifferenz zwischen den Antennenports fest.

Eine Butler-Matrix erzeugt den Phasenversatz über eine Anordnung mehrerer Koppler (häufig Branchline-Koppler) und Verzögerungsleitungen und ist meistens in Mikrostreifenleitungstechnologie realisiert. Bei Verwendung der klassischen Rotman-Linse hingegen koppelt die speisende Mikrostreifenleitung die Welle in eine Parallelplattenregion über, innerhalb derer die Welle zu den Antennenports geleitet wird. Diese Parallelplattenregion kann je nach Technologie auch durch andere gerichtete Ausbreitungsformen (in [WD06] wird beispielsweise eine direktive TM_0-Oberflächenwelle verwendet) ersetzt werden. Über die Form der Linse wird die Phasendifferenz an den Ausgängen festgelegt.

Wie die vorangegangenen Berechnungen zeigen, kann bereits mit einer Verkippung der Referenzwelle um $\psi_{rot} = 20°$ eine Änderung der Hauptstrahlrichtung von bis zu $\phi_0 = 40°$ erreicht werden. Da die Funktion der Butler-Matrix auf dem Phasenversatz der verwendeten Koppler beruht [Mac87], welcher meist $90°$ beträgt, sind die auswählbaren vier Phasendifferenzen an den Antennenports auf die Werte $\pm 45°$ und $\pm 135°$ beschränkt. Eine Auswahl an Zwischenschritten für eine feinere Diskretisierung des Schwenkbereichs ist nicht möglich. Es ergibt sich eine maximale Verkippung der Referenzwelle um $22°$. Dies entspricht einem maximalen Abstrahlwinkel von über $45°$ innerhalb der xy-Ebene. Mit dem zur Verfügung stehenden Messsystem sind solch schräge Abstrahlwinkel nicht mehr verifizierbar. Ein weiterer Vorteil der Rotman-Linse gegenüber der Butler-Matrix ist die Möglichkeit die Antenne bei $\phi_0 = 0°$ zu betreiben. In diesem Bereich ist es möglich, den Antennengewinn auch kalibriert zu vermessen.

Eine stufenlose Einstellung der Phase ist auch mit der Rotman-Linse nicht möglich. Durch den Designprozess kann jedoch sowohl die maximale Phasendifferenz als auch die Anzahl der Zwischenstufen definiert werden. Außerdem ist die Anzahl der Antennenports flexibel wählbar und kann somit, bezüglich der Erzeugung einer ebenen Phasenfront, an die holografische Antenne angepasst werden. Radarsysteme mit Rotman-Linsen zur Phasensteuerung wurden bereits mehrfach veröffentlicht. Wegen der genannten höheren Design-Flexibilität gegenüber der Butler-Matrix ist der Einsatz von Rotman-Linsen auch für die Kombination mit holografischen Antennen vorzuziehen.

Eine Möglichkeit zum Entwurf einer Rotman-Linse wurde bereits am IHE von A. Lambrecht untersucht [Lam]. Für eine detaillierte Beschreibung des auch hier verwendeten Vorgehens wird auf diese Arbeit verwiesen. Eine kurze Zusammenfassung der Grundlagen zum Design können in Anhang D nachgeschlagen werden.

4.3.2. Entwurf und Simulation der holografischen Antenne mit Rotman-Linse

Zum Entwurf der Rotman-Linse werden folgende Parameter festgelegt:

- Anzahl der Eingangsports und damit der Abstrahlwinkel: 7

- Anzahl der Ausgangsports (Antennenports): $N_{Gr} = 7$

- Abstand zwischen den Antennenports: $p_{Gr} = 2{,}85\,\text{mm} \mathrel{\widehat{=}} \lambda_{ref0}$ bei 60 GHz

- maximaler Abstrahlwinkel (max. Rotationswinkel ψ_{rot}): $25°$ im Freiraum, entspricht $\psi_{rot} \approx 15°$ als TE_0-Welle

Die Rotman-Linse wird mit diesen Anfangsbedingungen über den Designprozess nach Anhang D auf minimale Amplituden- und Phasenfehler innerhalb der Transmissionskoeffizienten optimiert. Die Mikrostreifenleitungen der Ports weisen eine Leitungsimpedanz von $Z_0 = 80\,\Omega$ auf. Dementsprechend wird die Rotman-Linse auf diese Leitungsimpedanz angepasst. Es ergibt sich das Design nach Abb. 4.19. Die Anzahl der Dummy-Ports ergibt sich über die Optimierung der S-Parameter mit dem Feldsimulator CST. Dazu wird die Rotman-Linse ohne holografische Antenne simuliert. Die resultierenden S-Parameter für die Speisung am äußersten und am mittleren Port für die gezeigte Konfiguration sind in Abb. 4.20 und Abb. 4.21 dargestellt. Die Rotman-Linse ist über das gesamte

Band mit $S_{jj} < -10\,\text{dB}$ sehr gut angepasst. Für die Speisung an Port 4 sollen alle Antennenfeeds mit gleicher Phase angeregt werden. Die mittlere Phasendifferenz liegt stabil über der gesamten untersuchten Bandbreite bei $0{,}16°$ und entspricht damit sehr gut dem erwarteten Wert. Für die weiteren Ports, welche zu einer mit Winkel ψ_{rot} verkippten Ausbreitung der Oberflächenwelle führen, muss die verlangsamte Ausbreitungsgeschwindigkeit der Welle gegenüber einer Ausbreitung in den Freiraum beachtet werden. Der Parameter zum Festlegen des maximalen Abstrahlwinkels gibt die benötigte Phasendifferenz mit folgender Gleichung für eine TE_0-Welle im Substrat an.

$$\Delta\phi_{TE0} = 360° \cdot \frac{p_{Gr}}{\lambda_{ref0}} \cdot sin(\psi_{rot}) \tag{4.5}$$

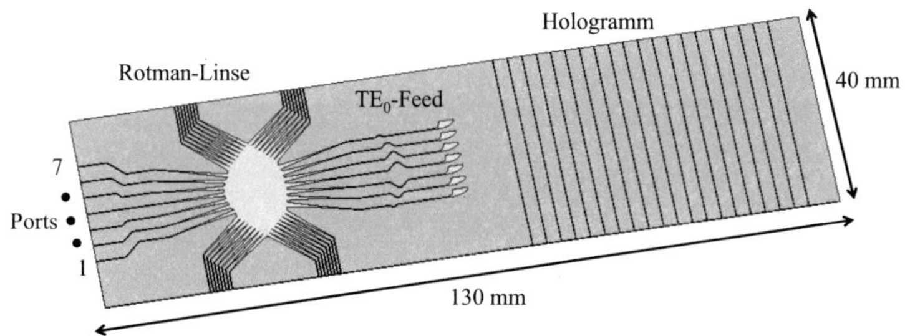

Abbildung 4.19.: Simulationsmodell der Rotman-Linse mit holografischer Antenne

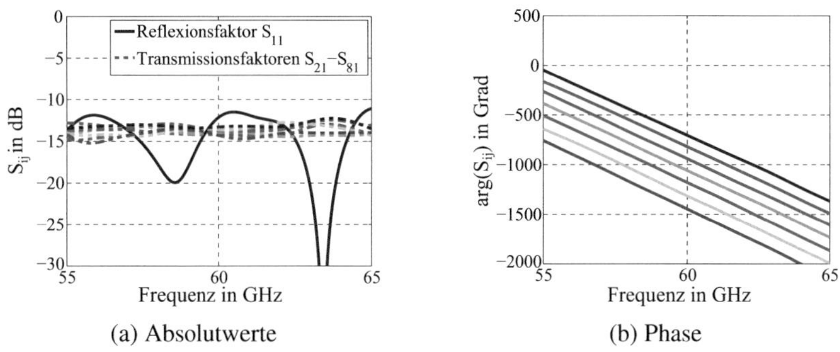

(a) Absolutwerte

(b) Phase

Abbildung 4.20.: Simulierte S-Parameter der Rotman-Linse für Speisung an Port 1, Normierung auf $Z_0 = 80\,\Omega$

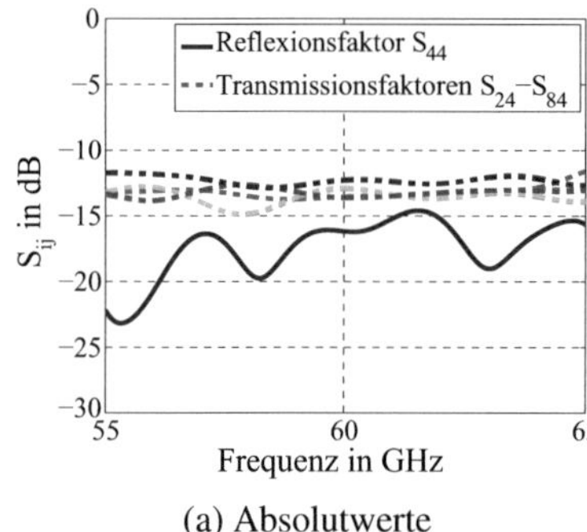
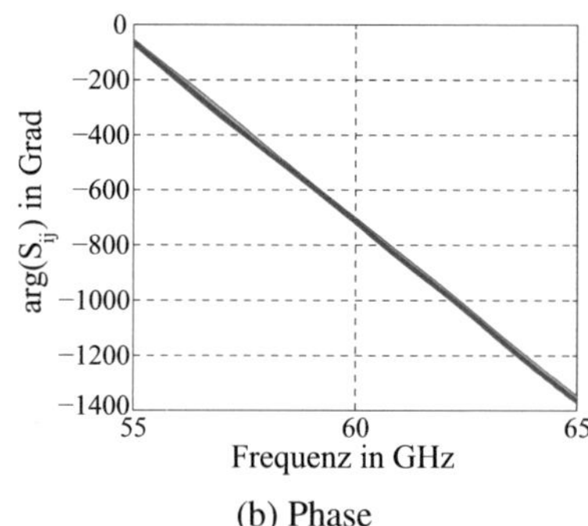

(a) Absolutwerte   (b) Phase

Abbildung 4.21.: Simulierte S-Parameter der Rotman-Linse für Speisung an Port 4, Normierung auf $Z_0 = 80\,\Omega$

Wegen der kleineren effektiven Wellenlänge vergrößert sich im vorliegenden Fall der effektive Abstand zwischen den Oberflächenwellenerzeugern und es ergeben sich größere benötigte Phasendifferenzen zur Erzeugung der selben Abstrahlwinkel. Ein Vergleich zwischen Soll- und Simulationswerten und die daraus resultierenden maximalen Abstrahlwinkel ψ_{rot} als Oberflächenwelle innerhalb des Substrats sind in Tabelle 4.1 zusammengefasst. Die Simulationsergebnisse gelten für einen idealen, reflexionsfreien Abschluss der Dummy-Ports sowie der übrigen Ein- und Ausgänge

Für diese ideale Annahme liegt die simulierte Effizienz der Linse zwischen 32 % und 40 %. Die niedrige Effizienz, welche hauptsächlich durch die innerhalb der Dummy-Ports verlorene Leistung zustande kommt, ist der große Nachteil der Rotman-Linse gegenüber anderen Speisenetzwerken. Die in dieser Arbeit erreichten Werte entsprechen in etwa denen anderer Gruppen [SMGS07], [LKY11]. Mit der entworfenen Rotman-Linse ergeben sich die Richtcharakteristiken nach Abb. 4.22 für die Speisung der ersten vier Ports. Die Richtungsänderung der Hauptkeule stimmt dabei sehr gut mit den berechneten Werten nach Abb. 4.18 überein. Der Gewinn ist wegen der Verluste innerhalb der Rotman-Linse gegenüber dem Konzept mit mechanischem Hauptkeulenschwenk um bis zu 5 dB geringer.

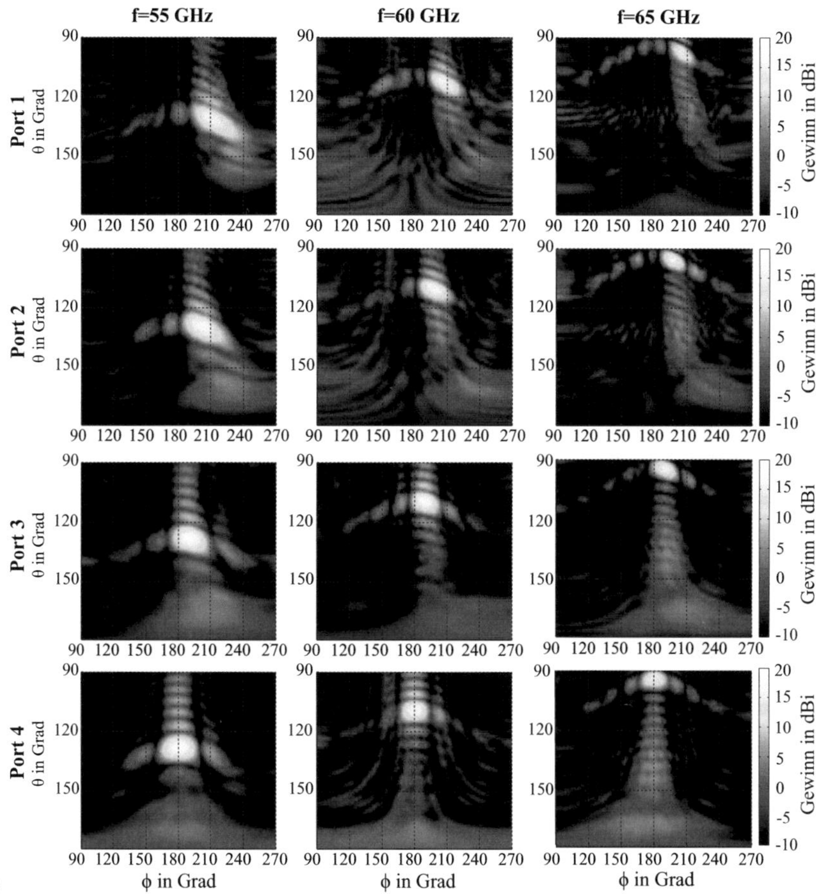

Abbildung 4.22.: Simulierte Abstrahlung der Kombination aus Rotman-Linse mit holografischer Antenne mit TE_0-Referenzwelle

Frequenz	$\Delta\phi_{soll}$	$\Delta\phi_{CST}$	ψ_{rot}
55 GHz	79,49°	78,5°	16,44°
60 GHz	86,72°	86,6°	15,5°
65 GHz	93,94°	93,16°	14,4°

Tabelle 4.1.: Für Abstrahlwinkel im Freiraum von 25°

4.3.3. Messtechnische Verifikation

Die Rotman-Linse mit nachgeschalteter Antennengruppe zur Speisung des linearen Hologramms wird am messspitzenbasierten Antennenmessplatz befestigt (Abb. 4.23). Da ein reflexionsfreier Abschluss bei 60 GHz mit SMD-Widerständen nicht realisierbar ist, werden die Dummy-Ports mit Absorbermaterial beklebt, um die dort ankommende Leistung, welche nicht von den Antennenports aufgenommen wird, zu absorbieren. Da für die Messungen jeweils nur ein Eingangsport gespeist wird, werden auch die übrigen Eingangsports auf diese Weise abgeschlossen.

Unter Berücksichtigung der Winkeldefinition nach Abb. 4.7 kann der Bereich $\theta > 120°$ wegen der Position der Messgeräte nicht messtechnisch verifiziert werden, weshalb nur die oberen Frequenzen und damit weniger schräge Abstrahlrichtungen gemessen werden. Zur Reduktion der Messzeit wird der vermessene Winkelbereich auf die zu erwartende Position der Hauptkeule angepasst. Dazu wird die untere Hemisphäre des Messsystems in drei Bereiche unterteilt, welche von links nach rechts jeweils ein Drittel des Messbereichs abbilden. Die gemessenen Richtcharakteristiken bei unterschiedlichen Frequenzen und für die jeweilige Speisung an den Ports 2 bis 4 sind in Abb. 4.24 dargestellt. Die gemessenen Hauptkeulen liegen jeweils im sehr eingeschränkt messbaren Bereich mit $\theta_0 > 90°$. Dennoch weichen die gemessenen Winkel maximal um $\Delta\phi_0 = \pm2,1°$ und $\Delta\theta_0 = -1,3°$ von den vorangehenden Simulationsergebnissen ab. Diese Abweichung kann über eine Ungenauigkeit in der Ausrichtung der Antenne im Hinblick auf das Phasenzentrum entstehen. Beispielsweise ist die Position der Antenne in x-Richtung nur sehr eingeschränkt einstellbar. Einen Vergleich zwischen simulierten und gemessenen Werten gibt Tabelle 4.2.

Eine Gewinnmessung des Systems kann bei einer Speisung an Port 4 und einer resultierenden Abstrahlung in xz-Richtung durchgeführt werden. Das Ergebnis ist in Abb. 4.25 gezeigt. Der aus der Simulation erwartete Gewinn von bis zu 19,3 dBi im Frequenzbereich 55 GHz $< f <$ 65 GHz wurde in der Messung nicht erreicht. Bei 60 GHz und 64 GHz zeigen sich außerdem Einbrüche des Antennengewinns, welche in den Simulationsergebnissen nicht vorhanden sind. Dies resultiert aus den nicht reflexionsfreien Abschlüssen der Dummy- und übrigen Eingangsports.

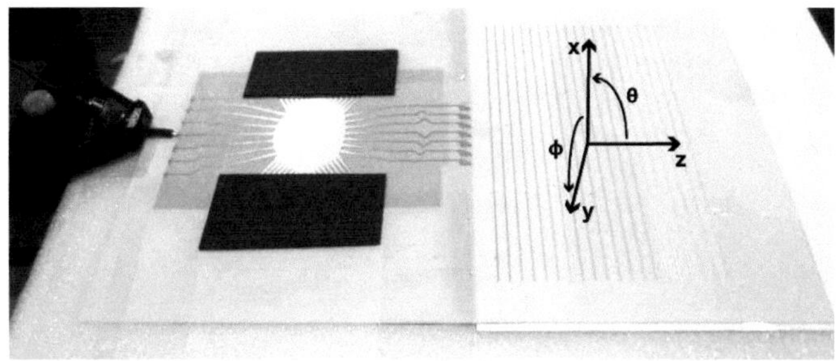

Abbildung 4.23.: Auf dem Antennenmessplatz montierte holografische Antenne mit speisender Rotman-Linse

Die dort reflektierte Welle, welche nochmals in die Parallelplattenregion einkoppelt, stört die Transmission der Rotman-Linse und führt bei gewissen Frequenzen zu destruktiver Überlagerung, wodurch der Antennengewinn in diesem Bereich einbricht. Das Nebenkeulenniveau ist mit $-11,3\,\mathrm{dB}$ bei $60\,\mathrm{GHz}$ gegenüber der Simulation um $2,3\,\mathrm{dB}$ erhöht. Auch dieser Effekt ist auf die nicht idealen Abschlüsse zurückzuführen. Schließlich ist sehr gut der Einfluss des Stopbandes bei $67\,\mathrm{GHz}$ und zum Substrat senkrechter Abstrahlung im Verlauf zu erkennen. Im Folgenden wird ein Konzept erarbeitet, diesen Einfluss möglichst zu minimieren.

	θ_0 (Sim.)	θ_0 (Mess.)	$\Delta\theta_0$	ϕ_0 (Sim.)	ϕ_0 (Mess.)	$\Delta\phi_0$
Port 1 (60 GHz)	113°	-	-	208°	-	-
Port 2 (60 GHz)	110,8°	109,5°	-1,3°	196,5°	194,4°	-2,1°
Port 3 (60 GHz)	108,8°	108,0°	-0,8°	188,5°	186,8°	-1,7°
Port 4 (60 GHz)	108,8°	108,0°	-0,8°	180,5°	180,5°	0°

Tabelle 4.2.: Vergleich zwischen gemessenen und simulierten Hauptstrahlrichtungen des Antennensystems mit Rotman-Linse

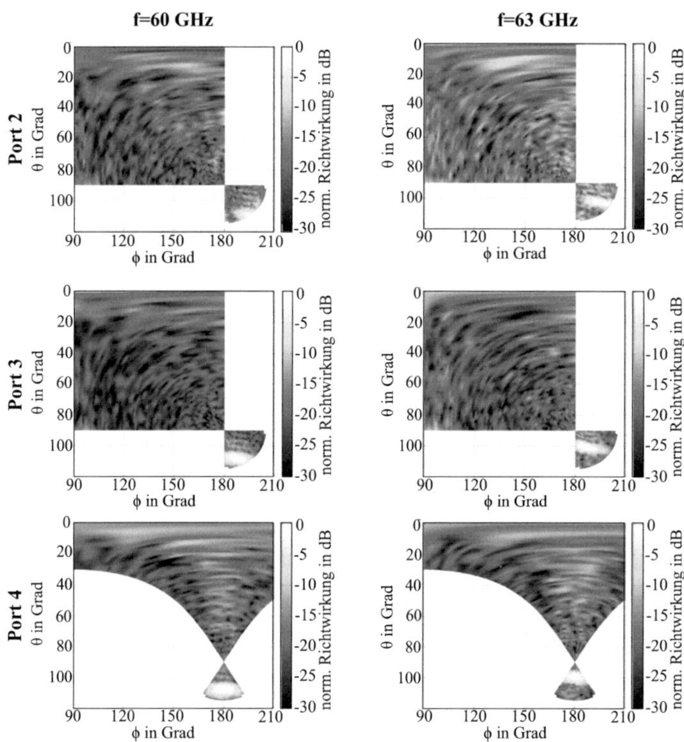

Abbildung 4.24.: Gemessene Abstrahlcharakteristik der holografischen Antenne mit Rotman-Linse

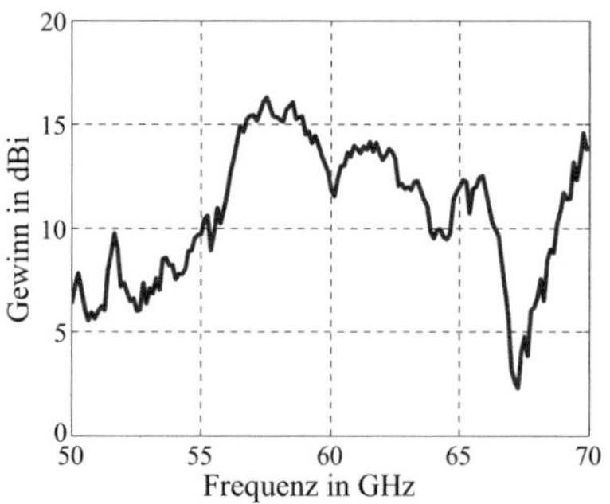

Abbildung 4.25.: Gemessener Antennengewinn der holografischen Antenne mit vorgeschalteter Rotman-Linse bei Speisung an Port 4

4.4. Abstrahlung in Richtung Broadside

4.4.1. Bei phasengleicher Anregung

Einige neuere Veröffentlichungen beschäftigen sich mit dem Problem des Gewinneinbruchs von periodischen Leckwellenantennen bei einer Hauptstrahlrichtung senkrecht zum Substrat. Der Effekt beruht auf der Problematik, dass die abstrahlenden Elemente eine Störstelle aufgrund der Impedanzänderung im Wellenleiter bilden. Für eine senkrechte Abstrahlung sind alle Einzelstrahler gleichphasig angeregt und statt der notwendigen Wanderwelle entsteht eine stehende Welle wegen konstruktiver Überlagerung der Reflexionen.

Für leitungsbasierte Leckwellenantennen kann daher eine Impedanzanpassung genutzt werden, um die Bildung einer stehenden Welle auch im Fall $p = \lambda_{ref}$ zu vermeiden [PBFJ09]. Geschlitzte Hohlleiter-Antennen können die Reflexion an den einzelnen Schlitzen durch geschickte Anordnung dieser Störungen soweit reduzieren, dass der Effekt stark abgeschwächt wird [SNH12], [CCH$^+$11]. Aus dem selben Grund erweist sich die in Kapitel 3.4.1 vorgestellte Antenne mit anregendem TM_0-Mode und abstrahlenden Metallstreifen oberhalb einer durchgezogenen Massefläche für senkrechte Abstrahlung als am besten geeignet (Konfig. C). Die elektrischen Feldlinien laufen bei dieser Antennenkonfiguration nicht parallel zur Längsseite des Streifens. Die Impedanzänderung am Leiter ist dadurch geringer als im Falle der TE_0-Referenzwelle. Dies ist beispielsweise daran zu erkennen, dass die Antennenfehlanpassung im Abstrahlbereich um Broadside zwar weiterhin ansteigt, dieser Anstieg jedoch deutlich geringer ausfällt als im Fall der TE_0-Referenzwelle. Wegen der besseren Integrierbarkeit der TE_0-Antennen und der für viele Anwendungen nützlichen Abstrahlung senkrecht zum Substrat wäre ein Konzept, welches die Entstehung der stehenden Welle auch für diesen Antennentyp soweit unterdrückt, dass die Nutzung der Antenne mit Broadside-Abstrahlung möglich wird, wünschenswert.

Die Wellenleiterimpedanz gezielt zu verändern, ist für die Verwendung des dielektrischen Wellenleiters mit sehr großem Aufwand verbunden, da Höhe oder Permittivität des Dielektrikums direkt moduliert werden müssten. Ansonsten ist die Impedanz der Einzelelemente des Hologramms nicht auf die Wellenleiterimpedanz anpassbar. Außerdem sind die Positionen der Einzelstrahler über die Nullstellen der interferierenden Wellen festgelegt und können nicht wie beim geschlitzten Hohlleiter variabel angeordnet werden. Somit sind die beiden vorgestellten Möglichkeiten nicht auf die hier behandelte Antennenart übertragbar.

Ein drittes Konzept ähnelt der Verwendung eines $\frac{\lambda}{4}$–Transformators, wie aus der Leitungstheorie bekannt. Dieses Konzept wurde ebenfalls bereits auf periodisch geschlitzte Hohlleiterantennen angewendet [GJ93], [GW12]. Angelehnt an dieses

Verfahren, wird eine neue Hologrammstruktur erarbeitet, welche eine deutlich bessere Antennenperformanz bei senkrechter Abstrahlung aufweist, als die Originalstruktur. Die neue Hologrammstruktur, welche sich aus der Verwendung des $\frac{\lambda}{4}$−Transformators ergibt, ist in Abb. 4.26 dargestellt. Durch die Anordnung der beiden Strahler im Abstand $\frac{\lambda_{ref}}{4}$ zueinander interferieren die beiden reflektierten und in negative z-Richtung laufenden Wellen destruktiv miteinander. Aus der Abhängigkeit von der Wellenlänge der im Substrat laufenden Welle ergibt sich eine bandbreitenbeschränkte Funktion des Konzepts.

Für die Mittenfrequenz $f_c = 60\,\text{GHz}$ wird solch eine Antenne in CST aufgebaut und analysiert. Der Vergleich der simulierten Fernfeld Plots in Abb. 4.27 zeigt eine deutliche Verbesserung der Abstrahlung für eine Hauptstrahlrichtung $\theta_0 = 90°$. Der Gewinn variiert bei Anordnung mit $\frac{\lambda}{4}$-Transformator um weniger als 1,5 dB, wohingegen die Originalantenne einen Gewinneinbruch von über 8 dB aufweist und die Hauptkeule senkrecht zum Substrat nicht mehr als solche erkennbar ist. Diese Verbesserung konnte durch Messungen mit einem Prototypen verifiziert werden (vgl. Abb. 4.27(c)). Der gemessene Gewinn liegt 4,5 dB unterhalb der Simulation, was auf die Verwendung eines 1x4 Feeds aus antipodalen Vivaldi-Antennen mit Speisenetzwerk zurückzuführen ist. In der Simulation wurde ein 1x7 Feed verwendet und auf ein Speisenetzwerk konnte verzichtet werden.

Betrachtet man den Verlauf der Gewinnkurve über der Frequenz in Abb. 4.28, ist zu erkennen, dass die Ausführung als Doppelstrahler auch im weiteren Abstrahlbereich der Antenne keinen negativen Einfluss ausübt. Einzig die Winkelrichtung der Hauptkeule verändert sich bei gleicher Periodizität, da die Welle in einer Einzelzelle des Hologramms eine doppelte Beschleunigung erfährt. Dies muss in der Berechnung des Hologramms berücksichtigt werden. Das starke Abdriften der θ_0 Kurve der Originalantenne (Abb. 4.28(a)) erfolgt, da die eigentliche Hauptkeule in diesem Bereich so stark einbricht, dass CST diese nicht weiter als Hauptstrahlrichtung der Antenne erkennt. Dies bedeutet, dass der tatsächliche Gewinneinbruch noch höher ausfällt als der Kurvenverlauf vermuten lässt, da der Wert des Gewinns bei 66 GHz einer anderen Winkelrichtung als Broadside entspricht. Die simulierte Antenneneffizienz bei der Originalantenne für senkrechte Abstrahlung liegt nur noch bei 53 %, wohingegen sie durch die Transformation auf 76 % gesteigert werden kann. Sowohl der stabile Verlauf der Gewinnkurve als auch die Winkelrichtung in Abhängigkeit der Frequenz konnten durch die Messergebnisse in Abb. 4.28(c) bestätigt werden.

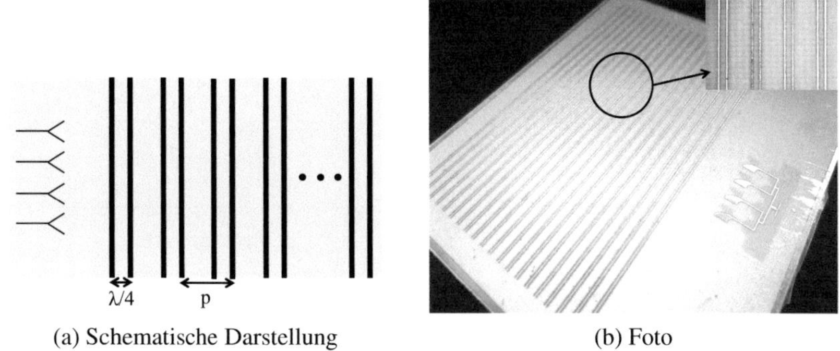

Abbildung 4.26.: Erweiterung der Einzelzellen des Hologramms um $\frac{\lambda}{4}$−Transformatoren zur destruktiven Überlagerung der reflektierten Wellen

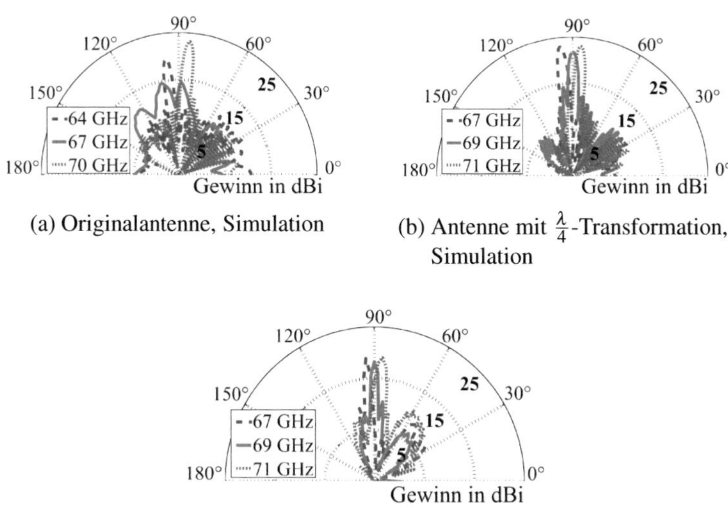

Abbildung 4.27.: Richtcharakteristik im Bereich $-5° < \theta_0 < +5°$

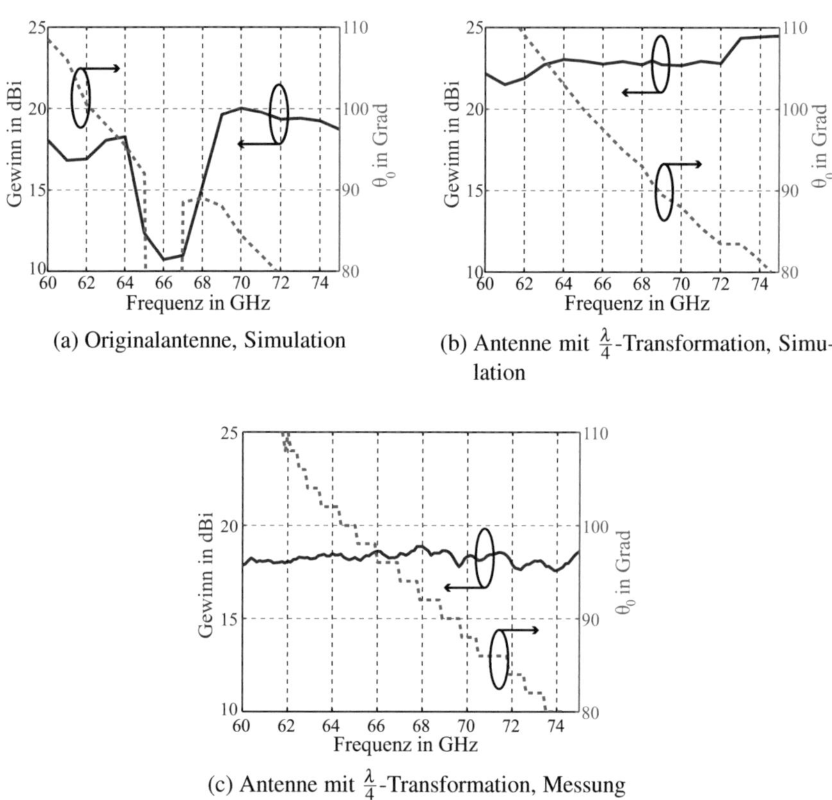

(a) Originalantenne, Simulation

(b) Antenne mit $\frac{\lambda}{4}$-Transformation, Simulation

(c) Antenne mit $\frac{\lambda}{4}$-Transformation, Messung

Abbildung 4.28.: Verlauf von Gewinn und Abstrahlwinkel θ_0 über der Frequenz

4.4.2. Bei phasengesteuerter Anregung

Wird die $\frac{\lambda_{ref}}{4}$-Transformation für phasengleiche Anregung ($\phi_0 = 0°$) ausgelegt, interferieren die Reflexionen an den beiden Leitern bei einer Anregung mit verkippter Referenzwelle nicht weiter destruktiv. Um die vorgestellte Transformation dennoch in Kombination mit einer phasengesteuerten Speisung verwenden zu können, sollte sich das veränderte Hologramm auch bei schräger Abstrahlung nicht negativ auf die Richtcharakteristik auswirken. Der Verlauf des simulierten Antennengewinns in Abb. 4.29 zeigt, dass die Verwendung der Transformatoren auch bei schräger Abstrahlung keinen negativen Einfluss zeigt. Die zum Substrat senkrechte Abstrahlung erfolgt erst im Bereich von 72 GHz und es zeigt sich eine Verringerung des Gewinns um 2,1 dB. Dennoch kann die Antenne für Radaranwendungen mit einer um Broadside symmetrischen Abstrahlung verwendet werden.

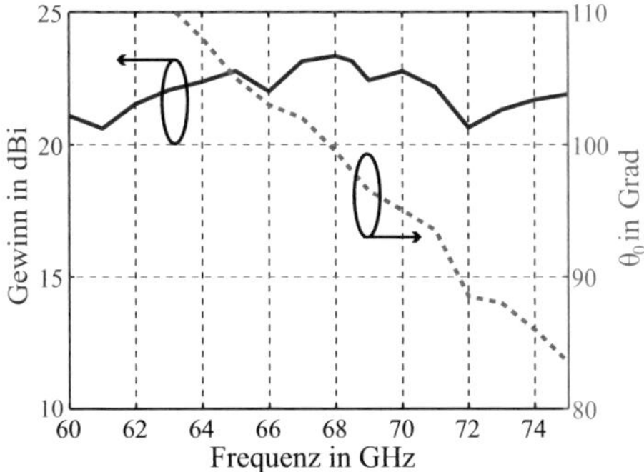

Abbildung 4.29.: Simulierter Verlauf von Gewinn und Abstrahlwinkel θ_0 über der Frequenz bei einer Anregung des Feeds mit einer Phasendifferenz von 85°. Innerhalb der *xy*-Ebene liegt die Hauptkeule bei $\phi_0 \approx 30°$

4.5. Phasenzentrum in Abhängigkeit des Abstrahlwinkels θ_0

4.5.1. Resultierender Messfehler bei Radaranwendungen

Das Phasenzentrum einer Antenne beschreibt die Position, von welcher die kugelförmig abgestrahlte Welle auszugehen scheint [Bal97]. Für Fernfeldmessungen mit beweglicher Testantenne ist es daher wichtig, den Rotationspunkt der Antenne auf das Phasenzentrum auszurichten. Für jegliche Anwendungen, bei denen Entfernung und Winkel zwischen Sender und Empfänger gemessen werden sollen, kann eine fehlerhafte Ausrichtung des Systems zu Messungenauigkeiten führen. Nach [Bal97] kann die Position des Phasenzentrums von Antennengruppen, neben der Frequenzabhängigkeit, eine Abhängigkeit von der Position des Beobachters aufweisen. Diese Variation und der dadurch entstehende Messfehler wirkt sich jedoch vor allem bei der Distanzmessung von Objekten aus, die nicht innerhalb des Bereichs der Antennenhauptkeule liegen [Bes04]. Wegen der frequenzschwenkenden Eigenschaft der hier betrachteten Antennen kann davon ausgegangen werden, dass die Ziele durch den Verlauf der FMCW-Rampe und die daraus resultierende Änderung der Hauptstrahlrichtung von der Hauptkeule zumindest kurzzeitig erfasst werden. Der Messfehler, der entsteht, wenn ein Ziel von einer

Nebenkeule erfasst wird, deren Phasenzentrum von dem der Hauptkeule abweicht und von S. R. Best in [Bes04] für unterschiedliche Antennen untersucht und beschrieben wurde, ist daher in dieser Arbeit nicht relevant. Stattdessen kann eine falsche Annahme der Position des Phasenzentrums bzw. eine Veränderung der Position in Abhängigkeit der Hauptstrahlrichtung wegen der großen Längsausdehnung von Leckwellenantennen für laufzeitbezogene Messungen kritisch sein. Für phasengesteuerte Antennengruppen kann die Position des Phasenzentrums über die Amplitudenbelegung der Einzelstrahler variiert werden. Dies ist besonders im Extremfall ersichtlich, bei welchem von einer 1xN Antennengruppe jeweils nur ein Einzelstrahler gespeist wird. Der Ursprung der Abstrahlung, und damit das Phasenzentrum, liegt jeweils auf dem aktiven Element. Bei linearen Antennengruppen mit homogener Amplitudenbelegung hingegen liegt das Phasenzentrum im geometrischen Zentrum der Gruppe, wobei Amplitudenfehler bereits zu Veränderungen der Position führen [MHSS92].

Da das Hologramm ebenfalls als phasengesteuerte Antennengruppe betrachtet werden kann, muss angenommen werden, dass die Position des Phasenzentrums ebenfalls von der Amplitudenbelegung der Einzelelemente abhängt [MSS91], [HSS90]. Durch die serielle Speisung, ausgehend vom dielektrischen Wellenleiter, ergibt sich bei einem äquidistanten Hologramm eine unsymmetrische Amplitudenbelegung mit dem Maximum im Bereich der zuerst gespeisten Strahler. Bei Ausrichtung des Radars auf die Mitte des Hologramms würde sich bei dieser Annahme somit ein Messfehler ergeben. Zeigt sich außerdem eine Abhängigkeit des Phasenzentrums vom Abstrahlwinkel und damit der Frequenz, ist auch dies in der Radarauswertung zur Steigerung der Messgenauigkeit zu berücksichtigen.

Anhand des Beispielszenarios in Abb. 4.30 wird der resultierende Messfehler wie folgt bestimmt. Strahlt die Antenne mit dem Phasenzentrum an Position A senkrecht nach unten, wird in einem Abstand s_1 ein Ziel innerhalb der Hauptkeule ausgerichtet. Wird die Speisefrequenz der Antenne verändert, wandert die Hauptkeule nach links und Winkel α_{PZ} wird größer. Das Ziel wird dabei immer genau zur Hauptkeule ausgerichtet. Ändert sich über der Frequenz und damit über Position θ_0 der Hauptkeule auch die Position des Phasenzentrums in Richtung Position B, steigt die gemessene Zwischenfrequenz an, obwohl das Ziel weiterhin im Abstand s_1 um Punkt A rotiert. Die gemessene Zwischenfrequenz f_{ZF} ist proportional zum Abstand s_2 und zum zusätzlich zurückgelegten Weg $\overline{AB}$ der Referenzwelle, welche sich in Abhängigkeit der verwendeten Mode mit der Geschwindigkeit c_{ref} ausbreitet.

$$f_{ZF} \sim 2\frac{c_{ref}}{\overline{XB}} + 2\frac{c_0}{s_2} \tag{4.6}$$

Wird weiterhin Punkt A als Position des Phasenzentrums angenommen und ein Ziel im konstanten Abstand um diesen Punkt rotiert, ergibt sich in der Messung

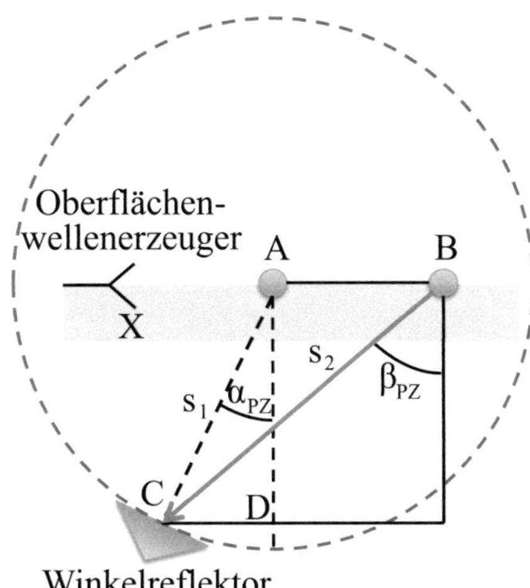

Abbildung 4.30.: Resultierender Messfehler für Radarmessungen mit Distanz- und Winkelbestimmung

fälschlicherweise ein sich entfernendes Ziel, da die zweimal von der Referenzwelle zurückgelegte Strecke AB nicht berücksichtigt wird. Für die vorgestellten Antennen ergeben sich die Fehler nach Tabelle 4.3 bei Annahme einer Fehleinschätzung der Position des Phasenzentrums mit $\overline{AB} \neq 0\,$cm.
Zudem ergibt sich folgender Fehler der Winkelmessung, welcher jedoch für kurze Antennen vernachlässigbar klein ist.

$$\Delta\theta_0 = \beta_{PZ} - \alpha_{PZ} \tag{4.7}$$

Mode	AB in m	c_{ref} in m/s	Messfehler in m
TE_0	0,005	$1,92 \cdot 10^8$	0,0078
TE_0	0,01	$1,92 \cdot 10^8$	0,0156
TM_0, Konfig. A	0,005	$2,1 \cdot 10^8$	0,0071
TM_0, Konfig. A	0,01	$2,1 \cdot 10^8$	0,0143
TM_0, Konfig. B	0,005	$2,73 \cdot 10^8$	0,0055
TM_0, Konfig. B	0,01	$2,73 \cdot 10^8$	0,011

Tabelle 4.3.: Berechnete Messfehler auf Grundlage einer Positionsänderung des Phasenzentrums um die Strecke AB

mit

$$\beta_{PZ} = arcsin((\overline{AB} + \overline{CD})/s_2) \tag{4.8}$$

$$\overline{CD} = sin(\alpha_{PZ}) \cdot s_1 \tag{4.9}$$

$$s_2 = \sqrt{(\overline{CD} + \overline{AB})^2 + \overline{AD}^2} \tag{4.10}$$

$$\overline{AD} = \sqrt{s_1^2 - \overline{CD}^2} \tag{4.11}$$

Da die Wellenlänge und damit die Hologrammgröße zu niedrigen Frequenzen zunimmt, muss die Welle eine größere Strecke innerhalb des Substrats zurücklgen und der der Messfehler steigt bei falscher Annahme der Phasenzentrumsposition mit sinkender Betriebsfrequenz. Für genaue Distanzmessungen sind somit die Ausbreitungsgeschwindigkeit der Referenzwelle und die Kenntnis über die Position des Phasenzentrums zu beachten.

4.5.2. Bestimmung des Phasenzentrums holografischer Antennen

Die Bestimmung der Position des Phasenzentrums erfolgt über die Fernfeldberechnung von CST Microwave Studio. Es wird untersucht, an welcher Position auf der z-Achse sich das Phasenzentrum befindet und inwieweit sich dieses bei Änderung der Hauptstrahlrichtung entlang der z-Achse bewegt. Zur Untersuchung werden zwei Antennen mit TM_0-Referenzwelle verwendet. Die erste Antenne ist mit 15 identischen Einzelelementen mit einer Breite von $w = 0,3$ mm in äquidistantem Abstand aufgebaut. Die zweite Antenne verwendet das nach Kapitel 3.5.3 auf ein reduziertes Nebenkeulenniveau optimierte Hologramm, jedoch mit linearen Einzelelementen (vgl. Abb. 4.31(a)).
Bei Hologrammen mit TM_0-Referenzwelle ist der Einfluss der Leiterbreite auf die Ausbreitungsgeschwindigkeit der Welle geringer als bei TE_0-Moden. Die Antenne mit optimiertem Hologramm ist nicht äquidistant aufgebaut, wobei die Variation der Periodizität in diesem Fall nur wenige $100\,\mu$m betrifft und auf die Gesamtlänge des Hologramms kaum Einfluss hat.
Die Berechnung der Position des Phasenzentrums in CST beruht auf der Suche der minimalen Phasenveränderung auf einem Flächenstück der Kugeloberfläche des Fernfeldes [RP70]. Durch die hohe Anzahl an Einzelstrahlern der vorliegenden Antenne und die schmale Hauptkeule innerhalb der xz-Ebene ist dieses Minimum

der Phasenänderung nur in einem kleinen Bereich um die Hauptkeule gegeben. An anderen Winkelpositionen zeigt die Phase eine sehr starke Variation. Das Koordinatensystem wird daher auf die Hauptstrahlrichtung der Antenne ausgerichtet und der in Frage kommende Winkelbereich wird für die Minimumsuche auf wenige Grad eingeschränkt. Um die Genauigkeit der Berechnung weiter zu erhöhen, wird das in [CST14] empfohlene Verfahren zur Überprüfung der Berechnung verwendet. Dabei wird die Phasenänderung im Bereich der Hauptstrahlkeule geplottet (Abb. 4.31(b)) und die Position des Fernfeldursprungs manuell auf die geschätzte Position gesetzt. Die Position, an welcher die Kurve mit der geringsten Varianz auftritt, wird als richtig geschätztes Ergebnis gewählt. Der sich daraus ergebende Verlauf bei Veränderung der Hauptstrahlrichtung über der Frequenz ist in Abb. 4.31(c) dargestellt.

Es zeigt sich, dass die Position des Phasenzentrums der Antenne mit äquidistantem Hologramm und gleichbleibender Leiterbreite zwischen Leiter 6 und 8 bewegt. Mit steigender Frequenz und damit Bewegung der Hauptkeule in Richtung Broadside bewegt sich das Phasenzentrum in Richtung der Hologrammmitte. Insgesamt ergibt sich für den betrachteten Schwenkbereich eine Veränderung der Position von 5,5 mm entlang der z-Achse. Ausgehend von der Annahme, dass sich das Phasenzentrum der Antenne für alle Abstrahlwinkel in der Hologrammmitte befindet, würde die Radarauswertung, aufgrund der falschen Laufzeitberechnung der Referenzwelle, einen Fehler in der Distanzmessung von maximal 7,85 mm, bei einer um 40° von Broadside abweichenden Winkelposition des Ziels, aufweisen.

Wird das Hologramm zur Verbesserung des Nebenkeulenniveaus verändert, sodass die Einzelelemente unterschiedliche Leiterbreiten und unterschiedliche Abstände zueinander aufweisen, verschiebt sich das Phasenzentrum in Richtung der Hologrammmitte, da in diesem Bereich die Einzelelemente mit der höchsten Leckrate positioniert sind. Die Positionsänderung in Abhängigkeit der Frequenz ist kleiner als 1 mm und fällt somit sehr viel geringer aus als bei der nicht optimierten Antenne. Eine winkelabhängige Korrektur der Position des Phasenzentrums wäre für die Radarauswertung bei Verwendung dieser Antenne nicht notwendig. Kapitel 5 wird zeigen, inwieweit höhere Genauigkeiten innerhalb der Radarmessungen durch diese Kenntnisse erzielt werden können.

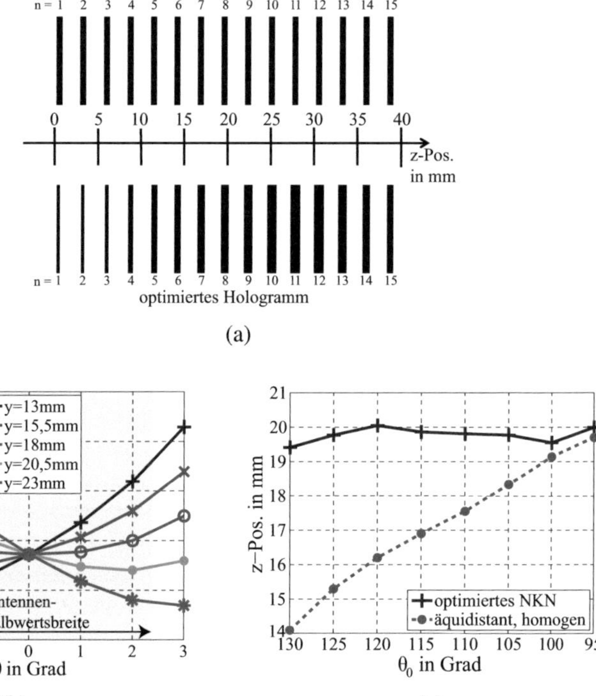

Abbildung 4.31.: Ergebnisse der simulativen Positionsbestimmung des Phasenzentrums; (a) Schematische Darstellung der untersuchten Hologramme; (b) zeigt im Detail die Positionsbestimmung bei 60 GHz anhand der minimalen Phasenabweichung; (c) Lage des Phasenzentrums der beiden Antennen bei unterschiedlichen Abstrahlwinkeln.

4.5.3. Diskussion

Im ersten Unterkapitel 4.1 wird ein System präsentiert, welches durch die Kombination der holografischen Antenne mit mechanisch veränderlicher Antennenapertur die Möglichkeit bietet, die Änderung der Hauptstrahlrichtung um eine zweite Dimension gegenüber den Antennen aus Kapitel 3 zu erweitern. In diesem Fall wird weiterhin die zylindrische Hologrammform verwendet, wodurch Designaufwand und Komplexität der elektronischen Komponente gering gehalten werden können. Da eine komplette Veränderung des Hologramms für die Änderung der Hauptstrahlrichtung notwendig ist, muss die Antenne um eine mechanische Komponente erweitert werden. Aus diesem Grund wurde der praktische Aufbau des Systems nicht umgesetzt. Dennoch dient der Ansatz als Einführung in die Thematik der zweidimensional schwenkenden, holografischen Antennen, deren Komplexität sich durch den Einsatz von Antennengruppen zur Oberflächenwellenerzeugung verringern lässt.

Die Verwendung von Antennengruppen zur Erzeugung der Referenzwelle erlaubt die Vereinfachung des Hologramms aufgrund der entstehenden linearen Phasenfront der sich ausbreitenden Oberflächenwelle. In diesem Kapitel wurden zwei unterschiedliche Möglichkeiten zur Änderung der Hauptstrahlrichtung in einer zweiten Ebene aufgezeigt, welche sich durch die Änderung der Hologrammform ergeben. Anstatt die Hologrammform komplett verändern zu müssen (vgl. Kapitel 4.1), reicht eine Rotation aus, um die gewünschte Richtungsänderung innerhalb der xy-Ebene zu erreichen. Die in Kapitel 4.2.1 vorgestellte Methode, bei welcher das Hologramm auf einer Polyimidfolie aufgebracht ist und mechanisch rotiert werden kann, erlaubt eine Vereinfachung der elektronischen Schaltung, wobei eine zusätzliche mechanische Komponente die Systemkomplexität erhöht. Nichtsdestotrotz kann dies unter Umständen wegen der geringen Nebenkeulen und der hohen Antenneneffizienz akzeptiert werden. Dass mechanisch schwenkende Radare durchaus auch als Massenprodukt hergestellt werden, zeigt der Abstandssensor ARS300 der Automotive-Sparte der Fa. Continental [MM12].

Die in Kapitel 4.2.2 vorgestellte Kombination mit einer phasengesteuerten Antennengruppe zur Erzeugung der Referenzwelle ist in Aufbau und Nutzung praktikabler, da zwar die Komplexität der verwendeten Elektronik gesteigert werden muss, jedoch komplett auf mechanische Komponenten verzichtet werden kann. Die Idee des schrägen Auftreffens der Referenzwelle auf das Hologramm ist ähnlich zur mechanischen Hologrammrotation. Dennoch verhält sich die Richtungsänderung der Hauptkeule unterschiedlich, kann jedoch über das beschriebene Verfahren vorhergesagt werden. Nachteilig gegenüber dem mechanischen Konzept ist die Entstehung stärkerer Nebenkeulen und zusätzlicher Verluste durch das phasensteuernde Speisenetzwerk, welche die Antenneneffizienz senken.

Als Demonstrator wurde in Kapitel 4.3 die holografische Antenne mit TE_0-Oberflächenmode und ebener Phasenfront mit einer Rotman-Linse als phasensteuerndes Speisenetzwerk realisiert. Die Rotman-Linse wurde gewählt, da der Design-Prozess eine hohe Flexibilität in der Wahl der maximalen Phasendifferenz der einzelnen Zwischenstufen (Anzahl an Eingangsports) und der Anzahl der Antennenports erlaubt. Eine vergleichbare Butler-Matrix hat sich als nicht geeignet erwiesen, da die maximal erzeugte Phasendifferenz in Kombination mit der holografischen Antenne zur Entstehung von Grating Lobes führt. Außerdem kann durch die Rotman-Linse eine höhere Anzahl einzelner Winkelrichtungen vorgegeben werden. Durch die Verwendung des am IHE entworfenen Designprozesses konnte eine Rotman-Linse mit einer Effizienz von mindestens 32 % realisiert werden. Die simulierten Hauptstrahlrichtungen entsprechen den zuvor berechneten Werten und konnten messtechnisch verifiziert werden. Auch wenn die Antenneneffizienz und damit auch die Apertureffizienz durch die Rotman-Linse noch weiter reduziert wird, spricht die Möglichkeit einer Änderung der Hauptstrahlrichtung im Bereich $-40° < \phi_0 < +40°$, $95° < \theta_0 < 133°$ und die sehr viel geringere Komplexität im Vergleich zu einer traditionellen NxN Antennengruppe mit gleicher Funktion für den Einsatz in Millimeterwellen-Radarsystemen.

Kapitel 4.4 beschäftigt sich mit Möglichkeiten, den bereits in Kapitel 3 aufgetretenen Nachteil des Gewinneinbruchs bei senkrechter Abstrahlung zu beheben. Um mit anderen Aufbauarten der holografischen Antennen, außer der Konfiguration C aus Kapitel 3.4.1, senkrecht zum Substrat abstrahlen zu können, wird eine $\frac{\lambda}{4}$-Transformation verwendet, welche in der Literatur bereits für transversal geschlitzte Hohlleiterantennen vorgestellt wurde. Eine Übertragung des Konzepts auf die holografischen Antennen konnte erfolgreich erarbeitet und umgesetzt werden. Der Gewinneinbruch reduziert sich mit dem sich ergebenden modifizierten Hologramm, selbst für die zweidimensional schwenkende Antenne, auf weniger als 2,5 dB. Ohne diese Transformation wird die Hauptkeule bei senkrechter Abstrahlung soweit verfälscht, dass neben dem Gewinneinbruch der simulierte Hauptstrahlwinkel nicht weiter zuverlässig zugeordnet werden kann. Die Bandbreitenbeschränkung des $\frac{\lambda}{4}$-Transformators zeigt innerhalb der verwendeten Systembandbreite von mehr als 16 % keine negative Auswirkung auf die Antennenperformanz. Selbst bei einer Winkeländerung innerhalb der xy-Ebene verbessert die Transformation die Antennenperformanz.

Bei Antennen mit einer Ausdehnung von mehreren Zentimetern ist die genaue Kenntnis über die Position des Phasenzentrums für hochgenaue Radarmessungen nicht zu vernachlässigen. Die beim FMCW-Radar entstehende Zwischenfrequenz ist proportional zum Weg, den das Signal zwischen Mischer und Ziel zurücklegt. Bei vielen Radarsystemen ist der Übergang vom leitungsgebundenen Signalpfad zur Freiraumübertragung anhand starker Reflexion oder Antennenübersprechen im Spektrum zu erkennen, sodass relativ zu der dadurch entstehenden Zwischenfrequenz der Abstand zum eigentlichen Ziel über die Lichtgeschwindigkeit bestimmt werden kann. Die Antennenfehlanpassung der holografischen Antenne ergibt sich hauptsächlich am Übergang vom Oberflächenwellenerzeuger zur TE- bzw. TM-Welle. Vor der Freiraumausbreitung legt das Signal somit noch einen Weg von mehreren Zentimetern mit reduzierter Geschwindigkeit innerhalb des Antennensystems zurück, welcher mittels Referenzziel herauskalibriert werden kann oder bekannt sein muss, um der gemessenen Zwischenfrequenz die tatsächliche Zielentfernung zuweisen zu können. Kapitel 4.5.1 beschreibt den Fehlereinfluss einer fehlerhaft angenommenen Position des Phasenzentrums auf die Distanz- und Winkelmessung. Dabei wird angenommen, dass sich die Position des Phasenzentrums über der Frequenz ändert. Diese Annahme wird von der Untersuchung des Phasenzentrums der Antenne in Kapitel 4.5.2 bestätigt. Es hat sich herausgestellt, dass bei äquidistanten und homogenen Hologrammen das Phasenzentrum für Hauptstrahlwinkel $\theta_0 > 130°$ im ersten Drittel des Hologramms liegt und sich von da an mit steigender Frequenz zur Mitte des Hologramms bewegt. Für die hier untersuchten Antennen bedeutet dies eine Bewegung von 5,5 mm. Dies bewirkt für die Distanzmessung durch die reduzierte Ausbreitungsgeschwindigkeit und den doppelten Signalweg einen Messfehler von 7,85 mm, kann jedoch für Antennen größerer Ausdehnung deutlich höher ausfallen. Die auf ein geringeres Nebenkeulenniveau optimierten Antennen verlagern die Position des Phasenzentrums in Richtung der Hologrammelemente mit hoher Leckrate. Die frequenzabhängige Positionsänderung fällt bei diesen Hologrammen wesentlich geringer aus, bzw. war im untersuchten Beispiel nicht mehr vorhanden. Die Untersuchung bildet die Voraussetzung für die im folgenden Kapitel beschriebene Auswertung von Radarmessungen im statischen Szenario mit maximaler Genauigkeit.

5. Anwendungsbeispiel anhand eines 60 GHz Radarsystems mit frequenzschwenkender Antenne in LTCC

Im letzten Kapitel dieser Arbeit wird das erste Millimeterwellen-Radar mit integrierter holografischer Antenne vorgestellt. Das System wurde mit kommerziell verfügbaren ICs und in LTCC-Technologie aufgebaut. Nach der Systembeschreibung mit Fokus auf der Charakteristik der verwendeten holografischen Antenne erfolgt die Auswertung erster statischer Testmessungen, welche die Möglichkeit der gleichzeitigen Distanz- und Winkelmessung aufzeigen. Die Entwicklung und die zeitaufwendige Inbetriebnahme des Front-Ends wurden parallel zur Untersuchung der Antennenoptimierung durchgeführt. Daher konnten nicht alle Erkenntnisse der vorherigen Kapitel zur Antennenoptimierung in das Antennenlayout mit einfließen. Wie die Ergebnisse zeigen, sind viele der Anforderungen an die Antenne aus Kapitel 1.4 erfüllt, jedoch wäre nach jetzigem Kenntnisstand weiteres Optimierungspotential vorhanden, um die Radarperformanz zu verbessern. Dennoch kann das messtechnische Prinzip mit Hilfe des Demonstration verifiziert und Genauigkeitsgrenzen können aufgezeigt werden.

Nach der Beschreibung des Schaltungskonzepts und der entwickelten Hardware in Kapitel 5.1 folgt in Kapitel 5.2 die Beschreibung der Messumgebung mit den verwendeten Radar-Zielen. Die Signalauswertung wird mittels Kurzzeit-Fouriertransformation durchgeführt, um Distanz- und Winkelinformationen zu erhalten. Messungen mit einem Ziel innerhalb des Szenarios werden genutzt, um das Vorgehen zur Positionsbestimmung des Phasenzentrums aus Kapitel 4.5.2 zu verifizieren. Über Kenntnisse aus der CST Untersuchung wiederum kann die Messgenauigkeit des Radars verbessert werden. Der bereits in Kapitel 1.2.3 beschriebene Kompromiss zwischen Winkel- und Distanzauflösung, je nach Wahl der Fensterung der Kurzzeit-Fouriertransformation, wird anhand von Messungen in einem 2-Ziel Szenario veranschaulicht.

5.1. Hardwareaufbau

5.1.1. Komponenten und Lagenaufbau

Abb. 5.1(a) zeigt ein Foto des RF-Front-Ends und eine schematische Darstellung des Mehrlagenaufbaus. Als Substrat wurde die LTCC CS07 der Firma HIRAI gewählt. HIRAI übernahm auch die Herstellung der passiven Schaltungskomponenten. Insgesamt besteht die Platine aus vier Keramiklagen mit einer Dicke von je 0,1 mm. Wie die Abbildung zeigt, ist die Schaltung in Mikrostreifenleitungstechnik realisiert. Die Leitungsimpedanz beträgt $Z_0 = 50\,\Omega$. Um im Bereich der passiven Komponenten und der ICs die Ausbreitung von Oberflächenmoden zu minimieren, ist die Massefläche der Mikrostreifenleitung bereits auf der zweiten Metalllage platziert, sodass die effektive Substrathöhe in diesem Bereich nur 0,1 mm beträgt (vgl. Abb. 5.1(b)). Zur Vergrößerung des Schwenkbereichs der Antenne beträgt die Substrathöhe ab der Speiseantenne und unter dem Hologramm 0,42 mm. Diese Einteilung des Front-Ends in unterschiedliche effektive Substrathöhen zeigt den Vorteil der Verwendung einer Mehrlagenkeramik und ähnelt vom Prinzip her dem Aufbau aus den vorherigen Kapiteln mit den zwei unterschiedlichen Substratmaterialien.

Die eingesetzten ICs sind in Kavitäten mittels leitfähigem Kleber eingeklebt, um die RF-Bonddrahtverbindungen kurz und damit die Fehlanpassung so gering wie möglich zu halten. Somit kann auf Leitungstransformationen oder Anpassnetzwerke verzichtet werden. Die Masseverbindung aller ICs erfolgt über die rückseitige Metallisierung, weshalb der leitfähige Kleber notwendig ist. Wegen der ausschließlichen Nutzung von Single-Ended Ein- und Ausgängen bestehen die RF-Verbindungen zwischen Platine und IC jeweils nur aus einem einzigen Bonddraht. Alle ICs sind kommerziell erhältlich und in Tabelle 5.1 zusammengefasst. Neben dem Radar-Front-End wurden Testschaltungen auf der Keramik realisiert, um die einzelnen ICs messtechnisch charakterisieren zu können (rote Markierung in Abb. 5.1(a)).

Über das Blockschaltbild in Abb. 5.2 wird der Signalverlauf erläutert. Die am Eingang angelegte Frequenzrampe wird verstärkt und über den Frequenzverdoppler CHX2192 in den gewünschten Frequenzbereich mit Mittenfrequenz $f_c = 60\,\text{GHz}$ gebracht. Über einen passiven Branchline-Koppler wird das hochgemischte Signal zur Antenne und zum Lokaloszillator(LO)-Eingang des Mischers HMC-MDB169 geführt. Das System wurde als quasi-monostatisches Radar ausgelegt. Bei dieser Variante sind Sende- und Empfangspfad, bis auf die Weiterleitung des LO-Signals zum Mischer, komplett voneinander entkoppelt, da zwei getrennte, direkt nebeneinander liegende Antennen verwendet werden. Das Überkoppeln des Sendesignals und Auswirkungen der Antennenfehlanpassungen werden bei dieser

Variante stärker unterdrückt als bei einem monostatischen Aufbau, wodurch eine Verbesserung des Signal-Störsignal-Verhältnisses im direkten Vergleich entsteht. Auf einen **L**ow-**N**oise-**A**mplifier (LNA) im Empfangspfad wurde aus aufbautechnischen Gründen verzichtet, da bereits bei Voruntersuchungen teilweise Probleme mit Instabilitäten von Verstärker-ICs aufgetreten sind. Der LNA hätte genutzt werden können, um die Konversionsverluste des nachfolgenden Mischers weitestgehend auszugleichen. Für die in dieser Arbeit messtechnische Untersuchung bei geringen Zielabständen ist das SNR jedoch auch mit dem vorliegenden Aufbau ausreichend. Die Rauschzahl des Empfängers wird somit maßgeblich durch die Konversionsverluste des Mischers bestimmt, welche laut Datenblatt bei einer RF-Frequenz von 64 GHz maximal 11 dB und bei der Mittenfrequenz 8 dB betragen.

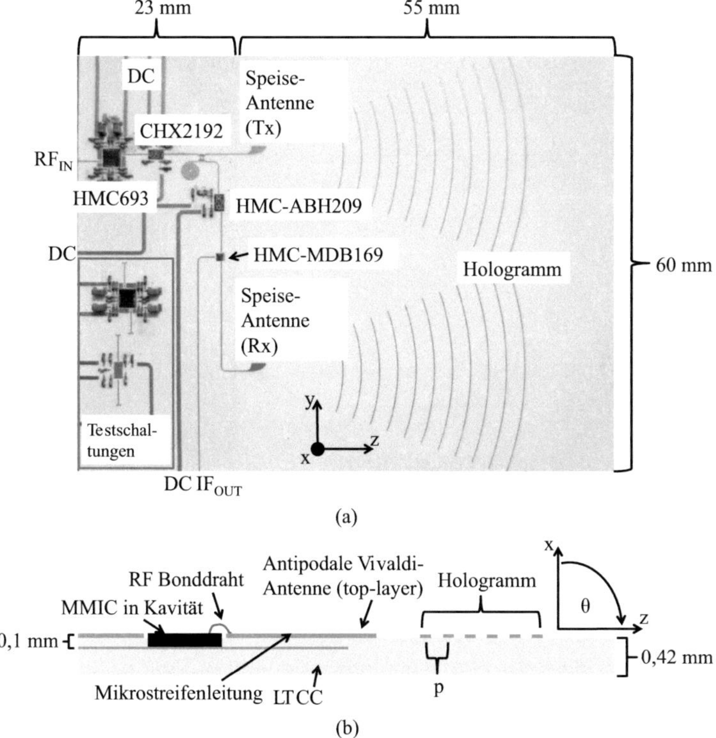

Abbildung 5.1.: (a) Foto des aufgebauten quasi-monostatischen Millimeterwellen-Radars in LTCC mit planaren holografischen Antennen, Draufsicht; (b) Schematische Darstellung des Mehrlagenaufbaus, Seitenansicht

IC	Hersteller	Art
HMC693	Hittite Microwave Corporation	GaAs pHEMT Leistungsverstärker, $27 - 34$ GHz
CHX2192	United Monolithic Semiconductors	Frequenzverdoppler, Eingang: $27 - 33$ GHz
HMC-ABH209	Hittite Microwave Corporation	GaAs HEMT Leistungsverstärker, $55 - 65$ GHz
HMC-MDB169	Hittite Microwave Corporation	GaAs Mischer, $54 - 64$ GHz

Tabelle 5.1.: Verwendete ICs

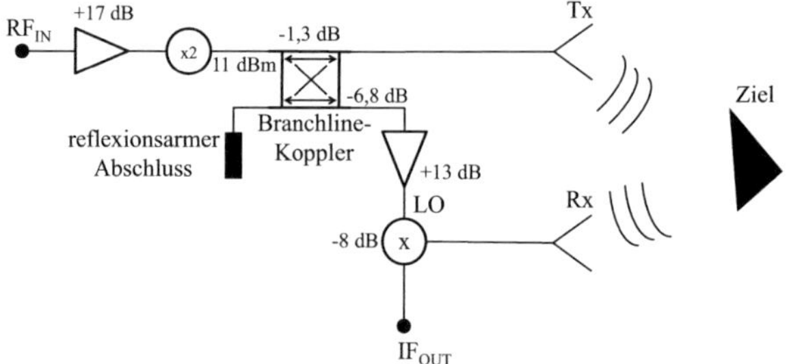

Abbildung 5.2.: Blockschaltbild des Radar-Front-Ends

5.1.2. Antennencharakteristik

Die holografische Antenne verwendet eine skalierte Ausführung der antipodalen Vivaldi-Speiseantenne nach Kapitel 3.3.2. Damit wird eine TE$_0$-Welle zur Speisung des Hologramms verwendet, welche jeweils eine Hauptkeule innerhalb des zweiten und dritten Quadranten erzeugt. Das Hologramm ist auf der obersten Substratlage platziert. Wegen der hohen Permittivität der Keramik (laut Hersteller 7,0) strahlt die Antenne stärker in die untere Hemisphäre ab. Die Differenz im Gewinn der beiden Hauptkeulen beträgt im verwendeten Schwenkbereich mindestens 7,58 dB. Wegen der stark unsymmetrischen Abstrahlung wurde auf die Verwendung eines Reflektors verzichtet. Da es sich wiederum um ein eindimensional schwenkendes System handelt, wird auf die Winkeldefinition nach Kapitel 3 zurückgegriffen (siehe Abb. 5.1(b)). Die Messung in Abb. 5.3(a) zeigt einen Schwenkbereich von $\theta_S = 25°$ ($185° \leq \theta_0 \leq 210°$, $\phi_0 = 0°$) für eine

Bandbreite von 8,5 GHz (60,5 GHz − 69 GHz). Der zu nutzende Frequenzbereich liegt damit oberhalb des angestrebten Frequenzbandes von 55 GHz − 65 GHz. Als Ursache dafür wird eine niedrigere Permittivität des Substrats im verwendeten Frequenzbereich angenommen, da eine Anpassung der Substratpermittivität auf $\varepsilon_r = 6{,}6$ im CST Modell zu einer sehr guten Übereinstimmung zwischen Simulaton und Messung bezüglich der Abstrahleigenschaften und der Antennenfehlanpassung führt (siehe Abb. 5.3(b)). Die Antennenperformanz im unteren Bereich der Systembandbreite muss über die Simulationsergebnisse abgeschätzt werden, da der verwendete Antennenmessplatz am Institut (siehe Anhang E) über die bereits bekannten Einschränkungen im Bewegungsbereich des Referenzhorns aufweist. Auch wenn einige der verwendeten ICs laut Datenblatt nicht bis zu einer Frequenz von 69 GHz verifiziert sind, konnten Messungen mit dem aufgebauten System bis zu dieser maximalen Frequenz durchgeführt werden.

5.2. Messszenario

Die aufgebauten Radarplatinen werden, ähnlich wie die Einzelantennen zur Messung der Richtcharakteristik, auf dem Antennenmessplatz platziert. Wie Abb. 5.4 zeigt, dient somit der Antennenmessplatz als Messszenario für die nachfolgenden Radarmessungen. Die Frequenzrampe wird am Eingang RF_{IN} über Messspitzen eingespeist. Als Signalgenerator wird der HP 83650A von Hewlett Packard verwendet, welcher die Frequenzrampe mit einer Bandbreite von 6 GHz um die Mittenfrequenz von 31,5 GHz erzeugt. Über den Frequenzverdoppler ergibt dies eine FMCW-Rampe mit 12 GHz Bandbreite um $f_c = 63$ GHz. Das verwendete Fre-

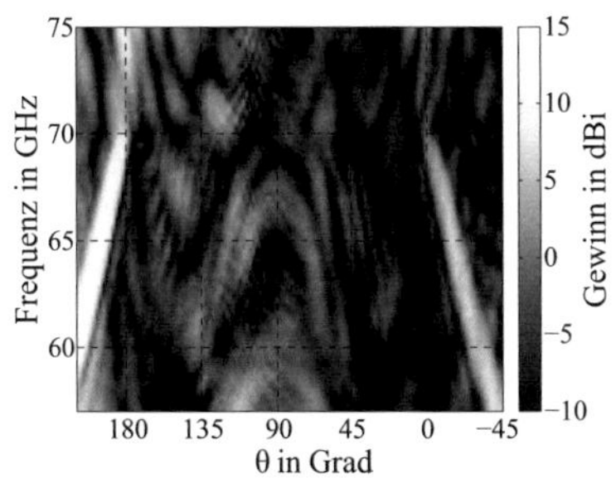

(a) Gemessener Antennengewinn

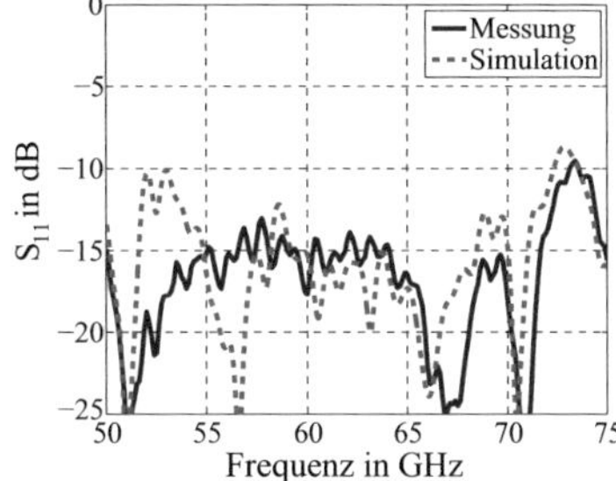

(b) Reflexionsfaktor, $Z_0 = 50\,\Omega$

Abbildung 5.3.: Antennencharakteristik der holografischen Antenne mit antipodaler Vivaldi-Speiseantenne

quenzband wurde somit auf die gemessene Antennencharakteristik angepasst. Für
diese Bandbreite wird die minimal einstellbare Sweep-Dauer von 20 ms ausgewählt, um möglichst hohe Zwischenfrequenzen am Mischerausgang zu erhalten.
Der bewegliche, um das Radar rotierbare Arm befindet sich im Abstand von ca.
70 cm zum System. Für diesen Abstand wird nach Gleichung 5.1 eine Zwischenfrequenz von etwa $f_{ZF} = 2{,}8$ kHz erwartet. Die Signallaufzeit innerhalb des Radarsystems (Mikrostreifenleitungen bzw. innerhalb der Antenne) wurde bei dieser
Überschlagsrechnung vernachlässigt.

$$f_{ZF} = \Delta f \frac{\Delta t}{T} = \Delta f \frac{2r/c_0}{T} \tag{5.1}$$

mit r als Abstand zum Ziel in Meter, c_0 Lichtgeschwindigkeit und T der Sweep-
Dauer.

Die Abtastung der Zwischenfrequenz erfolgt über das Oszilloskop Agilent In-
finiiVision DSO-X 3014A. Die Sample-Rate und Speichertiefe dieses Oszillo-
skops erlaubt die Abtastung eines 50 ms langen Zeitfensters mit 2 MSamples/s,
was für die zu erwartenden Zwischenfrequenzen ausreichend ist. Zur schnelleren
Datenverarbeitung wird die Samplerate im Nachhinein soweit reduziert, dass die
entscheidenden 20 ms mit $N_S = 2001$ Punkten abgetastet werden. Bei erwarteten
Zwischenfrequenzen unter 2,5 kHz entspricht die effektive Abtastfrequenz noch
immer mehr als dem 15-fachen der Nyquist-Frequenz. Oszilloskop und Signalgenerator sind über einen Trigger synchronisiert. Eine Synchronisation ist notwendig, um über das vermessene Antennenpattern den Zusammenhang zwischen dem
jeweiligen Zeitpunkt auf der Frequenzrampe und der aktuellen Hauptstrahlrichtung der Antenne zuordnen zu können. Als Radarziele werden Winkelreflektoren
verwendet. Der Winkelreflektor eignet sich wegen des großen Radarquerschnitts
besonders für Messungen mit hohem SNR. Außerdem ist er leicht genug, um ihn
am beweglichen Arm um das Radar rotieren zu lassen und so einzelne Winkel bei
gleichbleibendem Abstand einzustellen. Zur Ausrichtung der Winkelreflektoren
auf das Hologramm wird das Laserdistanzmessgerät GLL 2-80 P der Fa. Bosch
verwendet. Die schematische Darstellung in Abb. 5.4(b) zeigt die Anordnung des
Winkelreflektors oberhalb der Radar-Platine. Für das Ersatzschaltbild wurde die
Anordnung gewählt, damit die Definition der Zielposition θ_Z mit dem Koordinatensystem nach Abb. 5.1 übereinstimmt. Im Allgemeinen werden die Ziele unterhalb der Radar-Platine platziert ($\theta_Z > 180°$), da die Antenne mit der stärker ausgeprägten Hauptkeule in diesen Bereich abstrahlt. Der mittlere Zielabstand von etwa
60 cm der sich durch den Messaufbau ergibt, erfüllt nach [Bal97] die Fernfeldbedingung für Gruppenantennen bei der verwendeten Hologrammausdehnung von
2,8 cm.

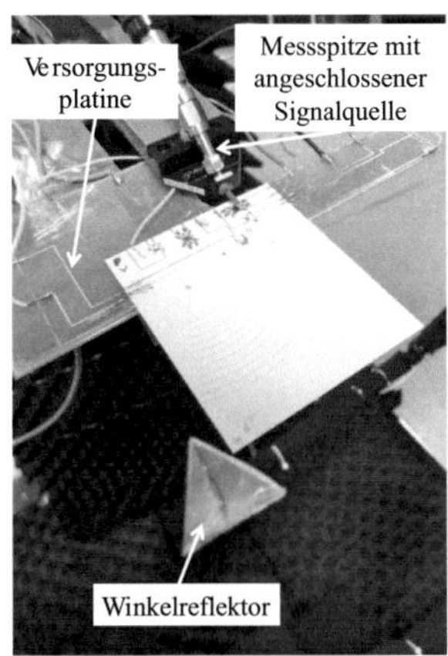

(a) Foto des Messaufbaus

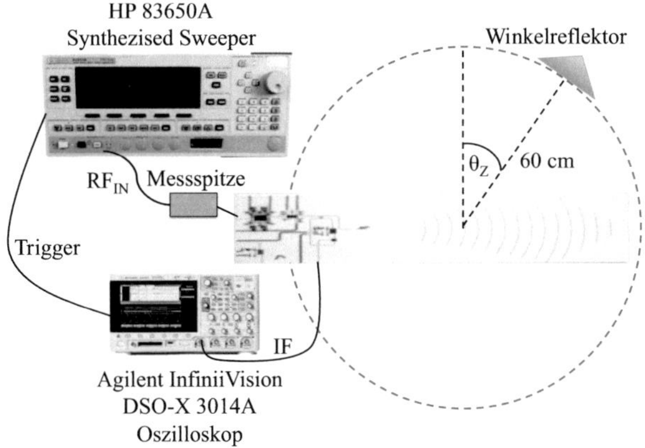

(b) Schematische Darstellung

Abbildung 5.4.: Aufbau zur Radarmessung auf messspitzen-basiertem Messplatz

5.3. Signalprozessierung und Auswertung

5.3.1. Kurzzeit-Fourier-Transformation

Die „Short Time Fourier Transform (STFT)", zu deutsch Kurzzeit-Fourier-Transformation, ist eines der bekanntesten Zeit-Frequenz-Analyseverfahren. Die Funktion beruht auf der „Diskreten Fourier Transformation (DFT)". Statt eine Fensterung des gesamten Signals vorzunehmen, wird ein kürzeres Fenster verwendet, welches schrittweise zeitlich verschoben wird, um eine zeitliche Auflösung zu ermöglichen. Somit entstehen viele einzelne DFTs, die jeweils eine Aussage über die im Signal enthaltenen Frequenzen zu einer unterschiedlichen mittleren Zeit ermöglichen. Die Aneinanderreihung der einzelnen DFTs zu jedem dieser zeitverschobenen Fenster ergibt dann im Ergebnis die STFT. Analog zum Periodogramm bei der DFT wird bei Verwendung der der STFT das so genannte Spektrogramm als Betragsquadrat der STFT gebildet. Es gibt die Leistung des Signals aufgelöst über Zeit und Frequenz wieder. Da es sich im Grunde lediglich um mehrere DFTs handelt, gelten auch die selben Beschränkungen hinsichtlich der Frequenzauflösung und des Leckeffekts. Daher kann durch die Wahl der Fensterfunktion auf diese Effekte eingegangen werden. Zusätzlich interessiert nun auch die zeitliche Auflösung. Da zu jedem Zeitschritt eine Mittelung der Leistung über das gefensterte Signal ausgeführt wird, muss für eine hohe zeitliche Auflösung ein möglichst kurzes Fenster gewählt werden. Dies verringert jedoch die Auflösung im Frequenzbereich. Eine sorgfältige Wahl der Fensterfunktion und ihrer Länge ist also ausschlaggebend für die Qualität des Ergebnisses.

Bei der STFT gibt es im wesentlichen vier Größen, die einen Einfluss auf die Auflösung und die Rechenzeit haben:

- die Anzahl an Frequenzabtastpunkten bestimmt die Länge der DFT (mögliche Erhöhung durch „Zero-Padding" [Sko90])

- die Anzahl an Zeitabtastpunkten bestimmt die Anzahl der zu berechnenden DFTs

- die Form der Fensterfunktion bestimmt die Stärke des Leckeffekts (und teilweise die Auflösung)

- die Länge der Fensterfunktion bestimmt den Kompromiss zwischen Zeit- und Frequenzauflösung

Je nachdem ob im jeweiligen Anwendungsfall die Zeit- oder die Frequenzauflösung im Vordergrund steht, muss die Fensterlänge, eventuell adaptiv, angepasst werden. Als Anhaltspunkt kann die Zeitdauer der Signalanteile im untersuchten

Signal dienen. Es gibt verschiedene Definitionen für die Zeitdauer eines impulsförmigen Signals. Im Folgenden wird die effektive Zeitdauer über Gleichung 5.2 bestimmt.

$$T_{eff} = \int_{-\infty}^{+\infty} \frac{|y(n)|}{y_{max}} dt \qquad (5.2)$$

Ist die Zeitdauer des zu untersuchenden Signals wesentlich größer als die des Analysefensters, wird der zeitliche Verlauf sehr gut abgetastet, allerdings wird die Auflösung im Frequenzbereich deutlich reduziert. Ist umgekehrt das Fenster deutlich länger als das Signal, so ist das Ergebnis im Zeitbereich über die Fensterbreite verschmiert. Für die Frequenzauflösung ist nur die Zeitdauer ausschlaggebend, während der sowohl das Signal als auch das Fenster signifikante Energieanteile besitzen. Es folgt also, dass für einen Kompromiss zwischen Frequenz- und Zeitauflösung eine Fensterlänge in der Größenordnung der effektiven Zeitdauer des zu untersuchenden Signals zu wählen ist.

5.3.2. Messauswertung

Zwei Beispielmessungen mit je einem Winkelreflektor als Ziel an zwei unterschiedlichen Winkelpositionen im vorher beschriebenen Messszenario sind in Abb. 5.5 dargestellt. Die Signale sind zur besseren Anschauung durch Subtraktion mit einer Referenzmessung des Messszenarios ohne Ziel korrigiert worden. Dadurch werden Reflexionen innerhalb des Messszenarios und Störstellen des Radarsystems (z.B. Übersprechen des Sendesignals in den Empfangszweig) heraus kalibriert. Bei gleichbleibender Entfernung ist durch die Änderung der Winkelposition des Ziels deutlich zu erkennen, dass die maximal empfangene Signalamplitude zu unterschiedlichen Zeiten auftritt.
Durch die Synchronisierung zwischen FMCW-Sweep Generator und Oszilloskop kann jedem Zeitpunkt auf der FMCW-Rampe die entsprechende Frequenz zugeordnet werden. Um die Beziehung zwischen Frequenz und Winkelposition herstellen zu können, muss das vermessene Fernfeld der Antenne in der Signalprozessierung hinterlegt sein. Durch die Verwendung unterschiedlich langer Fenster (hier mit Hamming-Fenster) bei der Anwendung der STFT kann die Auflösung der Distanz- oder Winkelmessung eingestellt werden. Diesen Kompromiss verdeutlicht Abb. 5.6.
Diese zeigt die STFT zweier unterschiedlicher Messungen mit jeweils einem Winkelreflektor. Der Winkelreflektor wurde am Rotationsarm mit einer Halterung angebracht, welche den Abstand zwischen Radar und Ziel auf etwa 60 cm reduziert. Die Winkelposition des Ziels wechselt zwischen $\theta_Z = 190°$ und $\theta_Z = 200°$. Die in Matlab implementierte STFT erlaubt die Vorgabe der Fensterlänge und der Art

des Fensters. Durch Vorwissen der Antennencharakteristik und der Signallaufzeit können Zeit- und Frequenzachse durch gemessene Winkelposition und Distanz ersetzt werden.

Bei längerer Fensterung verschmälert sich das Maximum des gemessenen Ziels in Richtung der Distanzachse. Durch diese erhöhte Auflösung wären zwei nahe zusammen liegende Ziele eher voneinander zu trennen. Gleiches gilt bei kürzerem Fenster für die Winkelauflösung. Um jeweils die maximale Auflösung zu erreichen, muss das Fenster einem Dirac-Impuls (maximale Winkelauflösung) oder einem Rechteckfenster über alle aufgenommenen Samples (maximale Entferungsauflösung) entsprechen. Die Zwischenfrequenz ist bei diesen Messungen im kompletten abgebildeten Zeitraum zu erkennen. Dies ist ein Effekt der nicht-idealen Antenne, welche auch außerhalb der Hauptkeule das Ziel anstrahlt und das Echo empfängt. Damit erhöht eine Fensterung über alle gemessenen Samples neben der Auflösung auch die Genauigkeit der Messung durch Verbesserung des Signal-Rausch-Verhältnisses bei Berechnung der FFT. Zur Verringerung des Leckeffekts wird ein Hammingfenster mit Länge N_F zur FFT-Berechnung verwendet. Dabei wird jede Messung mit zwei unterschiedlich langen Fenstern bearbeitet, um die Messgenauigkeit der jeweiligen Messgröße zu maximieren. Zudem wird Zero-Padding verwendet, um die Anzahl der Abtastpunkte im Frequenzbereich auf $N_S = 4096$ zu erhöhen. Im ersten Prozessierungsschritt wird die STFT mit einem Hamming-Fenster der Länge $N_F = N_S$ durchgeführt. Aus dem berechneten Spektrum wird die Zwischenfrequenz durch einfache Maximumsuche bestimmt. Eine zeitliche Auflösung ist in diesem Fall nicht vorhanden. Daher muss zur Bestimmung der Winkelposition des Ziels im zweiten Schritt die STFT mit einem kürzeren Fenster durchgeführt werden. Eine Fensterlänge $N_F = 1$ würde zwar die bestmögliche Auflösung ergeben, jedoch würde dies der Maximumsuche der Amplitude im Zeitsignal entsprechen. Die Genauigkeit im vorliegenden Einzielszenario kann dadurch reduziert werden, da das Maximum des Zeitsignals stark von Fehlerquellen wie dem Rauschen beeinflusst werden kann. Stattdessen wird ein kurzes Fenster mit Länge $N_F = 101$ Samples gewählt.

Der Winkelreflektor wird auf dem rotierbaren Arm angebracht und beginnend bei $\theta_Z = 220°$ in $-5°$-Schritten um die Radarplatine rotiert. Der Mittelpunkt der Rotation wird auf das vierte Hologrammelement ausgerichtet, da über CST Simulationen das Phasenzentrum für den Startwinkel an dieser Position bestimmt wurde. Mit den angegebenen Prozessierungsdaten ergeben sich die Messergebnisse nach Abb. 5.7(a). Die Distanzmessung ergibt sich durch Bestimmung der Zwischenfrequenz und der Berechnung des Signalwegs innerhalb der Antenne und im Freiraum. Es werden dabei die unterschiedlichen Ausbreitungsgeschwindigkeiten berücksichtigt.

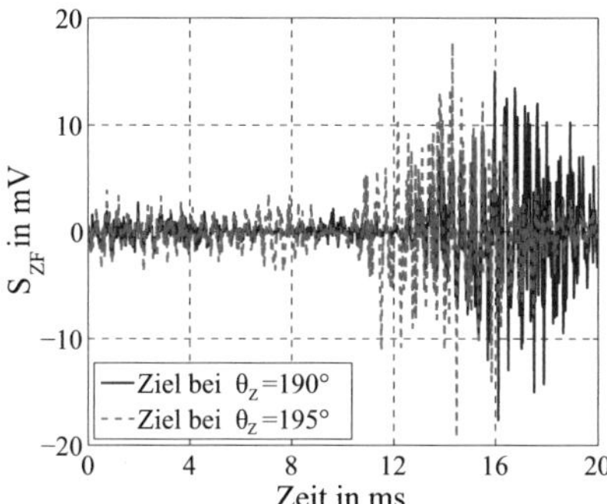

Abbildung 5.5.: Gemessene Zeitsignale mit jeweils einem Winkelreflektor in gleicher Entfernung bei unterschiedlicher Winkelposition

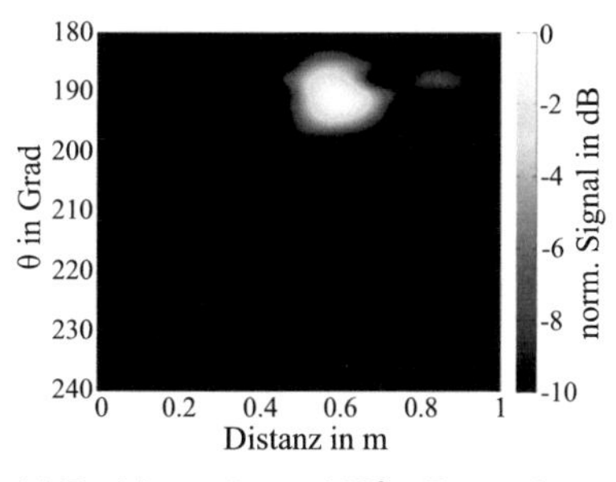
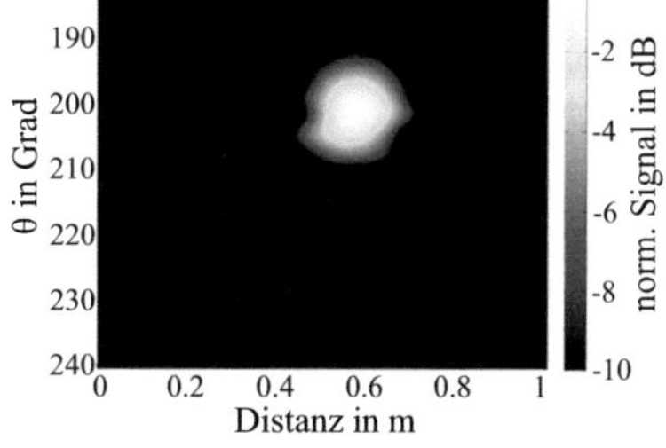
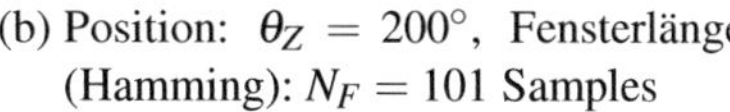

(a) Position: $\theta_Z = 190°$, Fensterlänge (Hamming): $N_F = 101$ Samples

(b) Position: $\theta_Z = 200°$, Fensterlänge (Hamming): $N_F = 101$ Samples

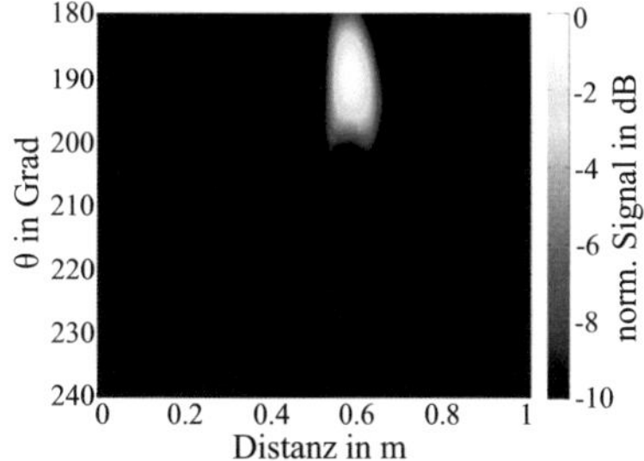
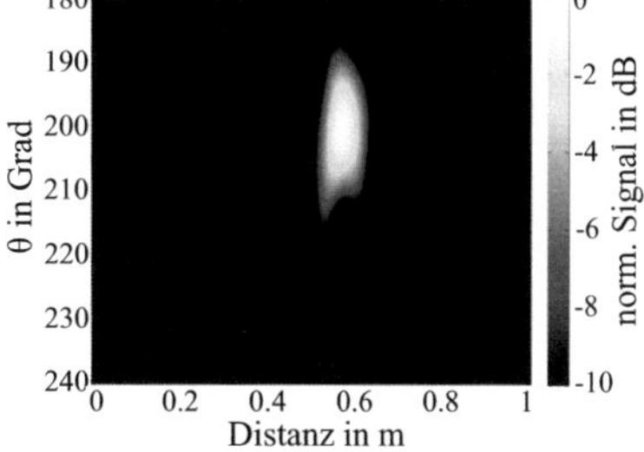

(c) Position: $\theta_Z = 190°$, Fensterlänge (Hamming): $N_F = 401$ Samples

(d) Position: $\theta_Z = 200°$, Fensterlänge (Hamming): $N_F = 401$ Samples

Abbildung 5.6.: Messergebnisse mit Winkelreflektor als Ziel

Die Ausbreitungsgeschwindigkeit der TE_0-Mode innerhalb der Antenne folgt aus CST. Es wird vorerst eine feste Position des Phasenzentrums angenommen. Es zeigt sich, dass die gemessene Distanz unter dem erwarteten Wert von 0,6 m liegt. Als Ursache für die Abweichung von $2 - 3$ cm kann jedoch auch eine ungenaue Positionierung des Winkelreflektors nicht ausgeschlossen werden.

Die zweite y-Achse gibt die jeweilige Frequenz des FMCW-Sweeps an, zu welcher die maximale Amplitude der empfangenen Leistung aus der STFT bestimmt wurde. Es wird vorausgesetzt, dass der Sweep-Generator die Rampe nach Erhalt des Triggersignals von $f_{min} = 28,5$ GHz bis $f_{max} = 34,5$ GHz durchfährt. Aufgrund dieser Annahme kann die Zeitachse durch die gezeigte Frequenzachse ersetzt werden. Über das gemessene Antennenpattern aus Abb. 5.3(a) wird den bestimmten Frequenzpunkten die gemessene Winkelposition θ_Z des Ziels zugeordnet (Abb. 5.7(b)). Die ersten drei Messpunkte ($\theta_Z = 220°$ bis $\theta_Z = 210°$) sind im gemessenen Antennenpattern nicht mehr enthalten, da sie außerhalb des messbaren Bereichs des Antennenmessplatzes liegen. Daher wird die Auswertung auf die Verwendung der weiteren Zielpositionen beschränkt. Die auftretenden Messfehler liegen im Bereich von $\pm1°$. Bei der Aufzeichnung des Antennenpatterns wurde eine Schrittweite der rotierenden Referenzantenne von $2°$ verwendet. Dies bedeutet, dass diese Diskretisierung des Antennenpatterns die Genauigkeitsgrenze der vorgenommenen Messung bildet.

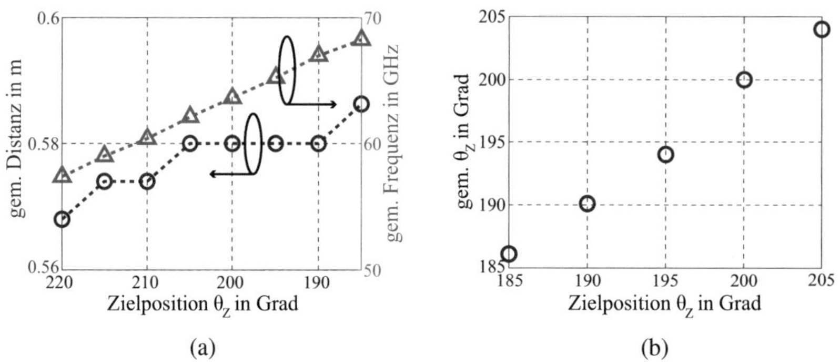

Abbildung 5.7.: Ergebnisse der Radarmessungen im Einzielszenario

5.3.3. Korrektur der Position des Phasenzentrums

Die Abweichung in der Distanzmessung hin zu kleineren Positionierungswinkeln entsteht teilweise durch die veränderliche Position des Phasenzentrums der Antenne. Diese Untersuchung und die dadurch entstehenden Messfehler wurden bereits in Kapitel 4.5 erläutert. Das Hologramm der Einzelantenne besteht aus elf Einzelstrahlern. Die Messungen wurden mit einer Ausrichtung des Winkelreflektors auf Strahler Nummer 4 durchgeführt. Dies markiert die z-Position 0 mm in Abb. 5.8(a). Die CST-Simulation ergibt eine Bewegung des Phasenzentrums für kleiner werdende Winkel der Hauptstrahlrichtung in Richtung der Substratmitte. Die maximale Variation beträgt 9,8 mm. Der Verlauf ist durch ein annähernd konstantes Phasenzentrum zwischen $\theta_0 = 200°$ und $\theta_0 = 205°$ weniger linear als für die Antenne mit identischen Einzelstrahlern aus Kapitel 4.5.2. Eine mögliche Erklärung ist die Verwendung unterschiedlicher Längen der Einzelstrahler im Fall der LTCC-Antenne. Dies kann dazu führen, dass innerhalb des entsprechenden Winkelbereichs einzelne Strahler einen besonders hohen Teil der Leistung abstrahlen und somit entscheidend die Position des Phasenzentrums beeinflussen. Der dargestellte Verlauf des Messfehlers innerhalb der Distanzmessung aus Abb. 5.7(a) zeigt bereits eine starke Ähnlichkeit zum Verlauf der winkelabhängigen Position des Phasenzentrums. Jedoch ist die Auflösung der Distanzmessung durch die Anzahl der verwendeten Abtastpunkte im Spektrum eingeschränkt, weshalb eine Veränderung der Zwischenfrequenz erst bei einer Positionsvariation von mehreren Millimetern registriert wird. Die Ausbreitungsgeschwindigkeit der Referenzwelle wird zu $1,84 \cdot 10^8 \frac{m}{s}$ bestimmt. Wird der nun innerhalb der Antenne längere Signalverlauf von der gemessenen Distanz subtrahiert, ergeben sich die korrigierten Werte in Abb. 5.8(b). Es ergibt sich eine Verteilung der gemessenen Werte um den Mittelwert 569,75 mm, weshalb dieser als Soll-Distanz definiert wird. Die Abweichung vom Mittelwert liegt unter ± 2 mm. Gegenüber dem vormals gemessenen Distanzunterschied von 18,3 mm hat sich die Messgenauigkeit verfünffacht. Es muss jedoch zur Kenntnis genommen werden, dass der Messfehler entstehend aus der Bewegung des Phasenzentrums und damit der Einfluss der durchgeführten Korrektur mit abnehmender Antennengröße geringer wird. Da die Antennengröße mit steigender Betriebsfrequenz sinkt, kann der Fehler in vielen Fällen für Millimeterwellen-Systeme mit hohen Trägerfrequenzen vernachlässigt werden.

Über weitere Erhöhung der Anzahl der Stützstellen im Spektrum mittels Zero-Padding konnte die Messgenauigkeit nicht weiter gesteigert werden. Neben dem Positionierungsfehler können weitere Fehlerquellen des Messsystems, wie beispielsweise eine Nichtlinearität der FMCW-Rampe, die Messgenauigkeit reduzieren. Weiterhin wirken sich Ungenauigkeiten in der Winkelmessung θ_Z auch auf die vorgenommene Korrektur aus, da der Zusammenhang zwischen den simulierten Positionswerten für das Phasenzentrums und der Zielposition über diesen Winkel bestimmt wird. Zusätzlich können die mit CST bestimmten Werte für die Positionen des Phasenzentrums von der Realität abweichen. Inwieweit diese systemspezifischen Fehler einen Einfluss ausüben, ist an dieser Stelle nicht weiter ersichtlich. Für die angestrebte Anwendung des autonom fahrenden Industrieroboters, ist die erreichte Messgenauigkeit jedoch ausreichend hoch.

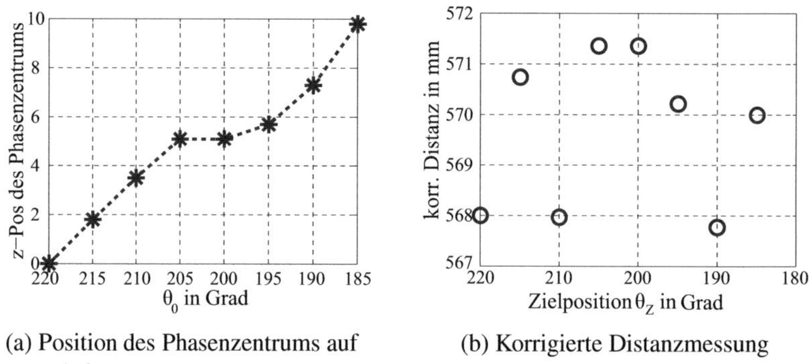

(a) Position des Phasenzentrums auf z-Achse

(b) Korrigierte Distanzmessung

Abbildung 5.8.: Simulierter Verlauf des Phasenzentrums der verwendeten LTCC Antenne und korrigierte Werte der Distanzmessung aus Abb. 5.7(a)

5.4. Messungen im 2-Ziel-Szenario

Es wird ein Winkelreflektor fest bei $\theta = 215°$ und der gleichen Entfernung wie im vorher beschriebenen Einzielszenario (Soll: 0,6 m; gemessen: 0,57 m) vom Radar platziert. Ein zweiter Winkelreflektor wird am beweglichen Rotationsarm in einem Abstand von 0,62 m um den Sensor rotiert. Somit liegt der Abstand zwischen den beiden Zielen bei 0,05 m und damit über der theoretischen Entfernungsauflösung von 0,0125 m, die sich für die Bandbreite von 12 GHz ergibt. Wegen der geringen Entfernung wird davon ausgegangen, dass über die komplette Messzeit die Echos der Winkelreflektoren empfangen werden und damit die komplette Bandbreite zur Entfernungsauflösung zur Verfügung steht. Beide Winkelreflektoren haben die gleiche Größe, wodurch ein identischer Radarquerschnitt (engl. radar-cross-section, RCS) angenommen werden kann. Abb. 5.9 zeigt die Radarbilder bei veränderlicher Winkelposition θ_Z des rotierenden Ziels. Mit der gewählten Fensterlänge von 201 Samples (gesamte Sample-Anzahl: 4096) ergibt sich ein guter Kompromiss zwischen Winkel- und Distanzauflösung. Die beiden Ziele sind bis zur Winkelposition $\theta_Z = 200°$ klar voneinander trennbar. Neben der eindeutig messbaren Änderung der Winkelposition des beweglichen Ziels ist bereits bei $\theta_Z = 195°$ ein Einfluss auf das feststehende Ziel erkennbar. Diese Änderung der Form des konstanten, unveränderten Ziels ist auf die Veränderung des

Messszenarios zurückzuführen. Durch Bewegung des rotierenden Ziels ergeben sich im Szenario veränderte Ausbreitungspfade für das Signal, die mit den Pfaden der Sichtverbindung interferieren und sowohl Phase wie Amplitude des Empfangssignals beeinflussen können. In dem beispielhaften und durch Absorber ausgekleideten Messszenario ist dieser Einfluss gering, kann im realen Einsatz aber zu Effekten wie Fading oder destruktiver Signalauslöschung führen. Als Ergebnis dieser Störungen können Geisterziele entstehen oder ein vorhandenes Ziel könnte innerhalb eines Szenarios mit destruktiver Signalüberlagerung nicht detektiert werden. Eine komplexe Signalprozessierung, wie sie für kommerzielle Radarsysteme im Automotive- oder militärischen Bereich bereits eingesetzt wird, um Ziele zuverlässig detektieren und deren Position genau bestimmen zu können, muss auch für das frequenzschwenkende Radar beim Einsatz in autonomen Fahrzeugen eingesetzt werden.

Wird das rotierende Ziel weiter in Richtung festem Ziel bewegt, ist eine Trennung bei $\theta_Z = 205°$ kaum mehr möglich. Sowohl Distanz- als auch Winkelmessung werden in diesem Fall verfälscht. Zwar sind die beiden Ziele für den Betrachter der STFT optisch voneinander trennbar, jedoch sinkt die Signalamplitude zwischen den beiden Zielen um weniger als 3 dB ab. Diese 3 dB-Grenze bildet in der Signalverarbeitung zur Radarauswertung im Allgemeinen die untere Auflösungsgrenze zur zuverlässigen Trennung von Radarzielen [Sko90]. Die Hauptkeulenbreite der Antenne beträgt bei diesem Abstrahlwinkel 8,4°, was in etwa der Winkeldifferenz der Positionen der beiden Ziele entspricht. Dadurch können die beiden Ziele auch durch eine Verringerung der Fenstergröße und damit einer Verbesserung der Winkelauflösung in Richtung der y-Achse nicht mehr zuverlässig voneinander getrennt werden. Da die Bandbreite des Signals, welches von den Zielen reflektiert wurde, jedoch durch die Fensterung eingeschränkt wird, wird bei Erstellung der Radarbilder nicht die vollständig zur Verfügung stehende Distanzauflösung des Radars genutzt. Eine Erhöhung der Fensterlänge auf 801 Samples erlaubt bereits die Trennung der beiden Ziele voneinander und ermöglicht sowohl Distanz- als auch Winkelmessung beider Positionen (vgl. Abb. 5.10). Wegen der Ausdehnung der Zieldarstellung entlang der y-Achse ist jedoch die Genauigkeit der Winkelmessung eingeschränkt.

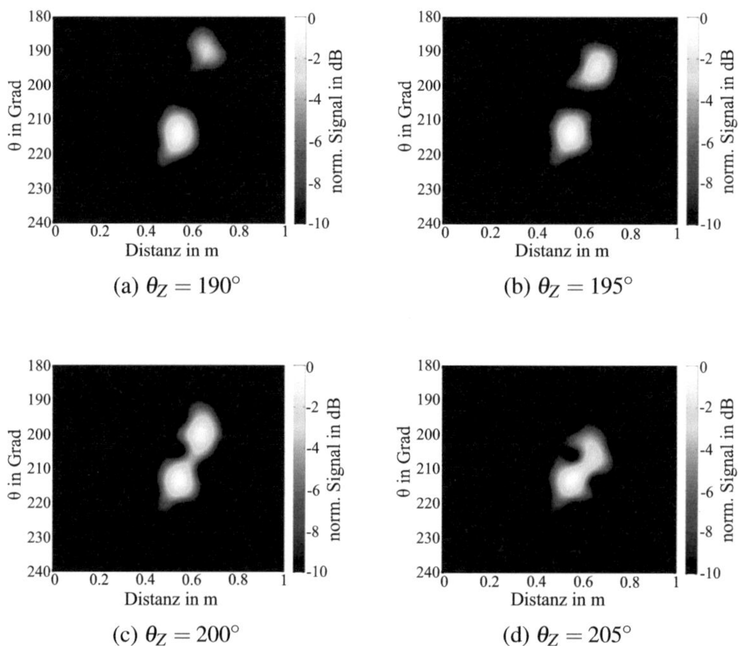

(a) $\theta_Z = 190°$ (b) $\theta_Z = 195°$

(c) $\theta_Z = 200°$ (d) $\theta_Z = 205°$

Abbildung 5.9.: Messergebnisse im Zweizielszenario mit einem fest platzierten Winkelreflektor bei $\theta = 215°$, 57 cm und einem rotierenden Ziel im Abstand 62 cm und Winkelposition θ_Z; Fensterlänge (Hamming): 201 Samples

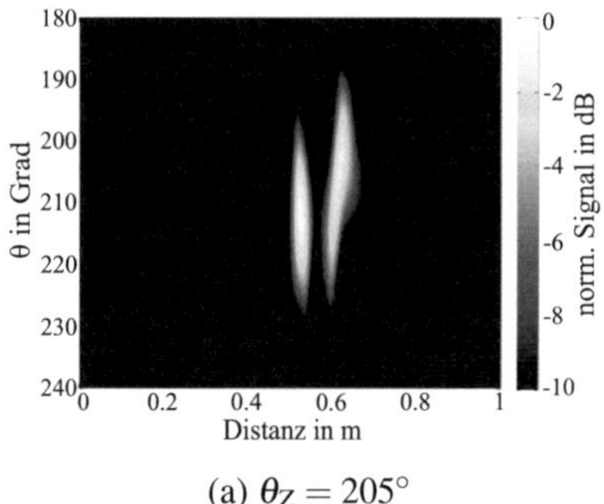

(a) $\theta_Z = 205°$

Abbildung 5.10.: Szenario wie in Abb. 5.9(d) mit erhöhter Distanzauflösung. Fensterlänge (Hamming): $N_F = 801$ Samples

5.5. Fazit

Durch den Aufbau des Demonstrators konnten erste Messungen eines Radarsystems mit holografischer Antenne in Laborumgebung durchgeführt werden. Es hat sich gezeigt, dass Mehrlagensubstrate wie LTCC sich für den Aufbau solcher Radare bei Frequenzen bis zu 70 GHz sehr gut eignen. Mit solchen Mehrlagensubstraten kann durch Einfügen und Unterbrechen der Massefläche auf unterschiedlichen Lagen die effektive Substratdicke in einzelnen Bereichen des Front-Ends variiert werden. Dadurch kann die benötigte große Substratdicke unterhalb des Hologramms realisiert werden, um das Schwenkbereich-Bandbreitenverhältnis zu maximieren, ohne dass die Effizienz des leitungsgebundenen Teils mit den integrierten ICs davon negativ beeinflusst wird.

Die Short-Time-Fourier-Transformation hat sich als geeignetes Auswerteverfahren für die Kombination aus FMCW-Radar und frequenzschwenkender Antenne herausgestellt. Durch Anpassung der Fensterung kann je nach Bedarf die Auflösung der Winkel- oder Distanzmessung fokussiert werden. Es ist dabei zu beachten, dass eine hohe Winkelauflösung nicht nur die verwendete Bandbreite einschränkt und die Distanzauflösung verringert, sondern auch eine hohe Rechenleistung erfordert, da eine Vielzahl an FFTs zur Signalauswertung berechnet werden müssen. Für zukünftige Projekte, welche den praktischen Einsatz solcher Radare als Ziel haben, sollten auch weitere Auswerteverfahren in Betracht gezogen werden, welche eventuell weniger Rechenleistung benötigen und damit einfacher in kompakten Systemen mit Mikrocontroller oder DSP umgesetzt werden können.

Die Untersuchung zur frequenzabhängigen Position des Phasenzentrums aus dem vorhergehenden Kapitel konnte erfolgreich genutzt werden, um die Genauigkeit der Distanzmessung des Radarsystems weiter zu steigern. Durch die Korrektur mit den Werten aus CST wurde eine Messgenauigkeit höher als ± 2 mm erreicht. Die Genauigkeit der Winkelmessung wurde über die Diskretisierung der zur Verfügung stehenden, gemessenen Richtcharakteristik der Antenne auf $\pm 1°$ eingeschränkt.

Über die Messungen mit zwei Zielen konnte gezeigt werden, dass die Hauptkeulenbreite der Antenne maßgeblich die Winkelauflösung des Systems definiert. Für den hier verwendeten Demonstrator liegt diese Limitierung bei $8{,}4°$.

6. Schlussfolgerung

Durch die Verwendung hoher Frequenzen und kleiner Wellenlängen im einstelligen Millimeterwellenbereich ergeben sich für Radaranwendungen in jüngster Zeit völlig neuartige Einsatzmöglichkeiten. Die kompakte Bauweise ermöglicht es, hochpräzise Distanz- und Winkelmessungen mittels Radar an Maschinen, Robotern oder autonomen Fahrzeugen mit geringem Bauraum durchzuführen. Da bei hohen Frequenzen eine hohe Direktivität der Antenne eine wichtige Rolle spielt, um den erhöhten System- und Freiraumverlusten entgegenzuwirken, nehmen die Antennen solcher Systeme den größten Teil des zur Verfügung stehenden Bauraums ein. Somit müssen für kompakte Systeme Antennen zur Verfügung gestellt werden, die gut im System integrierbar sind und neben der Entfernungsmessung auch die Möglichkeit bieten, die Winkelposition ankommender Signale auflösen zu können ohne die Notwendigkeit weiterer Komponenten.

In dieser Arbeit wurde gezeigt, dass planare holografische Antennen auf dielektrischen Substratträgern vielversprechende Kandidaten zur Verwendung in Millimeterwellen-Radarsystemen darstellen. Neben der Eigenschaft der frequenzschwenkenden Hauptstrahlrichtung, welche sich sehr gut mit FMCW-Radaren kombinieren lässt und die Komplexität solcher Systeme um ein Vielfaches reduziert, können solche Antennen bis zu sehr hohen Frequenzen von mehreren 100 GHz hergestellt werden. Die Anforderungen an den Herstellungsprozess dieser Antennen sind im Vergleich zu ähnlichen Ansätzen wie den SIW-Leckwellenantennen als weniger kritisch einzustufen. Ein Hauptgrund dafür ist der bewusste Verzicht auf Durchkontaktierungen, welche bei SIW-Antennen dazu genutzt werden, die Welle zu führen. Eine solche Führung der Welle setzt voraus, dass der Abstand zwischen den Durchkontaktierungen sehr viel kleiner als die Wellenlänge der geführten Welle ist. Dies ist nach dem heutigen Stand der Technik für Antennen bei Frequenzen größer 100 GHz noch nicht realisierbar, weshalb die holografischen Leckwellenantennen hier einen klaren Vorteil aufweisen. Auch wenn die Arbeit sich auf die Demonstration von Prototypen bei 60 GHz konzentriert, stellt sie mehrere Arten holografischer Leckwellenantennen vor, die allen dem Anspruch genügen, in zukünftigen Radarsystemen mit Trägerfrequenzen im Bereich mehrerer 100 GHz eingesetzt werden zu können. Es wurden allgemeine Optimierungsmöglichkeiten mit Hinblick auf die Radaranwendung erarbeitet und unterschiedliche Konfigurationen miteinander verglichen.

Zur Optimierung solcher Antennen ist die Verwendung unterschiedlicher Betrach-

tungsweisen zur Funktionsweise der Leckwellenantenne nützlich. Diese Theorien
und Ansätze wurden in Kapitel 2 vorgestellt. Neben dem holografischen Prinzip,
welches von der Optik auf die Antennentheorie übertragen wurde, haben sich die
Betrachtungsweisen der Antenne als periodische Leckwellenantenne, welche die
Ausbreitung von Floquet-Moden nutzt, und als seriell gespeiste Antennengruppe
für die Optimierung als geeignet erwiesen.

In Kapitel 3 wurde auf diese Grundlagen zurückgegriffen und es wurden Antennenkonzepte erarbeitet, die sich durch hohe Direktivität und ein möglichst
großes Schwenkbereich-Bandbreitenverhältnis für die gleichzeitige Distanz- und
Winkelmessung eignen. Je nach verwendeter Aufbautechnik und Substratmaterial
können verschiedene Oberflächenwellen-Moden zur Anregung des Hologramms
verwendet werden. So haben Substrate ohne unterseitige Metallisierung den Vorteil, dass sich TE_0-Moden ausbreiten, welche das Hologramm mit einem besonders hohen Schwenkbereich-Bandbreitenverhältnis anregen. Außerdem ist die
Anregung dieser Mode über unterschiedliche Feeds möglich, von welchen drei
vorgestellt wurden, und erlaubt daher eine hohe Flexibilität bei der Integration
im System. Dem Nachteil der hohen Rückstreuung und einer bidirektionalen Abstrahlung konnte durch die Verwendung von künstlich erzeugten magnetischen
Reflektoren (AMC) entgegengewirkt werden. Über diesen neuartigen Ansatz, der
in Kombination mit der holografischen Antenne in dieser Arbeit erstmalig erarbeitet wurde, erhöht sich zwar einerseits der Herstellungs- und Designaufwand der
Antenne, andererseits werden die genannten Vorteile dieser TE_0-Konfiguration
beibehalten.

Werden Substrate mit unterseitiger Metallisierung verwendet, erfolgt die Anregung des Hologramms über TM_0-Moden. Dies hat den Vorteil einer unidirektionalen Abstrahlung ohne die Notwendigkeit von Reflektoren, allerdings zeigt
sich eine geringere Flexibilität bei der Systemintegration, da die Möglichkeiten zur Anregung der TM_0-Mode weniger vielfältig sind als es bei der TE_0-
Oberflächenwelle der Fall ist. Wegen der seriellen Speisung der einzelnen abstrahlenden Elemente weisen viele Arten periodischer Leckwellenantennen den
Nachteil auf, ein Stopband bei zum Substrat senkrechter Abstrahlung auszubil-
den. Dies ist auch bei den meisten Konzepten, welche in dieser Arbeit vorgestellten wurden, der Fall. Da der Einfluss des Stopbandes auf den Gewinn der Antenne
vom Einfluss des Hologramms auf die Wellenimpedanz abhängt, konnten Konfigurationen basierend auf der TM_0-Mode erarbeitet werden, die den Gewinneinbruch kaum aufweisen und somit für einen symmetrischen Hauptstrahlschwenk
um Broadside eingesetzt werden können.

Im weiteren Verlauf des Kapitels wurde erfolgreich das Nebenkeulenniveau der
Antenne durch die Anpassung der Abstrahlung der Einzelzellen des Hologramms
gesenkt. Es wurde ein Verfahren erarbeitet, die Abstrahlung pro Einzelzelle zu

bestimmen und zu beeinflussen, sodass aus der Literatur bekannte Distributionen zur Optimierung des Nebenkeulenniveaus qualitativ nachgebildet werden können. Es konnte eine messtechnisch verifizierte Verbesserung von bis zu 8 dB gegenüber der nicht optimierten Antenne erzielt werden.

Ein weiterer Vorteil der holografischen Antenne ist die Möglichkeit, diese mit mechanischen oder vollständig elektronischen Systemen zur Änderung der Hauptstrahlrichtung in einer zweiten Ebene zu kombinieren.

Diese Möglichkeit ergibt sich vor allem durch die Verwendung holografischer Antennengruppen, wie sie in Kapitel 4 vorgestellt werden. Durch die Anregung der Oberflächenwelle mit einer 1xN Antennengruppe ändert sich die Form des Hologramms von zylindrisch zu linear aufgrund der entstehenden linearen Phasenfront der Oberflächenwellen, unabhängig von der sich ausbreitenden Mode. Eine zweidimensional geschwenkte Hauptkeule kann für diese Hologrammform durch eine einfache Rotation der Einzelelemente erzeugt werden. Es werden zwei unterschiedliche Konzepte vorgestellt. Einerseits die tatsächliche mechanische Rotation, indem das Hologramm auf einer Folie aufgebracht wird, welche nicht starr mit dem Antennensubstrat verbunden ist und andererseits die Verkippung der speisenden Referenzwelle durch die phasengesteuerte Anregung der Oberflächenwelle.

Der vollständig elektronische Schwenk wird im Hinblick auf die Realisierung fokussiert und es wird erstmalig eine Kombination mit einer Rotman-Linse realisiert. Mit diesem System konnte die Kombination aus Phased-Array und frequenzschwenkender Leckwellenantenne simulativ und messtechnisch verifiziert werden. Da das Design der Rotman-Linse flexibel an die gewünschte Anzahl von Hauptstrahlrichtungen innerhalb der zweiten Ebene angepasst werden kann, hat sich diese Art von Speisenetzwerk als sehr passend für das vorgestellte Konzept erwiesen. Es wurden Schwenkbereiche von $\theta_S = 38°$ und $\phi_0 = \pm 40°$ realisiert. Mit der realisierten Rotman-Linse konnten sieben unterschiedliche Richtungen für ϕ_S angesteuert werden. Theoretisch lässt sich sowohl der maximale Schwenkbereich sowie die Stufenanzahl noch erweitern.

Die Antenne erfüllt durch ihre geringe Hauptkeulenbreite die Voraussetzung einer hohen Winkelauflösung für die angestrebte Radaranwendung. Die Ausdehnung der Antenne in Ausbreitungsrichtung der Referenzwelle muss für hochgenaue Distanzmessungen jedoch in der Signalprozessierung berücksichtigt werden. Einerseits ist die Kenntnis über die Position des Phasenzentrums wichtig, um eine genaue Ausrichtung des Radars zu ermöglichen, andererseits muss der Signalweg der Referenzwelle bis zur Abstrahlung in den Freiraum in die Berechnung mit einfließen. Es wurde in dieser Arbeit simulativ gezeigt, dass die Position des Phasenzentrums über der Frequenz nicht konstant ist, sondern sich in der Größenordnung einer Freiraumwellenlänge bewegt. Für Millimeterwellensysteme mit sehr hohen Trägerfrequenzen kann dieser Effekt vernachlässigt werden. Bei dem in dieser Arbeit verwendeten 60 GHz System konnte die Messgenauigkeit durch Berücksichtigung dieser Erkenntnis jedoch noch weiter gesteigert werden.

Dies erfolgt in Kapitel 5, in welchem das erste 60 GHz Radar mit holografischer Antenne in LTCC vorgestellt wird. Erste Testmessungen in statischen Szenarios zeigen die Funktionalität der gleichzeitigen Distanz- und Winkelmessung mit frequenzmoduliertem Sendesignal. Es wurde eine Prozessierung mittels STFT durchgeführt und auf den Kompromiss zwischen Winkel- und Entfernungsauflösung in Ein- und Zweizielszenarien eingegangen. Die Erkenntnisse zur Position des Phasenzentrums aus Kapitel 4.5 konnten an dieser Stelle genutzt werden, um die Messgenauigkeit des Systems weiter zu steigern. Im Einzielszenario konnte somit eine Genauigkeit der Distanzmessung besser ± 2 mm erreicht werden. Die Genauigkeit der Winkelmessung wurde nur durch die zwei Grad Auflösung der vermessenen Antennenrichtcharakteristik eingeschränkt. Die maximal mögliche Winkelauflösung hingegen wird maßgeblich über die Halbwertsbreite der Hauptkeule bestimmt, die beim verwendeten Demonstrator $8,4°$ beträgt.

Da die Auslegung und Optimierung der Antenne im Fokus dieser Arbeit standen, dient der Demonstrator in Kapitel 5 der Verifikation des vorgeschlagenen Konzepts. Eine Optimierung des Radar-Front-Ends und der Verbindungsansätze von ICs und Antenne sowie eine tiefer gehende Untersuchung und Verbesserung der Signalprozessierung stehen für die Entwicklung eines Komplettsystems nach Beendigung dieser Arbeit noch aus.

Es wurden neuartige Ergebnisse erstmalig präsentiert, welche den Stand der Technik um folgende Aspekte erweitern:

- Es wurden erstmalig holografische Antennen mit Hinblick auf ihre Integrierbarkeit in Millimeterwellen-Radar-Module hin optimiert. Dazu wurden unterschiedliche Theorien zur Funktionsweise verwendet und zur Optimierung einzelner Aspekte genutzt. Neben der Integrierbarkeit und einer effizienten Oberflächenwellenanregung standen die Machbarkeitsgrenzen des zweidimensionalen Schwenkbereichs im Fokus der Optimierung. Es konnten Konzepte gefunden werden, welche keine Beschränkungen bezüglich ihrer Nutzfrequenz zeigen und deren Herstellung heute mit kommerziellen Technologien noch im Sub-THz Bereich möglich ist.

- Erstmalig wurden die holografischen Antennen mit künstlich erzeugten magnetischen Reflektoren kombiniert, um die Rückstrahlung dieser Antennenart zu reduzieren. Dabei wurden bisher bekannte Konzepte, welche den gleichen Zweck erfüllen, in Funktionalität und Integrierbarkeit übertroffen.

- Ebenfalls neu ist die systematische Optimierung des Nebenkeulenniveaus der holografischen Antenne über die geometrische Veränderung der Einzelstrahler. Hilfreich zeigte sich hierbei die Betrachtung der holografischen

Antenne als serielle Anordnung von Stabstrahlern, welche in dieser Weise bisher nicht in der Literatur verwendet wurde.

– Die Anregung des Hologramms mit planaren Antennengruppen führt zu einer Vereinfachung der Hologrammform aufgrund der ebenen Phasenfront. Dieses Verhalten wurde erstmalig auf Eignung für zweidimensional schwenkbare Radarantennen überprüft. Möglichkeiten zur mechanischen oder phasengesteuerten Änderung der Hauptstrahlrichtung in Kombination mit der frequenzschwenkenden Eigenschaft wurden zum ersten Mal präsentiert.

– Die Kombination der frequenzschwenkenden, holografischen Antenne mit einem phasensteuernden Speisenetzwerk (Rotman-Linse) wurde simulativ und messtechnisch verifiziert.

– Die Arbeit enthält das erste Millimeterwellen-Radar mit integrierter holografischer Antenne. Es wurden Zeit-Frequenz-Analyseverfahren angewendet, um in einem einfachen Szenario Distanz- und Winkelmessungen von statischen Zielen vorzunehmen und auszuwerten.

Die in dieser Arbeit entwickelten Antennenkonzepte können in zukünftige Millimeterwellenradare eingesetzt werden, um deren Design- und Herstellungsaufwand bis in den THz-Bereich gering zu halten. Dennoch sind mit den vergleichsweise wenig komplexen Antennen, durch die Kombination mit dem FMCW-Verfahren, gleichzeitige Distanz- und Winkelmessungen möglich. Die vorliegende Arbeit hat dieses Prinzip erfolgreich demonstriert und über die erarbeiteten Optimierungsverfahren wurden die Grundlagen zur Entwicklung von geeigneten holografischen Antennen gebildet. Dazu passende Transceiver-Architekturen, deren Eigenschaften auf die Antennenperformanz der holografischen Konzepte zugeschnitten sind, können in Hinblick auf die hier dargestellten Antenneneigenschaften entwickelt werden und bilden den finalen Schritt zum hochintegrierten, zweidimensional-schwenkenden Radarsensor.

A. Verwendung von Waveguide-Ports in CST Microwave Studio

Der in dieser Arbeit verwendete Feldsimulator CST Microwave Studio ist Teil eines Software-Pakets der Fa. CST - Computer Simulation Technology AG mit Sitz in Darmstadt. CST verwendet zur Berechnung der elektromagnetischen Felder innerhalb des Simulationsszenarios die sogenannte „Finite-Differenzen-Methode", auf welche an dieser Stelle nicht im Detail eingegangen werden soll, da eine Beschreibung dieses Simulationsprinzips in zahlreichen Büchern nachgeschlagen werden kann. Eine sehr gute Einführung findet sich beispielsweise in [SH03]. Stattdessen dient dieses Kapitel dazu die Besonderheiten des in CST zur Verfügung stehenden Waveguide-Ports im Detail zu betrachten, da dieser für die Simulation der holografischen Antennen eine sehr nützliche Option darstellt und nicht in jeder Feldsimulator-Software zur Verfügung steht.

A.1. Funktionsweise von Waveguide-Ports

In Programmen zur Simulation elektromagnetischer Wellenausbreitung innerhalb von Strukturen gibt es zwei unterschiedliche Möglichkeiten, um die Struktur mit dem Eingangssignal anzuregen. Neben den Waveguide-Ports, welche während dieser Arbeit ausschließlich verwendet wurden, stehen häufig sogenannte diskrete Ports zur Verfügung. Die Anregung mit diskreten Ports entspricht im Vergleich zu den Waveguide Ports eher der realen Anregung von Strukturen. Diskrete Ports funktionieren wie AC-Quellen, welche das Potential zwischen zwei Punkten innerhalb der Struktur festlegen. Sie besitzen eine einstellbare Ausgangsimpedanz und wirken wegen ihrer punktförmigen Anschlussfläche induktiv auf die anzuregende Leitung. Dies bedeutet also, dass eine Anregung mit diskreten Ports einen Einfluss auf die Eigenschaften der zu simulierenden Struktur hat, welcher in vielen Fällen vernachlässigt werden kann, aber unter Umständen auch in der Nachbearbeitung herausgerechnet werden muss („De-embedding").
Waveguide-Ports gleichen im Gegensatz dazu eher einer idealen Anregung. Am

Beispiel der Mikrostreifenleitung soll die Funktionsweise dieser Portart beschrieben und die Unterschiede zur diskreten Anregung herausgestellt werden. Abb. A.1 zeigt den Querschnitt einer Mikrostreifenleitung mit dem skizzierten Verlauf der elektrischen Feldlinien. Der rote, gestrichelte Rahmen deutet den Verlauf des ebenen Waveguide-Ports an. Alle Strukturen innerhalb der eingerahmten Fläche werden von CST registriert und es werden mögliche Moden in Abhängigkeit der erfassten Metallflächen berechnet. Dabei wird die Ausbreitungsrichtung der Anregung vom Benutzer festgelegt. Da der Port jegliche ankommende Leistung absorbiert, haben dahinter liegende Strukturen keinen Einfluss auf die Simulation. Für die berechneten Moden gibt CST unter anderem die Wellenlänge, die Wellenzahl, die Wellenimpedanz und gegebenenfalls die Cut-Off-Frequenz an. Die elektrischen Feldlinien der Mikrostreifenleitung konzentrieren sich im Bereich zwischen Leiter und Massefläche. Jedoch tritt auch ein nicht zu vernachlässigender Anteil der Feldkomponenten im Freiraum oberhalb und seitlich des Leiters auf. Um die Genauigkeit der von CST bestimmten Modenparameter zu optimieren, muss die Feldstärke im Randbreich des Ports soweit wie möglich abgefallen sein. Ist dies nicht der Fall, beeinflussen die Portränder den Feldlinienverlauf und verfälschen das Ergebnis (vgl. Abb. A.1(a)). Wird beispielsweise die Wellenimpedanz der Mode falsch berechnet, hat dies Einfluss auf den Reflexionsfaktor der nachfolgenden Leitung. Der Port sollte daher weitestgehend alle Feldlinien der berechneten Mode umschließen (vgl. Abb. A.1(b)).

A.2. Verwendung mit holografischen Antennen

Im Fall der holografischen Antennen tritt während der Verwendung von Waveguide-Ports die Besonderheit auf, dass sich beispielsweise bei Anregung der TE_0-Welle keine metallenen Strukturen innerhalb der Portebene befinden. Wird das Antennensubstrat in die Mitte des Ports gelegt, führen die Randbedingungen des Ports zu einer Abnahme des elektrischen Feldes an den vertikalen Porträndern

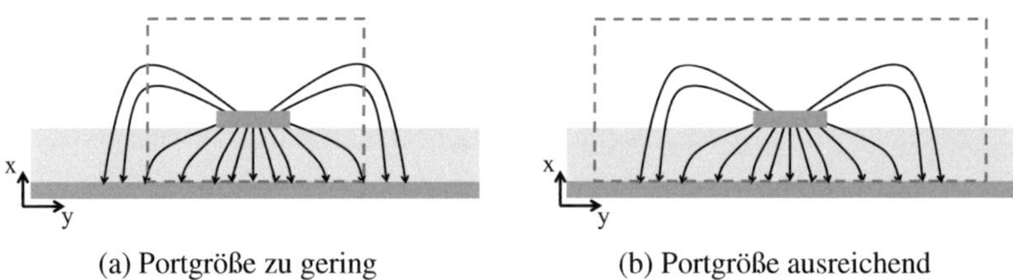

(a) Portgröße zu gering   (b) Portgröße ausreichend

Abbildung A.1.: Anregung einer Mikrostreifenleitung mit Waveguide-Port in CST

(vgl. Abb. A.2(a)). Dies entspricht nicht dem erwarteten Verlauf der Feldlinien einer TE_0-Mode auf einem in y-Richtung ausgedehnten Substrat. Werden die Portränder als ideal, elektrisch leitend definiert, kann dieser Fehlereinfluss umgangen werden, wie Abb. A.2(b) zeigt. Damit der Port jedoch keine Rechteckhohlleiter-Moden anregt, muss die Porthöhe soweit vergrößert werden, dass die horizontalen Portränder, welche nun ebenfalls elektrisch leitend sind, keinen Einfluss auf die Oberflächenwelle nehmen. Eine Porthöhe von $\pm 5\,\text{mm}$ für TE_0- und $5\,\text{mm}$ für TM_0-Anregung hat sich für Antennen mit Mittenfrequenz $60\,\text{GHz}$ als guter Wert ergeben. Die Überprüfung der berechneten Mode kann über die Wellenzahl erfolgen, welche bei richtiger Verwendung der Porteinstellungen nur sehr gering von den analytischen Werten nach Kapitel 2.3.3 abweichen sollte.

Weiterhin kann über die Breite des Ports die Direktivität der Oberflächenwellenanregung definiert werden. In Kapitel 3 werden zylindrische Hologramme verwendet, welche mit einem schmalen Waveguide-Port mit einer horizontalen Aperturbreite von $1\,\text{mm}$ angeregt werden. Der Port liegt jeweils im Kreismittelpunkt der Hologrammelemente und die angeregte Oberflächenwelle zeigt den gewünschten zylindrischen Feldlinienverlauf (vgl. Abb. A.3(a)).

Um die in Kapitel 4 beschriebene Oberflächenwelle mit ebener Phasenfront erzeugen zu können, kann die Portbreite erhöht werden. Für die $20\,\text{mm}$ breiten Antennensubstrate wurden für ideale Anregung Portbreiten von $3\lambda_{ref0}$ bzw. $6\lambda_{ref0}$ verwendet, um die Apertur der später eingesetzten 1x4 bzw. 1x7-Antennenfeeds nachzubilden. Diese ergeben eine ideale ebene Phasenfront, wie Abb. A.3(b) zeigt.

Die Wellenimpedanz des dielektrischen Wellenleiters ist stark frequenzabhängig. Für eine breitbandige Simulation muss dieses dispersive Verhalten in CST berücksichtigt werden. In der Standardkonfiguration für die Zeitbereichssimulation verwendet CST die Parameter der Portmode, berechnet bei der Mittenfrequenz des simulierten Frequenzbandes, für die komplette simulierte Bandbreite. Die Ein- bzw. Ausgangimpedanz der Ports wird auf die berechnete Wellenimpedanz bei dieser Frequenz festgelegt. Dies führt bei abweichender Frequenz zu starker Fehlanpassung, selbst bei ungestörter Wellenausbreitung im Dielektrikum. Für die direkte Anregung von TE_0- bzw. TM_0-Moden mit Waveguide-Ports ist daher entscheidend, dass CST mehrere Stützstellen innerhalb des Frequenzbandes berechnet und die Portimpedanz an die frequenzabhängige Wellenimpedanz anpasst. Diese Option kann in CST in den Porteinstellungen aktiviert werden.

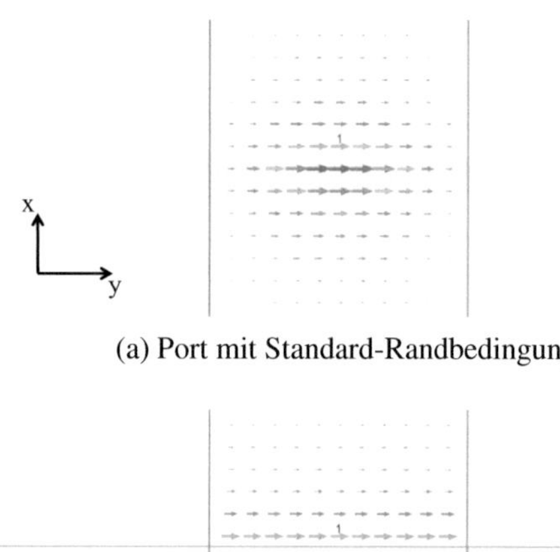

(a) Port mit Standard-Randbedingung

(b) Port mit ideal-leitendem Rand

Abbildung A.2.: Einfluss der Randbedingung eines Waveguide-Ports auf die Anregung der TE_0-Oberflächenwelle

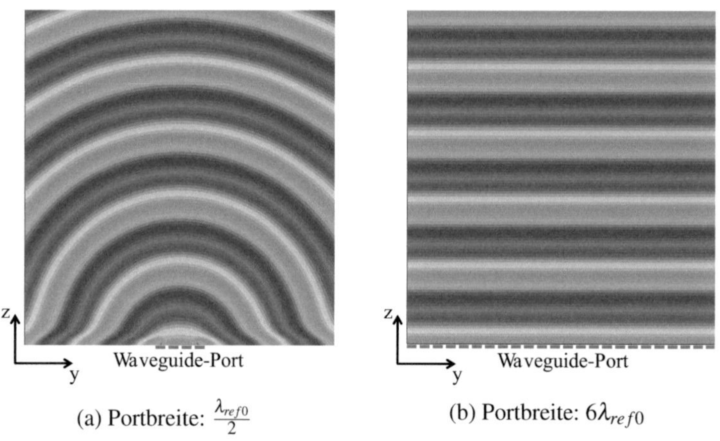

(a) Portbreite: $\frac{\lambda_{ref0}}{2}$

(b) Portbreite: $6\lambda_{ref0}$

Abbildung A.3.: Erzeugte Phasenfront bei unterschiedlicher Portbreite des anregenden Waveguide-Ports

B. Grundlagen zu „Artificial Magnetic Conductors"

Seit der ersten Beschreibung von hochohmigen elektro-magnetischen Oberflächen durch Sievenpiper 1999 [SZB$^+$99] ist dieses Thema Forschungsgebiet vieler Gruppen rund um den Globus und eine Vielzahl unterschiedlicher Artikel über Anwendungsmöglichkeiten oder Modifikationen der Original-Struktur wurde seitdem publiziert. Bereits Sievenpiper nutzte die von ihm beschriebene Struktur, um diese als Antennenreflektor zu verwenden oder um die Abstrahlcharakteristik von Antennen durch Unterdrückung von Oberflächenwellen zu verbessern [SZB$^+$99]. Im Folgenden wird die Funktionsweise der Original-Sievenpiper Struktur beschrieben. Dieser Ansatz ist auf die meisten veröffentlichten Modifikationen dieser Struktur übertragbar. Auch die in dieser Arbeit verwendete Zhang-Struktur folgt diesem Grundprinzip, ist jedoch vom Aufbau her einfacher gehalten.

Die Sievenpiper-Struktur gehört zur Gruppe der Metamaterialien. Dies bedeutet, dass die Interaktion der elektro-magnetischen Welle mit diesen künstlich erstellten Materialien ein anderes Verhalten zeigt, als es von einem nicht strukturierten, homogenen Material zu erwarten wäre. Die Struktur von Sievenpiper zielt darauf ab, eine metallene Fläche zu erzeugen, welche jedoch hochohmig wirkt und damit einen Reflexionsfaktor von $\Gamma = +1$ besitzt. Außerdem sollen Moden mit senkrecht zur Fläche stehenden elektrischen Feldkomponenten unterdrückt werden. Erreicht wird dies über eine periodische Anordnung der pilzförmigen Struktur aus Abb. B.1 auf einem beidseitig metallisierten Dielektrikum mit einer Durchkontaktierung.

Zwischen den periodisch angeordneten Patches auf der Substratoberläche bilden sich Kapazitäten aus, welche gemeinsam mit der induktiv wirkenden Durchkontaktierung einen LC-Schwingkreis bilden. Nach dem Ersatzschaltbild aus Abb. B.1 b ergibt sich eine frequenzabhängige Impedanz $Z_S(\omega)$, welche für die Resonanzfrequenz f_{res} unendlich groß und innerhalb einer gewissen Bandbreite hochohmig wird.

$$Z_S(\omega) = \frac{j\omega L}{1 - \omega^2 LC} \tag{B.1}$$

$$f_{res} = \frac{1}{2\pi\sqrt{LC}} \tag{B.2}$$

Bei Resonanz wird eine auftreffende TEM-Welle ohne Phasenverschiebung reflektiert. Durch diesen Effekt kann diese Art Reflektor in direkter Nähe einer bidirektionalen Antenne angebracht werden, um den Gewinn der Antenne durch konstruktive Superposition der vorwärts gerichteten Hauptkeule mit der reflektierten entgegengesetzten Keule um bis zu 3 dB zu erhöhen. Nach dieser idealen Betrachtungsweise gilt die phasengleiche Reflexion für nur eine Frequenz. Breitbandige Antennen können jedoch trotzdem von diesen Reflektoren profitieren, indem der Frequenzbereich des Reflektors genutzt wird, in welchem der Phasenverlauf der reflektierten Welle zwischen $\pm 90°$ liegt. Somit ist zwar keine Gewinnsteigerung innerhalb der kompletten Bandbreite gegeben, es entsteht jedoch auch keine destruktive Überlagerung der beiden Hauptstrahlrichtungen und die nicht gewollte rückseitige Strahlung wird effektiv gedämpft.

 Wegen der Durchkontaktierungen, deren Realisierung mit steigender Betriebsfrequenz schwieriger wird, wird in dieser Arbeit eine modifizierte Struktur, die in der Literatur häufig als „Zhang-Struktur " bezeichnet wird, verwendet [ZvHY+03]. Der einzige Unterschied zur Sievenpiper-Struktur ist der Verzicht auf die Durchkontaktierung. Die Induktivität wird stattdessen direkt über den Stromfluss auf der Patch-Oberfläche erzeugt. Das Reflexionsverhalten ist dadurch sehr ähnlich wie das der Original-Struktur [IS05]. Ein Nachteil für manche Anwendungen kann jedoch sein, dass einige Oberflächenwellen (alle TM-Moden) nicht mehr unterdrückt werden und weiterhin ausbreitungsfähig sind. Für die Anwendung der Zhang-Struktur in dieser Arbeit spielt diese Eigenschaft jedoch keine Rolle.

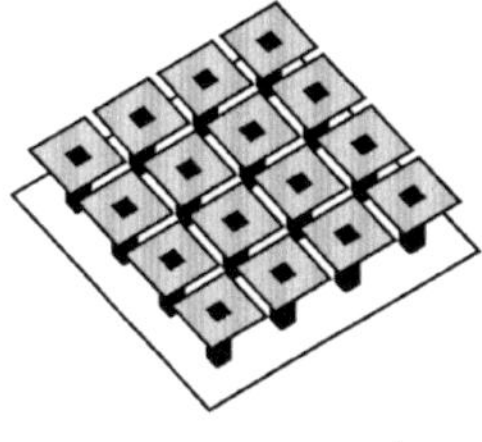

(a) Draufsicht [SZB+99]

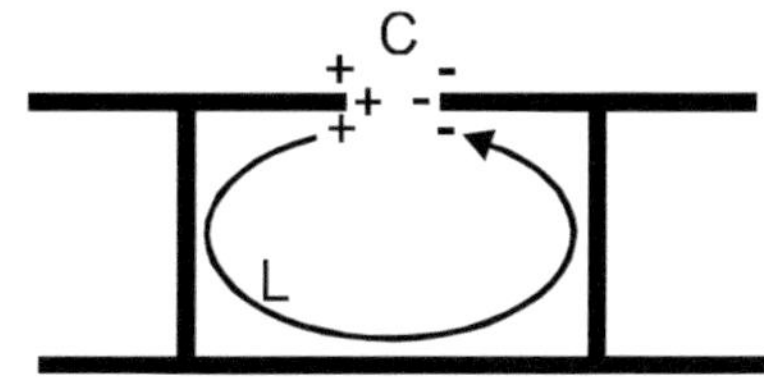

(b) Seitenansicht und Ersatzschaltbild [Sie99].

Abbildung B.1.: Sievenpiper-Struktur.

C. Taylor-Verteilungen zur Nebenkeulenunterdrückung

C.1. Konfiguration der Verteilungsfunktion

Die Unterdrückung von Nebenkeulen durch die Verwendung von unterschiedlichen Amplitudenbelegungen serieller Antennengruppen wird in zahlreichen Büchern über Antennen beschrieben [Mai94], [Han09], [JJ93], [Bal97]. Neben der hier verwendeten Taylor-n-bar-Verteilung werden häufig Kosinus-Belegungen oder Dolph-Chebyshev-Verteilungen zur Optimierung des Nebenkeulenniveaus erwähnt.

Über die Dolph-Chebyshev-Verteilung kann ein konstantes Nebenkeulenniveau vorgegeben werden. Es ergibt sich somit eine „ideale" Richtcharakteristik, da alle Nebenkeulen auf dem gewünschten, konstanten Niveau liegen und die Halbwertsbreite der Hauptkeule für dieses Nebenkeulenniveau minimal ist. Wird die Verteilung für sehr geringe Werte des Nebenkeulenniveaus ausgelegt, ergibt sich jedoch eine Verringerung der Apertureffizienz und der Antennengewinn sinkt [Han09]. Zudem zeigt sich, dass die Dolph-Chebyshev-Verteilung für große Antennengruppen weniger geeignet ist. Für große Antennengruppen kann die Amplitudenbelegung zu den äußeren Elementen hin einen steilen Anstieg aufweisen. Dies ist auf das konstant gehaltene Nebenkeulenniveau zurück zu führen und kann auch bei der Verwendung der Taylor-n-bar Verteilung auftreten, wie die folgenden Beispiele zeigen werden.

Die Taylor-n-bar-Verteilung bildet einen Kompromiss zwischen Konfigurierbarkeit der Nebenkeulen und Apertureffizienz, auch für Antennengruppen mit hoher Elementanzahl. Aufbauend auf der Dolph-Chebyshev-Verteilung entwickelte Taylor in [Tay55] eine Verteilungsfunktion für kontinuierlich abstrahlende Antennen, welche über den Parameter n_{bar} die Möglichkeit bietet, entweder ein möglichst konstantes Nebenkeulenniveau zu halten oder eine Verringerung der Apertureffizienz zu verhindern. Letzteres ist nur möglich, wenn der Bereich des konstanten Nebenkeulenniveaus eingeschränkt wird. Im Grunde gibt der Parameter n_{bar} vor, wie viele Nebenkeulen, beginnend bei der ersten Nebenkeule neben der Hauptkeule, auf dem definierten Nebenkeulenniveau gehalten werden. Die weiter entfernten Nebenkeulen können über dem angegebenen Niveau liegen und nehmen wie bei einer uniform belegten Gruppe exponentiell ab. Für niedrige n_{bar}-Werte wird dadurch die Apertureffizienz weniger stark beeinflusst. Entspricht $n_{bar} = N$ (mit N als Anzahl der Einzelelemente), ergibt sich wiederum die Dolph-Chebyshev-Verteilung mit konstantem Nebenkeulenniveau und reduzierter Apertureffizienz. Für eine Definition der Antennengruppe nach Abb. C.1 wird die Amplitudenbelegung nach Taylor mit der folgenden Näherung berechnet, deren numerische Lösung mit geringem Aufwand mit MATLAB erstellt werden kann ([Hau10]):

$$a_n = 1 + 2 \sum_{m=1}^{n_{bar}-1} \frac{[(n_{bar}-1)!]^2 cos[m\pi(n-1-\frac{N-1}{N})]}{(n_{bar}-1+m)!(n_{bar}-1-m)!} \cdot$$
$$\prod_{i=1}^{n_{bar}-1} \left[1 - \left(\frac{m^2[A^2 + (n_{bar}-0{,}5)^2]}{n_{bar}^2[A^2 + (i-0{,}5)^2]} \right)^2 \right] \tag{C.1}$$

Die folgenden Beispiele veranschaulichen den Kompromiss zwischen Nebenkeulenniveau und Apertureffizienz. Abb. C.2(a) zeigt den normierten Gruppenfaktor für eine lineare Antennengruppe mit Taylor-n-bar-Belegung für unterschiedliche n_{bar}-Werte und einem gewünschten Nebenkeulenniveau von -30 dB. Es zeigt sich, dass das Nebenkeulenniveau für den kompletten Winkelbereich nur für die Fälle $n_{bar} = 6$ und $n_{bar} = 10$ erreicht wird. Für $n_{bar} = 2$ liegt die erste Nebenkeule zwar nahe der angestrebten -30 dB-Marke, doch bereits die zweite Nebenkeule überschreitet diese um mehrere dB. Dafür ist die Hauptkeule für diesen Fall am schmalsten, was auf einen höheren Gewinn und damit auf eine höhere Apertureffizienz hinweist. Für geringere Nebenkeulenniveaus ist dieser Effekt nochmals stärker ausgeprägt (vgl. Abb. C.2(b)).

Für den Anwendungsfall des frequenzschwenkenden Radars ist eine Verbreiterung der Hauptkeule unerwünscht, da dies eine Verringerung der Winkelauflösung zur Folge hat. Das Nebenkeulenniveau wird daher in Kapitel 3.5 ausschließlich mit $(n_{bar} = 2)$-Verteilungen optimiert. Bei einer Vorgabe von NKN$= -40$ dB, zeigt sich im Vergleich der beiden Gruppenfaktoren in Abb. C.2, dass das Nebenkeulenniveau insgesamt auf fast -30 dB gesenkt wird. Die Vergrößerung der Hauptkeulenbreite gegenüber der Konfiguration mit NKN $= -30$ und $n_{bar} = 2$ beträgt in diesem Fall nur 0,6 °.

Ein weiterer Effekt, welcher für die Umsetzung der Amplitudenbelegung mit holografischen Antennen ungeeignet ist, kann in Abb. C.3(a) beobachtet werden. Für die Kombination eines Nebenkeulenniveaus von -30 dB und dem Parameter $n_{bar} = 10$ für eine Antennengruppe mit 20 Elementen zeigt die rot-gestrichelte Kurve einen Anstieg der Amplituden für die äußeren Elemente. Eine Umsetzung ist durch die serielle Speisung der holografischen Antennen nicht möglich, da beim letzten Element die Leistung der Oberflächenwelle bereits so stark abgesunken ist, dass dieser Effekt nicht realisiert werden kann. Für höhere Werte n_{bar} und damit auch bei Verwendung der Dolph-Chebyshev-Belegung wird dieser Effekt noch weiter verstärkt, indem der Amplitudenanstieg der äußeren Elemente noch steiler ausfällt.

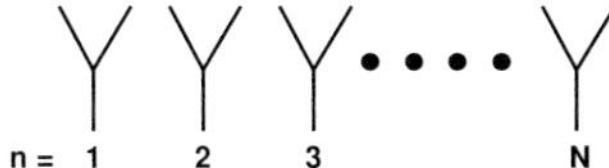

Abbildung C.1.: Definition der linearen Antennengruppe

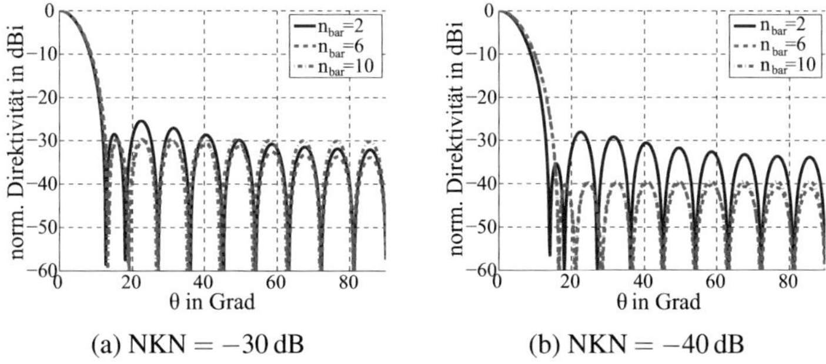

(a) NKN $= -30\,$dB

(b) NKN $= -40\,$dB

Abbildung C.2.: Gruppenfaktor für Antennengruppen mit $N = 20$ Elementen und einer Amplitudenbelegung mit Taylor-n-bar-Verteilung

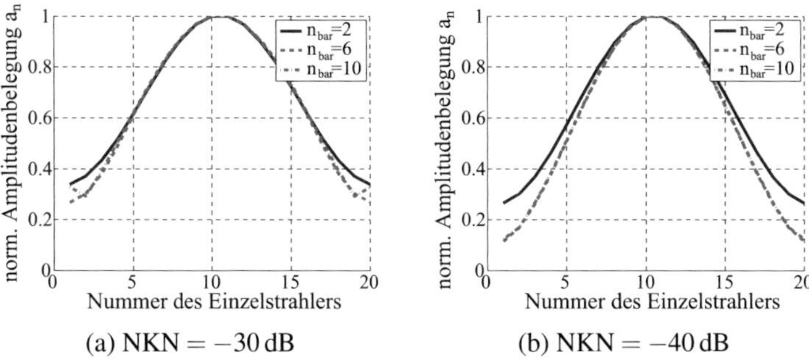

(a) NKN $= -30\,$dB

(b) NKN $= -40\,$dB

Abbildung C.3.: Amplitudenbelegung für Antennengruppen mit $N = 20$ Elementen und Taylor-n-bar-Verteilung

C.2. Berechnete Amplitudenbelegungen

Im Folgenden werden berechnete Amplitudenbelegungen für unterschiedlich konfigurierte Taylor-Verteilungen, angepasst an den exponentiellen Amplitudenverlauf der holografischen Antenne, dargestellt. Die konfigurierbaren Parameter sind neben dem erwünschten Nebenkeulenniveau die transmittierte Leistung P_{left} und die Anzahl der Hologrammelemente N. Nach der simulierten Variation der Leckrate, welche sich bei Änderung der Leiterbreite ergibt, wird in Kapitel 3.5.3 die entsprechende Amplitudenbelegung für die verwendete TM_0-Antenne ausgewählt. Die Schattierung innerhalb der Graphen stellt den zur Verfügung stehenden Variationsbereich der Leckrate für die jeweilige verwendete Mode dar.

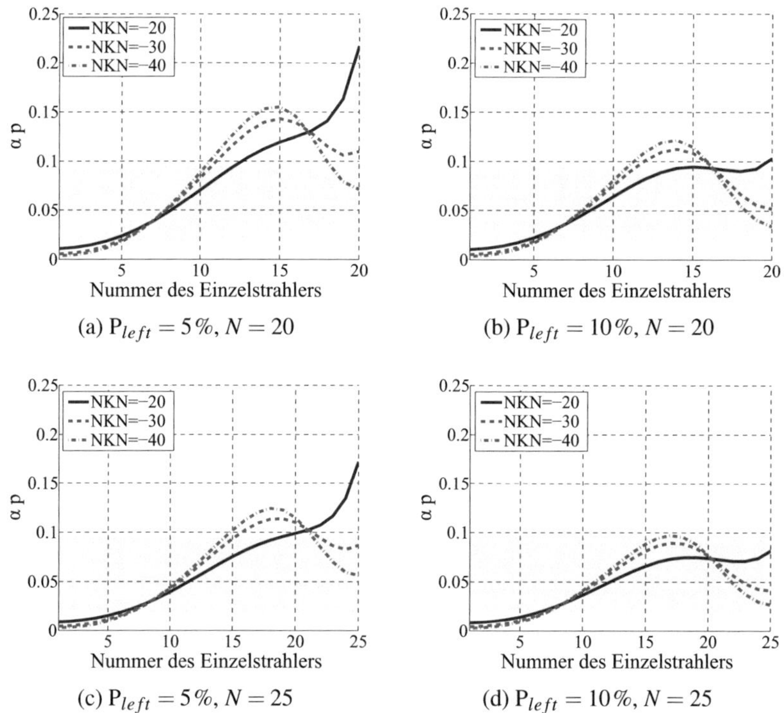

Abbildung C.4.: An den exponentiellen Verlauf der Antennenbelegung angepasste Taylor-n-bar-Verteilungen für die TE_0-Antenne ($n_{bar} = 2$)

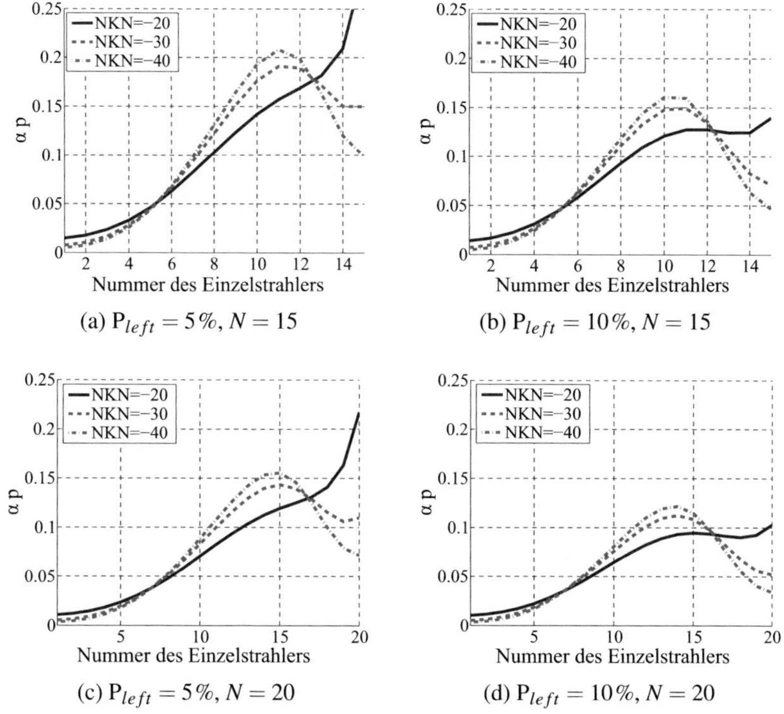

(a) $P_{left} = 5\%$, $N = 15$

(b) $P_{left} = 10\%$, $N = 15$

(c) $P_{left} = 5\%$, $N = 20$

(d) $P_{left} = 10\%$, $N = 20$

Abbildung C.5.: An den exponentiellen Verlauf der Antennenbelegung angepasste Taylor-n-bar-Verteilungen für die TM_0-Antenne ($n_{bar} = 2$)

D. Designgrundlagen einer Rotman-Linse

Die Rotman-Linse ist ein phasensteuerndes Speisenetzwerk, welches die Leistung eines Eingangsports auf mehrere Ausgangsports verteilt. Über die Wahl des Eingangsports werden dabei die Phasendifferenzen zwischen den Ausgangsports festgelegt. Es wird somit immer nur ein Eingangsport gespeist. Somit gehört die Rotman-Linse zu den 1:N-Toren, wobei die Anzahl der verwendeten Ein- und Ausgangsports gewählt werden kann. Der Hauptbestandteil einer planaren Rotman-Linse, wie sie im Laufe dieser Arbeit zur Speisung einer Antennengruppe verwendet wurde, ist die Parallelplattenregion, in welcher sich das Signal phasenverzögert auf die Ausgangsports verteilt. Sowohl Eingangs- als auch Ausgangsports können über Mikrostreifenleitungen gespeist werden und bewegen sich danach gerichtet innerhalb der Parallelplattenregion. Die Ausbreitung innerhalb dieser Region wird in der Literatur meist über strahlenoptische Modelle beschrieben und wurde bereits in [RT63] ausführlich dargestellt. Die Eigenheit der Rotman-Linse, weshalb sie sich besonders zur Speisung von Antennengruppen eignet, ist die gerade Außenfläche des Linsenausgangs, auf welcher die Antennenports äquidistant verteilt werden können. Dies wird erreicht, indem die Ausgangsports der Linse wiederum mittels Mikrostreifenleitungen mit den Antennen verbunden werden. Die Laufzeitunterschiede müssen dabei über meanderartige Leitungen ausgeglichen werden.

Die folgende Beschreibung des Designprinzips stützt sich im Wesentlichen auf [Lam]. Das Konzept sieht vor, dass die benötigten Spezifikationen der Rotman-Linse vorgegeben werden und die Berechnung der Linsenform auf deren Grundlage und über die geometrischen Gleichungen aus [RT63] erfolgt. Zu den vorzugebenden Spezifikationen gehören:

– Anzahl der Antennenports (hier: zur Erzeugung der Oberflächenwelle)

– Abstand zwischen den Antennenports

– Anzahl der Abstrahlwinkel (hier: Richtungswinkel der Referenzwelle)

– max. Abstrahlwinkel

Der Phasenfehler an den Antennenports kann somit ebenfalls berechnet und angezeigt werden. Zur Minimierung dieses Fehlers stehen die Designparameter aus

Tabelle D.1 zur Verfügung, deren Bedeutung im Folgenden anhand der Abb. D.1 erläutert werden.

Die Größe der Parallelplattenregion wird hauptsächlich über die Brennweite G bestimmt. Bei der Wahl der Brennweite ist zu beachten, dass die Maße der Parallelplattenregion ausreichen, um von jedem Port ausgehend eine ungestörte Ausbreitung der TEM-Welle zu ermöglichen. In direktem Verhältnis zur Brennweite steht das Brennverhältnis g. Bei gleichbleibender Brennweite G kann über den Parameter g der Krümmungsgrad der beiden Konturen, an welchen die Ein- und Ausgangsports liegen, angepasst werden. Für eine Minimierung des Phasenfehlers hat sich im Laufe des Designs herausgestellt, dass der Krümmungsgrad beider Konturen identisch sein sollte. Über den Ausdehnungsfaktor γ kann ebenfalls Einfluss auf die Konturform auf beiden Seiten der Parallelplattenregion genommen werden. Da in dem verwendeten Verfahren die beiden Winkel α und β nicht zwingend identisch sein müssen, können über γ die Konturgrößen und damit der Abstand zwischen Ein- und Ausgangsports variiert werden. Für eine Minimierung des Phasenfehlers sollte γ ebenfalls so gewählt werden, dass beide Konturen in etwa die gleiche Ausdehnung haben. Da die Anzahl der Ein- und Ausgangsports nicht zwingend identisch sein müssen, kann der Abstand zwischen den Ports beider Seiten zueinander verschieden sein. Der letzte Parameter e bestimmt im Allgemeinen, inwieweit der Konturbogen eine elliptische Form annimmt. Dies dient nach [SGS98] hauptsächlich dazu, eine kompaktere Linse zu erstellen. Für die Optimierung des Phasenfehlers wurde mit $e = 0$ in dieser Arbeit der beste Wert erreicht, was einer kreisförmigen Kontur entspricht. Eine Unsicherheit, welche im analytischen Ansatz nicht berücksichtigt wird, entsteht durch den oberen und unteren Rand der Rotman-Linse. Da die Antennenports nicht ideal ausgerichtet und an die nachfolgende Mikrostreifenleitung angepasst sind, wird der nicht eingekoppelte Teil der Leistung am Antennenport reflektiert werden und zum Rand der Parallelplattenumgebung laufen. Würde an dieser Stelle ein abruptes Ende der Parallelplattenumgebung folgen, würde die Welle ein weiteres Mal reflektiert werden und beispielsweise zurück in einen der Speiseports einkoppeln. Um sol-

Brennweite	G	siehe Abb. D.1
Brennverhältnis	g	$g = \frac{G}{F}$
Ausdehnungsfaktor	γ	$\gamma = \frac{sin(\beta)}{sin(\alpha)}$
numerische Exzentrität	e	Bestimmt die Form der elliptischen Brennlinie [SGS98]

Tabelle D.1.: Designparameter der Rotman-Linse

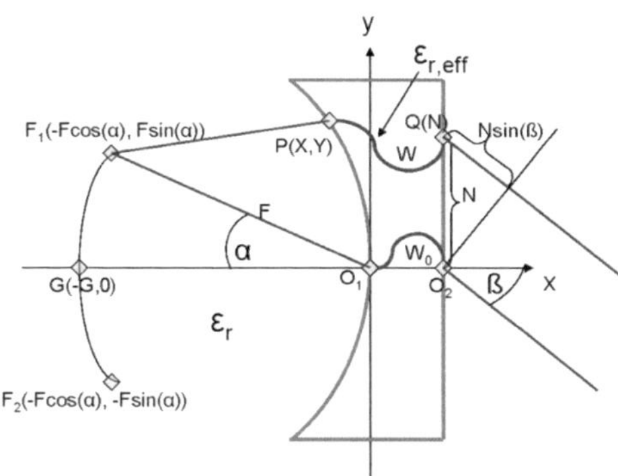

Abbildung D.1.: Prinzipbild der Rotman-Linse [Lam].

che Störungen zu verhindern, werden sogenannte Dummy-Ports verwendet, welche die reflektierte Leistung aufnehmen und absorbieren. Aus diesem Grund werden mit Rotman-Linsen im Allgemeinen geringere Effizienzen erreicht als mit einer Butler-Matrix. Im Mikrowellenbereich können die Dummy-Ports mittels SMD-Widerständen weitestgehend reflektionsfrei abgeschlossen werden. Wird die Rotman-Linse in Millimeterwellensystemen verwendet, ist es üblich, die Mikrostreifenleitung der Dummy-Ports mit Absorbermaterial abzukleben, um die reflektierte Welle abzuschwächen. Die Anzahl, Form und Anordnung der Dummy-Ports wird meist über Feldsimulationen unter Berücksichtigung der Phasenfehler an den Antennenports festgelegt.

E. Der messspitzen-basierte Antennenmessplatz

E.1. Systembeschreibung

Alle in dieser Arbeit gezeigten Antennenmessungen (Fernfeld und Anpassung) wurden am messspitzen-basierten Antennenmessplatz des IHE erzeugt [BZ10]. Der Messplatz ist eine Eigenentwicklung des IHE und wurde vor allem von Stefan Beer während seiner Tätigkeit als wissenschaftlicher Mitarbeiter entwickelt und aufgebaut [Bee13]. Die Entwicklung baut auf dem Antennenmessplatz aus [ZBP$^+$04] auf, welcher erstmals die Vermessung einer quasi-freischwebenden, mit Messspitzen kontaktierten „Antenna under Test (AUT) " im Freiraum ermöglichte. Dies wird realisiert, indem die AUT auf einem reflexionsarmen Träger (z.B. Polytetrafluoroethylene) angebracht wird, welcher in großem Abstand (1 m) von den Messgeräten entfernt in den Raum hinein ragt. An einem weiteren Träger oberhalb der AUT, welcher über einen Positionierer in allen drei Raumrichtungen verstellbar ist, wird die Messspitze angebracht. Ein Digitalmikroskop oberhalb der beiden Träger erlaubt die genaue Kontaktierung zwischen Messspitze und AUT. Im Vergleich zu herkömmlichen Antennenmessplätzen wird die AUT während der Messung nicht bewegt. Stattdessen ist die Referenzantenne (meist eine Hornantenne für das entsprechende Frequenzband) an einem beweglichen Arm aus reflexionsarmem Material in einem Abstand von 75 cm (Aufbau am IHE) zur AUT angebracht und über einen vertikal angebrachten Schrittmotor in einer Ebene um die AUT rotierbar. Der größte Unterschied zwischen dem Aufbau am IHE und [ZBP$^+$04] ist die Verwendung eines zweiten Schrittmotors, der den schwenkbaren Arm in der horizontalen Ebene bewegt, sodass die Referenzantenne theoretisch über die komplette Kugelfläche um die AUT bewegt werden kann. Dennoch ist der Bewegungsradius der Referenzantenne aufgrund der Position der Messgeräte eingeschränkt. Eine angebrachte AUT, wie auf dem Foto in Abb. E.1(a) gezeigt, wird im Mittelpunkt der Sphäre des Messplatzes positioniert, um welchen die Referenzantenne mittels der beiden Schrittmotoren rotiert werden kann. Der dargestellte Bereich der Sphäre in Abb. E.1(b) zeigt, dass die Bewegung der Referenzantenne innerhalb der xz-Ebene auf $255°$ und innerhalb der yz-Ebene auf $180°$ reduziert ist. Weiterhin kann die Messung von AUTs, welche stark im Winkelbereich $\theta = -45°$ bis $\theta = 0°$ abstrahlen durch die Position der Messspitze verfälscht werden. Das Koordinatensystem mit den entsprechenden Winkeln ergibt sich durch die Anordnung der Schrittmotoren und wurde für alle Mess- und Simulationsergebnisse in Kapitel 3 verwendet. Zusätzlich zur Kopolarisationsmessung kann durch eine 90°-Drehung der Referenzantenne auch die Kreuzpolarisation innerhalb der drei angegebenen Ebenen (*xy*, *xz*, *yz*) gemessen werden.

Der Aufbau kann für unterschiedliche Frequenzbereiche genutzt werden. Neben dem V-Band, welches in dieser Arbeit genutzt wurde, wurden bereits Antennenmessungen im W-Band [RBZ12], D-Band [BGRZ13] und J-Band [GBD⁺13] veröffentlicht. Für jeden dieser Frequenzbereiche muss der Aufbau leicht variiert werden, indem unterschiedliche Erweiterungsmodule für den Netzwerkanalysator zum Einsatz kommen und die Referenzantenne an das zu messende Frequenzband angepasst wird. Die folgende technische Beschreibung beschränkt sich auf den Aufbau für Messungen im V-Band.

Abb. E.2 zeigt ein leicht vereinfachtes Blockschaltbild des Antennenmessplatzes. Der Signalgenerator HP 83620B erzeugt das RF-Signal, welches durch die V-Band-Quelle über Vervielfacher in das entsprechende Band umgesetzt wird. Das so erzeugte V-Band Signal wird über Hohlleiter und einen Hohlleiter-Coax-Übergang zur Messspitze (Probe) geleitet. Zwischen V-Band-Quelle und Probe wird das hin- und rücklaufende Signal über Hohlleiterkoppler ausgekoppelt und mit dem LO-Signal, welches vom Netzwerkanalysator PNA-X N5242A erzeugt und über die LO/IF Einheit HP85309A verteilt wird, heruntergemischt. Das heruntergemischte Signal kann danach mittels Koaxialkabel über die Referenz- bzw.

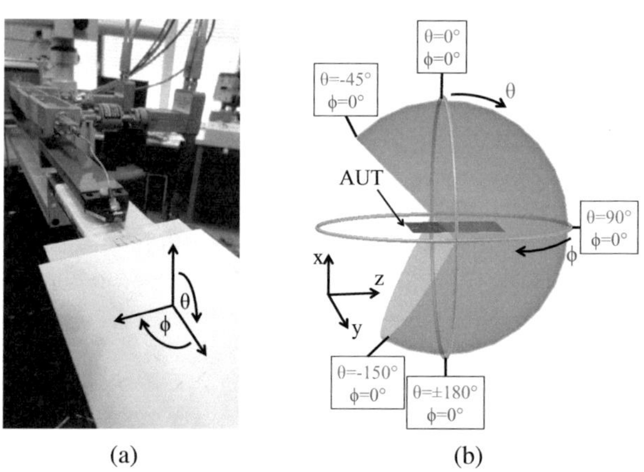

(a)   (b)

Abbildung E.1.: (a) Foto einer ausgerichteten AUT auf dem Antennenmessplatz; (b) Messbarer Winkelbereich für die Messungen einzelner Ebenen (*xz*, *yz*, *xy*)

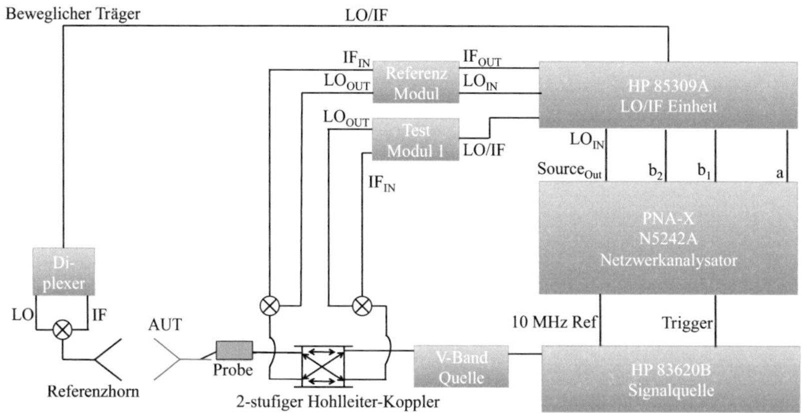

Abbildung E.2.: Blockschaltbild des verwendeten Antennenmessplatzes

Testmodule und die LO/IF Einheit zu zwei Empfängern des Netzwerkanalysators geleitet werden. Da im Aufbau nur eine V-Band Quelle verwendet wird, kann nur die AUT als Sender genutzt werden, sodass das vom Referenzhorn empfangene Signal ebenfalls über die LO/IF-Einheit zum dritten Empfänger des PNA-X geleitet wird. Das Test-Modul wurde in diesem Signalzweig durch einen Diplexer ersetzt, welcher kleiner und leichter ist und daher die mechanische Bewegung des Referenzhorns durch die beiden Schrittmotore erleichtert. Somit stehen am PNA-X die Signale a, b_1 und b_2 zur Verfügung, aus deren Verhältnissen nach der Systemkalibrierung die Antennenfehlanpassung S_{11} direkt gemessen und der Antennengewinn aus S_{21} berechnet werden kann.

Die Kalibrierung erfolgt in drei Schritten. Bevor die Probe über den Hohlleiter-Koax-Adapter und das kurze Koaxialkabel angeschlossen wird, wird der PNA-X am Hohlleiterausgang mit einer 1-Tor Kalibrierung und einem kommerziell erhältlichen Hohlleiter-Kalibrationsset kalibriert. Danach wird eine zum Referenzhorn identische Hornantenne über einen gebogenen Hohlleiter so angeschlossen, dass die beiden Antennen sich in Ko-Polarisation gegenüber stehen. Dies dient der Gewinnkalibration. Da der Gewinn der beiden Hornantennen bekannt ist, kann eine Transmissionsmessung genutzt werden, um die Verluste, welche durch die Freiraumausbreitung und die Dämpfung im Messsystem entstehen, auszurechnen und in den späteren Messungen zu berücksichtigen. Danach wird die Probe mittels Adapter und Koax-Kabel an den Hohlleiterausgang angeschlossen. Da der Netzwerkanalysator keine zweite Kalibration akzeptiert, werden die Kalibrationsstandards auf der vom Probe-Lieferanten mitgelieferten Kalibrationsplatine vermessen und die Ergebnisse im PC, der das System über ein Matlab-Skript steuert, gespeichert. Das Matlab-Skript beinhaltet eine Implementierung des 1-Tor Kalibrieralgorithmus „Short-Open-Load ", womit die Einflüsse in Amplitude und Phasengang der Probe-Kontaktierung nach der AUT-Messung herausgerechnet werden können. Eine detaillierte Beschreibung dieses Verfahrens findet sich in [Bee13].

E.2. Einschränkungen bei 3D-Pattern Messung

Kalibrierte Gewinnmessungen werden mit dem vorgestellten Antennenmessplatz nur innerhalb der xz-, xy- und yz-Ebene durchgeführt. Schielende Hauptstrahlrichtungen, wie sie von den Antennenkonzepten mit speisenden Antennengruppen aus Kapitel 4 zu erwarten sind, werden ohne Gewinnkalibrierung gemessen, da eine Ausrichtung der Polarisation des Referenzhorns zur Polarisation der AUT nicht für alle Positionen des Messbereichs möglich ist. Dies ergibt sich durch die bewegliche Anordnung des Referenzhorns mittels zweier Schrittmotoren innerhalb der Ebenen xy und yz. Das dreidimensionale Richtdiagramm der Antenne wird über zwei Messungen berechnet, bei denen die Polarisation des Referenzhorns jeweils an der Position $\theta = 90°$, $\phi = 180°$ nach den Ebenen xz bzw. xy ausgerichtet wird (vgl. Abb. E.3). Es ergibt sich:

$$D_{\theta,\phi} = \sqrt{(S^2_{21_{xz}} + S^2_{21_{xy}})} \tag{E.1}$$

wobei die Ausrichtung des Referenzhorns durch die Angabe im Index des Transmissionskoeffizienten kenntlich gemacht ist. Außerdem erfolgt in den gemessenen Richtdiagrammen eine Normierung auf den maximal gemessenen Wert und die Darstellung in dB.
Um reine dreidimensionale Ko-, bzw. Kreuzpolarisationsmessung mit dem verwendeten Aufbau durchführen zu können, muss die Verkippung des Referenzhorns in Bezug zur AUT an jeder Messposition bestimmt werden. Sind diese Werte bekannt, könnte der Kopolarisationswert aus den beiden komplexen Transmissionsmessungen mit 90° zueinander stehender Polarisation hergeleitet werden. Dies setzt jedoch ein sehr gut kalibriertes Messsystem voraus, was durch die Bewegung des Referenzhorns eine schwierige Bedingung darstellt. Der zu erreichende neue Informationsgehalt, welcher sich aus dieser weitaus komplexeren Messung ergeben würde, zeigt sich für die in dieser Arbeit vorgenommene Antennenoptimierung als nicht relevant, weshalb darauf verzichtet wurde.
Wegen der Position der Messgeräte ist auch bei der 3D-Pattern Messung der verifizierbare Messbereich eingeschränkt. Zusätzlich wird zur besseren Darstellung der

zweidimensional schwenkenden Hauptkeule die Winkelanordnung nach Abb. E.3 verändert. Diese Anordnung wird für die Simulations- und Messergebnisse in Kapitel 4 verwendet.

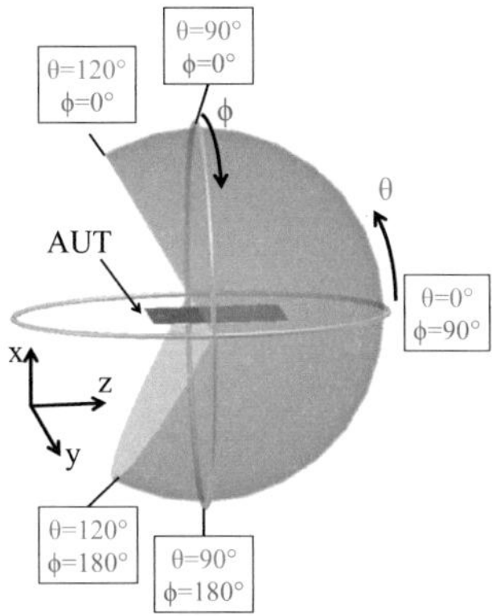

Abbildung E.3.: Winkelbereich für die Messungen des dreidimensionalen Fernfeldes

Literaturverzeichnis

[AE08]   G.K. Ackermann and J. Eichler. *Holography: A Practical Approach*. Wiley, 2008.

[AGW$^+$11]   M. Abbasi, S. E. Gunnarsson, N. Wadefalk, R. Kozhuharov, J. Svedin, S. Cherednichenko, I. Angelov, I. Kallfass, P. Leuther, and H. Zirath. Single-Chip 220-GHz Active Heterodyne Receiver and Transmitter MMICs With On-Chip Integrated Antenna. *IEEE Transactions on Microwave Theory and Techniques*, 59(2):466–478, Feb. 2011.

[ALGGVA$^+$12] Y. Alvarez-Lopez, C. Garcia-Gonzalez, C. Vazquez-Antuna, S. Ver-Hoeye, and F. Las Heras Andres. Frequency scanning based radar system. *Progress In Electromagnetics Research*, 132(9):275–296, 2012.

[AZW08]   G. Adamiuk, T. Zwick, and W. Wiesbeck. Dual-orthogonal polarized Vivaldi antenna for ultra wideband applications. In *17th International Conference on Microwaves, Radar and Wireless Communications, 2008 (MIKON 2008)*, pages 1–4, May 2008.

[Bal97]   C. A. Balanis. *Antenna theory: analysis and design*. John Wiley and Sons, Inc, 1997.

[Bee13]   S. Beer. *Methoden und Techniken zur Integration von 122 GHz Antennen in miniaturisierte Radarsensoren*. PhD thesis, Karlsruher Institut für Technologie, 2013.

[Ber07]   T. Bertuch. A TM Leaky-Wave Antenna Comprising a Textured Surface. In *International Conference on Electromagnetics in Advanced Applications, 2007 (ICEAA 2007)*, pages 515–518, 2007.

[Bes04]   S. R. Best. Distance-measurement error associated with antenna phase-center displacement in time-reference radio positioning systems. *IEEE Antennas and Propagation Magazine*, 46(2):13–22, 2004.

[BGK⁺06] A. Babakhani, Xiang Guan, A. Komijani, A. Natarajan, and A. Hajimiri. A 77-GHz Phased-Array Transceiver With On-Chip Antennas in Silicon: Receiver and Antennas. *IEEE Journal of Solid-State Circuits*, 41(12):2795–2806, 2006.

[BGRZ13] S. Beer, H. Gulan, C. Rusch, and T. Zwick. Integrated 122-GHz Antenna on a Flexible Polyimide Substrate With Flip Chip Interconnect. *IEEE Transactions on Antennas and Propagation*, 61(4):1564–1572, 2013.

[Bha06] A.K. Bhattacharyya. *Phased Array Antennas: Floquet Analysis, Synthesis, BFNs and Active Array Systems*. Wiley Series in Microwave and Optical Engineering. Wiley, 2006.

[BM08] I.N. Bronstein and G. Musiol. *Taschenbuch der Mathematik*. 2008.

[BPZK11] S. Beer, P. Pahl, T. Zwick, and S. Koch. Two-dimensional beam steering based on the principle of holographic antennas. In *International Workshop on Antenna Technology, 2011 (iWAT)*, pages 210–213, 2011.

[BRG⁺13] S. Beer, C. Rusch, H. Gulan, B. Göttel, M.G. Girma, J. Hasch, W. Winkler, W. Debski, and T. Zwick. An Integrated 122-GHz Antenna Array With Wire Bond Compensation for SMT Radar Sensors. *IEEE Transactions on Antennas and Propagation*, 61(12):5976–5983, Dec. 2013.

[BSP11] J. Bai, S. Shi, and D.W. Prather. Modified Compact Antipodal Vivaldi Antenna for 4-50-GHz UWB Application. *IEEE Transactions on Microwave Theory and Techniques*, 59(4):1051–1057, Apr. 2011.

[BZ10] S. Beer and T. Zwick. Probe based radiation pattern measurements for highly integrated millimeter-wave antennas. In *Proceedings of the Fourth European Conference on Antennas and Propagation (EuCAP), 2010*, pages 1–5, Apr. 2010.

[Cap09] F. Capolino. *Theory and Phenomena of Metamaterials*. Metamaterials Handbook. Taylor & Francis, 2009.

[CCH⁺11] Y.-J. Cheng, P. Chen, W. Hong, T. Djerafi, and K. Wu. Substrate-Integrated-Waveguide Beamforming Networks and Multibeam Antenna Arrays for Low-Cost Satellite and Mobile Systems.

Antennas and Propagation Magazine, IEEE, 53(6):18–30, Dec. 2011.

[CGBN13] Y. Cheng, Y. Guo, X. Bao, and K. Ng. Millimeter-Wave Low Temperature Co-Fired Ceramic Leaky-Wave Antenna and Array Based on the Substrate Integrated Image Guide Technology. *IEEE Transactions on Antennas and Propagation*, PP(99):1–1, 2013.

[Cha] K. Chang. *Encyclopedia of RF and Microwave Engineering, Volumes 1 - 6*. John Wiley and Sons.

[CHK+09] P. Chen, W. Hong, Z. Kuai, J. Xu, H. Wang, J. Chen, H. Tang, J. Zhou, and K. Wu. A Multibeam Antenna Based on Substrate Integrated Waveguide Technology for MIMO Wireless Communications. *IEEE Transactions on Antennas and Propagation*, 57(6):1813–1821, 2009.

[CHW08] Y. J. Cheng, W. Hong, and K. Wu. Millimeter-Wave Substrate Integrated Waveguide Multibeam Antenna Based on the Parabolic Reflector Principle. *IEEE Transactions on Antennas and Propagation*, 56(9):3055–3058, 2008.

[CI04] C. Caloz and T. Itoh. Array factor approach of leaky-wave antennas and application to 1-D/2-D composite right/left-handed (CRLH) structures. *IEEE Microwave and Wireless Components Letters*, 14(6):274–276, June 2004.

[CJ98] K.-L. Chan and S. R. Judah. A beam scanning frequency modulated continuous wave radar. *IEEE Transactions on Instrumentation and Measurement*, 47(5):1223–1227, 1998.

[CLS+09] J. S. Colburn, A. Lai, D. F. Sievenpiper, A. Bekaryan, B. H. Fong, J. J. Ottusch, and P. Tulythan. Adaptive artificial impedance surface conformal antennas. In *IEEE Antennas and Propagation Society International Symposium, 2009 (APSURSI '09)*, pages 1–4, 2009.

[CMCPC06] F. P. Casares-Miranda, C. Camacho-Penalosa, and C. Caloz. High-gain active composite right/left-handed leaky-wave antenna. *IEEE Transactions on Antennas and Propagation*, 54(8):2292–2300, Aug. 2006.

[CNM08] F. Caminita, M. Nannetti, and S. Maci. A design method for curvilinear strip grating holographic antennas. In *IEEE Antennas and Propagation Society International Symposium, 2008 (AP-S 2008)*, pages 1–4, July 2008.

[CPR71]   P. Checcacci, G. Papi, and V. Russo. A holographic VHF antenna. *IEEE Transactions on Antennas and Propagation*, 19(2):278–279, Mar 1971.

[CRS70]   P. Checcacci, V. Russo, and A. Scheggi. Holographic antennas. *IEEE Transactions on Antennas and Propagation*, 18(6):811–813, 1970.

[CRV$^+$12]   E.D. Cullens, L. Ranzani, K.J. Vanhille, E.N. Grossman, N. Ehsan, and Z. Popovic. Micro-Fabricated 130-180 GHz Frequency Scanning Waveguide Arrays. *IEEE Transactions on Antennas and Propagation*, 60(8):3647–3653, 2012.

[CST14]   CST AG, http://www.cst.com. *Phase Center Computation of a Corrugated Horn*, 2014.

[CW76]   R.J. Collier and P. D. White. Surface Waves in Microstrip Circuits. In *6th European Microwave Conference, 1976*, pages 632–636, 1976.

[CWYH12]   Z. Chen, C.-C. Wang, H.-C. Yao, and P. Heydari. A BiCMOS W-Band 2x2 Focal-Plane Array With On-Chip Antenna. *IEEE Journal of Solid-State Circuits*, 47(10):2355–2371, Oct. 2012.

[CZ69]   R.E. Collin and F.J. Zucker. *Antenna Theory*. Inter-University Electronics Series. McGraw-Hill, 1969.

[DCALH11]   M.E. De Cos, Y. Alvarez, and F. Las-Heras. Novel Broadband Artificial Magnetic Conductor With Hexagonal Unit Cell. *IEEE Antennas and Wireless Propagation Letters*, 10:615–618, 2011.

[DI12]   Y. Dong and T. Itoh. Substrate Integrated Composite Right-/Left-Handed Leaky-Wave Structure for Polarization-Flexible Antenna Application. *IEEE Transactions on Antennas and Propagation*, 60(2):760–771, 2012.

[EFR$^+$04]   M. ElSherbiny, A.E. Fathy, A. Rosen, G. Ayers, and S. M. Perlow. Holographic antenna concept, analysis, and parameters. *IEEE Transactions on Antennas and Propagation*, 52(3):830 – 839, Mar. 2004.

[FL91]   P.G. Frayne and A. J. Leggetter. Wideband measurements on Vivaldi travelling wave antennas. In *IEE Colloquium on Multi-Octave Microwave Circuits*, pages 5/1–5/6, Nov. 1991.

[FRO⁺03]   A.E. Fathy, A. Rosen, H.S. Owen, F. McGinty, D.J. McGee, G.C. Taylor, R. Amantea, P.K. Swain, S.M. Perlow, and M. ElSherbiny. Silicon-based reconfigurable antennas-concepts, analysis, implementation, and feasibility. *IEEE Transactions on Microwave Theory and Techniques*, 51(6):1650–1661, 2003.

[FTH⁺13]   A. Fischer, Z. Tong, A. Hamidipour, L. Maurer, and A. Stelzer. 77-GHz Multi-Channel Radar Transceiver With Antenna in Package. *IEEE Transactions on Antennas and Propagation*, PP(99):1–1, 2013.

[Gab48]   Dennis Gabor. A new microscopic principle. *Nature*, 161(4098):777–778, 1948.

[GB91]   M. Guglielmi and G. Boccalone. A novel theory for dielectric-inset waveguide leaky-wave antennas. *IEEE Transactions on Antennas and Propagation*, 39(4):497–504, Apr 1991.

[GBD⁺13]   H. Gulan, S. Beer, S. Diebold, C. Rusch, A. Leuther, I. Kallfass, and T. Zwick. Probe based antenna measurements up to 325 GHz for upcoming millimeter-wave applications. In *International Workshop on Antenna Technology, 2013 (iWAT)*, pages 228–231, 2013.

[GEC⁺12]   E. Gandini, M. Ettorre, M. Casaletti, K. Tekkouk, L. Le Coq, and R. Sauleau. SIW Slotted Waveguide Array With Pillbox Transition for Mechanical Beam Scanning. *IEEE Antennas and Wireless Propagation Letters*, 11:1572–1575, 2012.

[GJ93]   M. Guglielmi and D.R. Jackson. Broadside radiation from periodic leaky-wave antennas. *IEEE Transactions on Antennas and Propagation*, 41(1):31–37, 1993.

[GTQPAM05]   J.L. Gomez-Tornero, F.D. Quesada-Pereira, and A. Alvarez-Melcon. Analysis and design of periodic leaky-wave antennas for the millimeter waveband in hybrid waveguide-planar technology. *IEEE Transactions on Antennas and Propagation*, 53(9):2834–2842, Sep. 2005.

[GW12]   A.B. Guntupalli and Ke Wu. Multi-dimensional scanning multibeam array antenna fed by integrated waveguide Butler matrix.

In *IEEE MTT-S International Microwave Symposium Digest, 2012 (MTT)*, pages 1–3, 2012.

[GWS+08]   S.E. Gunnarsson, N. Wadefalk, J. Svedin, S. Cherednichenko, I. Angelov, H. Zirath, I. Kallfass, and P. Leuther. A 220 GHz Single-Chip Receiver MMIC With Integrated Antenna. *IEEE Microwave and Wireless Components Letters*, 18(4):284–286, Apr. 2008.

[HAFM03]   H.F. Hammad, Y. M M Antar, A.P. Freundorfer, and S.F. Mahmoud. Uni-planar CPW-fed slot launchers for efficient TM0 surface-wave excitation. *IEEE Transactions on Microwave Theory and Techniques*, 51(4):1234–1240, 2003. Schlitzantennen zur Anregung des TM0-Modes.

[Ham07]   D. P. Hamilton. *Novel Dispersion Representation of Rectangular Dielectric Guides with Application to Leaky-Wave Antennas*. PhD thesis, University of Warwick, School of Engineering, 2007.

[Han09]   R.C. Hansen. *Phased Array Antennas*. Wiley Series in Microwave and Optical Engineering. Wiley, 2009.

[Hau10]   R. L. Haupt. *Antenna Arrays*. Wiley-IEEE Press, 2010.

[HKT08]   A. Z. Hood, T. Karacolak, and E. Topsakal. A Small Antipodal Vivaldi Antenna for Ultrawide-Band Applications. *IEEE Antennas and Wireless Propagation Letters*, 7:656–660, 2008.

[Hon59]   R. C. Honey. A flush-mounted leaky-wave antenna with predictable patterns. *IRE Transactions on Antennas and Propagation*, 7(4):320–329, Oct. 1959.

[HSS90]   A. Helaly, A. Sebak, and L. Shafai. Phase centre movement in linear phased array antennas. In *Antennas and Propagation Society International Symposium, 1990 (AP-S)*, pages 1166–1169 vol.3, 1990.

[IEE93]   IEEE. Standard Definitions of Terms for Antennas. *IEEE Std 145-1993*, 1993.

[IMUU75]   K. Iizuka, M. Mizusawa, S. Urasaki, and H. Ushigome. Volume-type holographic antenna. *IEEE Transactions on Antennas and Propagation*, 23(6):807–810, 1975.

[Inc56]   E. L. Ince. *Ordinary Differential Equations*. Phoenix Edition Series. Dover Publications, 1956.

[IS05]   K. Inafune and E. Sano. Multiband artificial magnetic conductors using stacked microstrip patch layers. In *IEEE International Symposium on Microwave, Antenna, Propagation and EMC Technologies for Wireless Communications, 2005 (MAPE 2005)*, volume 1, pages 590–593 Vol. 1, 2005.

[JJ93]   R.C. Johnson and H. Jasik. *Antenna Engineering Handbook*. Electronics: Electrical engineering. McGraw-Hill, 1993.

[JO08]   D. R Jackson and A. A Oliner. Leaky-wave antennas. *Modern Antenna Handbook*, 1:325–368, 2008.

[KCA12]   C. A. Kyriazidou, H. F. Contopanagos, and N. G. Alexopoulos. Space-Frequency Projection of Planar AMCs on Integrated Antennas for 60 GHz Radios. *IEEE Transactions on Antennas and Propagation*, 60(4):1899 –1909, Apr. 2012.

[KSE06]   T. Kokkinos, C. D. Sarris, and G. V. Eleftheriades. Periodic FDTD analysis of leaky-wave structures and applications to the analysis of negative-refractive-index leaky-wave antennas. *IEEE Transactions on Microwave Theory and Techniques*, 54(4):1619–1630, 2006.

[KZ55]   A. Kay and F. Zucker. Efficiency of surface wave excitation. In *IRE International Convention Record*, volume 3, pages 1–5, 1955.

[Lam]   A. Lambrecht. *True-Time-Delay Beamforming für ultrabreitbandige Systeme hoher Leistung*. KIT Scientific Publishing.

[LCY+08]   L. Long, Q. Chen, Q. Yuan, C. Liang, and K. Sawaya. Surface-wave suppression band gap and plane-wave reflection phase band of mushroomlike photonic band gap structures. *Journal of Applied Physics*, 103, Jan. 2008.

[LIP+01]   K. Levis, A. Ittipiboon, A. Petosa, L. Roy, and P. Berini. Ka-band dipole holographic antennas. *IEE Proceedings Microwaves, Antennas and Propagation*, 148(2):129–132, Apr. 2001.

[LJL12]   J. Liu, D. R. Jackson, and Y. Long. Substrate Integrated Waveguide (SIW) Leaky-Wave Antenna With Transverse Slots. *IEEE*

Transactions on Antennas and Propagation, 60(1):20 –29, Jan. 2012.

[LKY11]   W. Lee, J. Kim, and Y. J. Yoon. Compact Two-Layer Rotman Lens-Fed Microstrip Antenna Array at 24 GHz. *IEEE Transactions on Antennas and Propagation*, 59(2):460–466, 2011.

[LS06]   H. Lindner and W. Siebke. *Physik für Ingenieure*. Physik für Ingenieure. Fachbuchverlag Leipzig im Carl Hanser Verlag, 2006.

[LS08]   D. Liu and R. Sirdeshmukh. A Patch array antenna for 60 GHz package applications. In *IEEE Antennas and Propagation Society International Symposium, 2008 (AP-S 2008)*, pages 1–4, 2008.

[LSK$^+$08] S. Lee, S. Song, Y. Kim, J. Lee, C.-Y. Cheon, K.-S. Seo, and Y. Kwon. A V-Band Beam-Steering Antenna on a Thin-Film Substrate With a Flip-Chip Interconnection. *IEEE Microwave and Wireless Components Letters*, 18(4):287–289, 2008.

[LWL11]   Zheng Li, Junhong Wang, and Fan Li. Prediction of radiation patterns of the CRLH leaky-wave antennas by different approaches. In *Microwave Technology Computational Electromagnetics (ICMTCE), 2011 IEEE International Conference on*, pages 62–65, May 2011.

[LXYL10]   Yuanxin Li, Quan Xue, Edward Kai-Ning Yung, and Yunliang Long. The Periodic Half-Width Microstrip Leaky-Wave Antenna With a Backward to Forward Scanning Capability. *IEEE Transactions on Antennas and Propagation*, 58(3):963–966, Mar. 2010.

[LZM11]   Y. Li, Q. Zhu, and R. Mo. Studies on the holographic antenna: Theories and experiments. In *Asia-Pacific Microwave Conference Proceedings, 2011 (APMC)*, pages 654–657, 2011.

[Mac87]   T. MacNamara. Simplified design procedures for Butler matrices incorporating 90° hybrids or 180° hybrids. *IEE Proceedings H, Microwaves, Antennas and Propagation*, 134(1):50 –54, Feb. 1987.

[Mai94]   R. J. Mailloux. *Phased Array Antenna Handbook*. Artech House Antenna Library. Artech House, Boston-London, 1994.

[MCCM11] G. Minatti, F. Caminita, M. Casaletti, and S. Maci. Spiral Leaky-Wave Antennas Based on Modulated Surface Impedance. *IEEE Transactions on Antennas and Propagation*, 59(12):4436–4444, Dec. 2011.

[MCS05] M. J. Maybell, K. K. Chan, and P. S. Simon. Rotman lens recent developments 1994-2005. In *IEEE Antennas and Propagation Society International Symposium, 2005*, volume 2B, pages 27–30 vol. 2B, 2005.

[Men78] W. Menzel. A New Travelling Wave Antenna in Microstrip. In *8th European Microwave Conference, 1978*, pages 302–306, Sep. 1978.

[MHSS92] H. Moheb, A. Helaly, A. Sebak, and L. Shafai. Phase centre analysis of planar array antennas: Application to a microwave landing system. *Canadian Journal of Electrical and Computer Engineering*, 17(3):107–112, July 1992.

[MK81] R. Mittra and R. Kastner. A spectral domain approach for computing the radiation characteristics of a leaky-wave antenna for millimeter waves. *IEEE Transactions on Antennas and Propagation*, 29(4):652–654, 1981.

[MM12] W. Menzel and A. Moebius. Antenna Concepts for Millimeter-Wave Automotive Radar Sensors. *Proceedings of the IEEE*, 100(7):2372–2379, July 2012.

[MQI99] K.-P. Ma, Y. Qian, and T. Itoh. Analysis and applications of a new CPW-slotline transition. *IEEE Transactions on Microwave Theory and Techniques*, 47(4):426–432, Apr. 1999.

[MRGTG12] A. J. Martinez-Ros, J. L. Gomez-Tornero, and G. Goussetis. Planar Leaky-Wave Antenna With Flexible Control of the Complex Propagation Constant. *IEEE Transactions on Antennas and Propagation*, 60(3):1625–1630, 2012.

[MSS91] H. Moheb, A. Sebak, and L. Shafai. Phase centre analysis of array antennas and its significance for microwave landing system. In *Seventh International Conference on (IEE) Antennas and Propagation, 1991 (ICAP 91)*, pages 213–216, 1991.

[MWM03] W. Mayer, M. Wetzel, and W. Menzel. A novel direct-imaging radar sensor with frequency scanned antenna. In *IEEE MTT-*

S International Microwave Symposium Digest, 2003, volume 3, pages 1941–1944 vol.3, 2003.

[NCM07]   M. Nannetti, F. Caminita, and S. Maci. Leaky-wave based interpretation of the radiation from holographic surfaces. In *IEEE Antennas and Propagation Society International Symposium, 2007*, pages 5813–5816, June 2007.

[Oli90]   A. A. Oliner. A New Class of Scannable Millimeter-Wave Antennas. In *20th European Microwave Conference, 1990*, volume 1, pages 95–104, 1990.

[Oli93]   A. A. Oliner. *Leaky-Wave Antennas*. Antenna Engineering Handbook. McGraw-Hill, 1993.

[PBFJ09]   S. Paulotto, P. Baccarelli, F. Frezza, and D. R. Jackson. A Novel Technique for Open-Stopband Suppression in 1-D Periodic Printed Leaky-Wave Antennas. *IEEE Transactions on Antennas and Propagation*, 57(7):1894–1906, July 2009.

[PCK^{+}10]   K. Park, W. Choi, Y. Kim, K. Kim, and Y. Kwon. A V-band switched beam-forming network using absorptive SP4T switch integrated with 4x4 Butler matrix in 0.13-μm CMOS. In *IEEE MTT-S International Microwave Symposium Digest, 2010 (MTT)*, pages 73–76, 2010.

[PFA08a]   S. K. Podilchak, A. P. Freundorfer, and Y. M. M. Antar. Broadside Radiation From a Planar 2-D Leaky-Wave Antenna by Practical Surface-Wave Launching. *IEEE Antennas and Wireless Propagation Letters*, 7:517–520, 2008.

[PFA08b]   S. K. Podilchak, A. P. Freundorfer, and Y. M. M. Antar. New planar antenna designs using surface-wave launchers for controlled leaky-wave beam steering. In *IEEE Antennas and Propagation Society International Symposium, 2008 (AP-S 2008)*, pages 1–4, 2008.

[PFA09]   S. K. Podilchak, A. P. Freundorfer, and Y. M. M. Antar. Surface-Wave Launchers for Beam Steering and Application to Planar Leaky-Wave Antennas. *IEEE Transactions on Antennas and Propagation*, 57(2):355–363, 2009.

[PFA11]   S. K. Podilchak, A. P. Freundorfer, and Y. M. M. Antar. A new leaky-wave antenna design using simple surface-wave power routing techniques. In *2011 IEEE International Symposium on Antennas and Propagation (APSURSI)*, pages 3052–3054, 2011.

[Poz83] D. M. Pozar. Surface wave effects for millimeter wave printed antennas. In *Antennas and Propagation Society International Symposium, 1983*, volume 21, pages 692–695, 1983.

[PTLI04] A. Petosa, S. Thirakoune, K. Levis, and A. Ittipiboon. Microwave holographic antenna with integrated printed dipole feed. *Electronics Letters*, 40(19):1162–1163, 2004.

[PZW11] E. Pancera, T. Zwick, and W. Wiesbeck. Spherical Fidelity Patterns of UWB Antennas. *IEEE Transactions on Antennas and Propagation*, 59(6):2111–2119, June 2011.

[RBP$^+$13] C. Rusch, S. Beer, P. Pahl, H. Gulan, and T. Zwick. Electronic beam scanning in two dimensions with holographic phased array antenna. In *International Workshop on Antenna Technology, 2013 (iWAT)*, pages 23–26, 2013.

[RBPZ13] C. Rusch, S. Beer, P. Pahl, and T. Zwick. Multilayer holographic antenna with beam scanning in two dimensions at W-band. In *7th European Conference on Antennas and Propagation, 2013 (EuCAP)*, pages 2625–2628, 2013.

[RBZ12] C. Rusch, S. Beer, and T. Zwick. LTCC Endfire Antenna With Housing for 77-GHz Short-Distance Radar Sensors. *IEEE Antennas and Wireless Propagation Letters*, 11:998–1001, 2012.

[RG98] P. M. Relph and H.D. Griffiths. An electronically scanning antenna for automotive radar systems. In *IEE Colloquium on Automotive Radar and Navigation Techniques (Ref. No. 1998/230)*, pages 7/1–7/7, 1998.

[RK95] K. Rothammel and A. Krischke. *Antennenbuch*. Franckh-Kosmos, 1995.

[RP70] W. V. T. Rusch and P. D. Potter. *Analysis of Reflector Antennas*. Electrical science. Academic Press, 1970.

[RSG$^+$14] C. Rusch, J. Schäfer, H. Gulan, P. Pahl, and T. Zwick. Holographic mmW-Antennas with TE_0 and TM_0 Surface Wave Launchers for Frequency-Scanning FMCW-Radars. *IEEE Transactions on Antennas and Propagation*, eingereicht, 2014.

[RT63]   W. Rotman and R. Turner. Wide-angle microwave lens for line source applications. *IEEE Transactions on Antennas and Propagation*, 11(6):623–632, 1963.

[SBY99]   D. Sievenpiper, R. Broas, and E. Yablonovitch. Antennas on high-impedance ground planes. In *IEEE MTT-S International Microwave Symposium Digest, 1999*, volume 3, pages 1245–1248, 1999.

[SGS98]   P. K. Singhal, R. D. Gupta, and P. C. Sharma. Recent trends in design and analysis of Rotman-type lens for multiple beamforming. *International Journal of RF and Microwave Computer-Aided Engineering*, 8(4):321–338, 1998.

[SH03]   D.G. Swanson and W.J.R. Hoefer. *Microwave Circuit Modeling Using Electromagnetic Field Simulation*. Artech House microwave library. Artech House, 2003.

[Sie99]   D. F. Sievenpiper. *High-Impedance Electromagnetic Surfaces*. PhD thesis, Univercity of California (UCLA), 1999.

[SKH⁺12]   T.-M. Shen, T. J. Kao, T.-Y. Huang, J. Tu, J. Lin, and R.-B. Wu. Antenna Design of 60-GHz Micro-Radar System-In-Package for Noncontact Vital Sign Detection. *IEEE Antennas and Wireless Propagation Letters*, 11:1702–1705, 2012.

[Sko90]   M. Skolnik. *Radar Handbook*. 2nd Edition. McGraw-Hill Inc., 1990.

[SLS13]   P. Schmalenberg, J. S. Lee, and K. Shiozaki. A SiGe-based 16-channel phased array radar system at W-Band for automotive applications. In *2013 European Microwave Conference (EuMC)*, pages 1611–1614, 2013.

[SMGS07]   E. Sbarra, L. Marcaccioli, R.V. Gatti, and R. Sorrentino. A novel rotman lens in SIW technology. In *European Radar Conference, 2007 (EuRAD 2007)*, pages 236–239, 2007.

[SMPI07]   P. Sooriyadevan, D. A. McNamara, A. Petosa, and A. Ittipiboon. Electromagnetic modelling and optimisation of a planar holographic antenna. *IET Microwaves, Antennas Propagation*, 1(3):693–699, 2007.

[SNH12]   A. Shoykhetbrod, D. Nussler, and A. Hommes. Design of a SIW meander antenna for 60 GHz applications. In *The 7th German Microwave Conference (GeMiC), 2012*, pages 1–3, Mar. 2012.

[SOJ10]   A. Sutinjo, M. Okoniewski, and R. H. Johnston. A Holographic Antenna Approach for Surface Wave Control in Microstrip Antenna Applications. *IEEE Transactions on Antennas and Propagation*, 58(3):675–682, 2010.

[SP83]   F. K. Schwering and S.-T. Peng. Design of Dielectric Grating Antennas for Millimeter-Wave Applications. *IEEE Transactions on Microwave Theory and Techniques*, 31(2):199–209, Feb. 1983.

[SS99]   K. Solbach and R. Schneider. Antenna Technology for Millimeter Wave Automotive Sensors. In *29th European Microwave Conference, 1999*, volume 1, pages 139–142, 1999.

[SWH10]   M. Schuhler, R. Wansch, and M. A. Hein. On Strongly Truncated Leaky-Wave Antennas Based on Periodically Loaded Transmission Lines. *IEEE Transactions on Antennas and Propagation*, 58(11):3505–3514, 2010.

[SZB$^+$99] D. Sievenpiper, L. Zhang, R. F. J. Broas, N. G. Alexopolous, and E. Yablonovitch. High-impedance electromagnetic surfaces with a forbidden frequency band. *IEEE Transactions on Microwave Theory and Techniques*, 47(11):2059–2074, 1999.

[SZY99]   D. Sievenpiper, L. Zhang, and E. Yablonovitch. High-impedance electromagnetic ground planes. In *IEEE MTT-S International Microwave Symposium Digest, 1999*, volume 4, pages 1529–1532, 1999.

[Tay55]   T.T. Taylor. Design of line-source antennas for narrow beamwidth and low side lobes. *Transactions of the IRE Professional Group on Antennas and Propagation*, 3(1):16–28, Jan 1955.

[TISP03]   S. R. Thingvold, A. Ittipiboon, A. Sebak, and A. Petosa. Holographic antenna efficiency. In *IEEE Antennas and Propagation Society International Symposium, 2003*, volume 3, pages 721–724 vol.3, June 2003.

[UGGR13]   M. Uzunkol, O. D. Gurbuz, F. Golcuk, and G. M. Rebeiz. A 0.32 THz SiGe 4x4 Imaging Array Using High-Efficiency On-Chip

Antennas. *IEEE Journal of Solid-State Circuits*, 48(9):2056–2066, Sep. 2013.

[Wal65]   C. H. Walter. *Traveling wave antennas*. McGraw-Hill, Inc., 1965.

[WB89]   F. L. Whetten and C. A. Balanis. Leaky-wave long waveguide slot antennas: aperture fields, far field radiation, and mutual coupling. In *Antennas and Propagation Society International Symposium, 1989 (AP-S)*, pages 1486–1489, June 1989.

[WD06]   S. Weiss and R. Dahlstrom. Rotman lens development at the Army Research Lab. In *IEEE Aerospace Conference, 2006*, 2006.

[YCH$^+$05]   T.-H. Yang, C.-F. Chen, T.-Y. Huang, Wang C.-L., and R.-B. Wu. A 60GHz LTCC transition between microstrip line and substrate integrated waveguide. In *Asia-Pacific Microwave Conference Proceedings, 2005 (APMC 2005)*, volume 1, 2005.

[YKK$^+$89]   K.S. Yngvesson, T.L. Korzeniowski, Young-Sik Kim, E.L. Kollberg, and J.F. Johansson. The tapered slot antenna-a new integrated element for millimeter-wave applications. *IEEE Transactions on Microwave Theory and Techniques*, 37(2):365–374, Feb. 1989.

[YL12]   S.-T. Yang and H. Ling. Range-azimuth tracking of humans using a microstrip leaky wave antenna. In *IEEE Antennas and Propagation Society International Symposium (APSURSI), 2012*, pages 1–2, 2012.

[ZBP$^+$04]   T. Zwick, C. Baks, U. R. Pfeiffer, D. Liu, and B.P. Gaucher. Probe based MMW antenna measurement setup. In *IEEE Antennas and Propagation Society International Symposium, 2004*, volume 1, pages 747–750 Vol.1, 2004.

[ZSG05]   Y.-P. Zhang, M. Sun, and L. H. Guo. On-chip antennas for 60-GHz radios in silicon technology. *IEEE Transactions on Electron Devices*, 52(7):1664–1668, 2005.

[ZvHY$^+$03]   Y. Zhang, J. von Hagen, M. Younis, C. Fischer, and W. Wiesbeck. Planar artificial magnetic conductors and patch antennas. *IEEE Transactions on Antennas and Propagation*, 51(10):2704–2712, 2003.